国家出版基金项目

国家“十二五”重点图书出版规划项目

国家出版基金项目
NATIONAL PUBLICATION FOUNDATION

U1012621

中国化学教育研究丛书

◆全国教育科学“十二五”规划2011年度教育部重点课题（课题批准号GFA111013）研究成果

◆教育部普通高等学校人文社会科学重点研究基地——华东师范大学课程与教学研究所研究成果

化学概念的认知研究

HUAXUE GAINIAN DE RENZHI YANJIU

丁 伟 著

主编 王祖浩

顾问 刘知新

GEP 广西教育出版社

序

20 世纪 90 年代中期，广西教育出版社策划出版了《学科现代教育理论书系》(以下简称《书系》)，被列为“九五”国家重点图书出版规划项目，并获得了国家图书奖。本人有幸担任《书系》的化学丛书主编，汇集了国内主要的研究力量，着重梳理了当时国内化学教育界在化学教学论、化学学习论、化学实验教学研究、化学教育测量与评价、化学教育史等领域研究的成果。这套丛书反映了改革开放以来我国化学教育理论工作者的研究思维，展示了国际科学教育研究的动态，构筑了 21 世纪中国化学教育“本土化”发展的广阔前景，为我国年轻一代学者的成长，特别是研究生教育提供了实用的观点和方法。今天，距《书系》的化学丛书出版整整过去了 18 个年头，中国的化学教育在理论和实践上都有了“量”和“质”的飞跃，特别是随着 21 世纪初我国基础教育课程的改革和实施，化学教育的研究课题更为广泛，研究方法更加多元，研究内容也更有深度。毫无疑问，现在又到了一个可以认真总结我国化学教育理论与实践成果的时代节点，广西教育出版社再度策划出版《中国化学教育研究丛书》，正当其时，承先启后，展望未来，意义深远！

领衔编撰《中国化学教育研究丛书》的华东师范大学化学系王祖浩教授，是我 20 世纪 80 年代初最早指导的研究生，也是当年《书系》化学丛书的主要作者之一。他长期致力于化学课程研制与实施、化学课程与教材的国际比较、化学学科教学心理学等多方面的研究，成果丰硕。由他领衔的团队十余年来主持我国基础教育化学课程标准的研制，在化学教育研究的“本土化”和“国际化”方面均有出色的工作。我相信,他能将中国化学教育的“继承”与“转型”两项任务很好地体现在这套新丛书中。

这套丛书立意高远，指向清晰，特点鲜明：(1) 立足中国本土，以中国学者的眼光，选择具有中国特色的化学学科教育的热点问题，展开兼具原创性和实证性的工作，力求从新的视角梳理我国化学教育的历史脉络，提炼化学教育的“中国问题”；（2）继承中国化学教育的优良传统，借鉴国外科学教育研究的经验，深入探讨影响化学教育系统运行的微观因素，揭示化学教育的若干规律；（3）选取的课题广泛，涉及“教科书学习难度评估”“概念的认知研究”“化学课程教学”“科学过程技能”“实验研究方法”等一系列内容，研究的问题具体而深入，研究方法的操作性强，研究结论翔实并富于启迪性。因此，本丛书有望形成新时期中国化学教育研究的标志性成果，将为中国化学教育基础研究的深入展开和中学化学教学实践的优化提供方法论指导。

学科教育理论的形成是学科发展与建设不断完善、充实和长期积淀、提升的结果，需要几代学者为这一宏伟工程而不懈奋斗！《中国化学教育研究丛书》是一项为化学教育学科建设开拓并打牢坚实根基的工作，宜“精益求精”，用“攻关拔寨”的精神来完成，在不断的锤炼中形成精品！作为在中国化学教育园地中耕耘了六十多年的一名老教师，看到这套研究丛书陆续出版，倍感欣慰，也衷心地感谢为这项重大工程做出巨大努力的全体作者和编者！期待更多有志于化学教育研究和实践的广大读者从书中获得有益的启发和帮助。我们坚信，只要广大的化学教育工作者勤于学习、不畏艰难、勇于探索，一定能将中国化学教育的美好蓝图变为现实！

谨以此为序，愿与本丛书的作者、编者和读者共勉。

北京师范大学教授 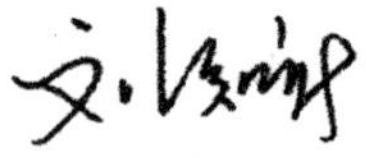

2015 年 12 月

刘知新：我国著名化学教育家，北京师范大学化学学院教授。曾任教育部高等学校理科化学教材编审委员会委员，国家教委高等学校理科化学教学指导委员会委员，教育部中小学教材审定委员会化学科审查委员，中国教育学会化学教学研究会理事长，中国化学会化学教育委员会副理事长。中国化学会《化学教育》杂志的创办人和原主编。享受国务院颁发的政府特殊津贴。

前 言

人们对新事物的认知总是建立在已有知识的基础上。先前概念的认知会或多或少地影响对后续概念认知的诠释，在认知机制的参与下，先前概念认知范畴通过吸纳相关事件而得到扩展。当频繁出现的认知活动被概念化时，这些认知内容就成了概念范畴的中心元素，并作为参照点来认知那些拥有同样概念范畴特征的客观事件。概念认知自始至终循踪于前概念不断成熟完善、不断深入拓展以及误概念不断被修正，以至逐渐形成科学概念的发展轨迹。

概念是任何一个学科知识体系中最基本的元素。概念是一种心理表征，包含着个人对一个或一类事物区别于其他事物的属性或结构信息。概念认知就是对这一事物心理表征的获得，包括学生接受教育之前已有的前概念和后续学习过程中形成的误概念的修正和转变。前科学概念指那些在日常生活中由于非正式的经验所导致的认知结果，即学习科学概念以前已具有的概念。误概念指的是在正式学习中由于误解而形成的概念。有些前概念属于错误认识，应当消除并用科学概念来替代；有些前概念是学生从自己的角度所理解的概念，在日常生活中通常是合理、有效的。

化学概念有时与日常语言接近，内涵上会有相似之处，但作为化学专业领域用语，必然存在特殊的内涵和属性，与常言道出的日常概念还有很多不同，学习者有时会“偷换概念”，容易形成与科学概念不符合的理解偏差甚至错误。学生头脑里已有的知识对新概念的学习会产生积极或消极的影响，因此，教学过程中应该充分考虑学生已有的知识。优秀的教师会善于利用学生头脑中已有的正确的或错误的先前认识，就好似借助学生已有的认知“种芽”，铺垫给它一片肥沃的信息“土壤”，帮助学生搭建通往科学概念的生长“支架”，促进概念认知不断发展。

本书聚焦于化学基本概念的认知研究，研究了物质的量、原子结构、元素周期律、氧化还原反应、电化学、化学键、化学平衡、酸碱、化学反应速率、热化学以及有机化学反应等主题内容下的一些使用频率较高的基本概念。书中透视了不同化学知识主题下学生的前概念、误概念，展现了通过调查访谈研究得出的学生自己理解的相关化学概念的各种“面貌”，以及产生这些“丰富多彩面貌”的缘由，探讨了可以借助其作为继续“生长”的概念教学的“种子”；通过个案研究，凭借概念教学案例的精细分析和教学策略的选择应用，探讨如何促进学习者向科学的概念认知方向转变。

本书的研究过程和结论切实地改变着教育者的观念和行为。教学者们曾一味秉承灌输和单向交流的教学格局，并对此无所察觉、习以为常。要改变这种“知识压迫”，摆脱教学思想和实践的贫困，可借本书，抛砖引玉，领会精神，寻求概念认知的发展逻辑，理解学习者眼中的概念形成的机制，从中深切悟道，未雨绸缪，达成高效教学。

丁伟负责本书框架设计和内容撰写，其中相关问卷调查数据和访谈信息由李云辉、吴宇惠、熊湘、戴荣婷、李忠燕、马慧和吴长坤等协助收集和整理。书稿写作过程中得到了王祖浩教授的悉心指导和各方面的鼎力支持，在此深表谢意。限于作者的视域和研究样本的局限，文中的观点和结论存在不当之处，恳请读者不吝赐教。

作　者

于 2015 年 12 月

目 录

第一章 概念的认知研究

概念（Idea，Notion，Concept）是反映对象的本质属性的思维形式。人类在认识过程中，从感性认识上升到理性认识，把所感知的事物的共同本质特点抽象出来，加以概括，就成为概念。表达概念的语言形式是词或词组。概念都有内涵和外延，即其含义和适用范围。概念随着社会历史和人类认识的发展而变化。

概念是反映对象本质属性的思维方式，是人们通过实践，从对象的许多属性中，抽出其特有的属性概括而成。科学认识的成果都是通过形成各种概念来加以总结和概括的。概念的认知过程就是学习把具有共同属性的事物集合在一起并冠以一个名称，把不具有此类属性的事物排除出去。概念获得即意味着概念理解，其前提条件是概念在人脑中表征呈现出来。从概念心理表征的角度看，概念理解就是学习者对概念形成了恰当的心理表征。

科学概念（Scientific Concepts）是指组织起来构成的、系统的科学知识。它来自科学家共同体对世界的认识，同时也帮助科学家组织对世界的观察和发现，它包含的内容是开放的、动态变化的。

科学概念可以是一些自然的语言，如动物、植物、原子、热能等等，也可以是运用一定的语言规则，由科学家建造更复杂的知识结构的表达，使用数据、方法、理论和其他概念相连。例如，“电是一种能量”就是一种概念的表达。

由于科学研究的需要，人们对概念做出了限制：对一般概念可以有不同理解，而对科学概念要求就十分严格。科学概念具有专义性、系统性、稳定性、精确性等特征。

从科学概念学习的认知发展过程和准确性的角度，可以分为前概念、误概念、概念转变等认知阶段。

本章着重阐述：

（1）科学概念认知过程中的前概念、误概念和概念转变的具体含义是什么?

（2）概念认知的研究方法有哪些?

（3）概念转变的理论基础是什么?

（4）概念转变在教学中如何应用?

第一节　概念的理论研究

一、前概念

前科学概念简称前概念（Preconcept），指学生在没有接受正式的科学概念教育之前，对日常生活中所感知的现象，通过自身长期的经验积累与辨别式学习而形成的对事物的非本质的认识。[1]

科学概念的学习基于前概念的学习。前概念有下列特征：

（1）学生在学习前已经从日常生活中获得了与科学概念完全不同的前概念。

（2）部分前概念在接受科学教育时表现得很牢固，很难改变。[2]

（3）部分前概念虽然通过教学有所改变，但仍旧以不正确的形态存在于学生的认识中。

（4）学生头脑中牢固的前概念与教育中所学的科学概念相结合，形成了错误的概念。

因此，前概念具有广泛性、稳固性、隐蔽性等特点。

国外关于前概念的研究较早，如霍尔（S. Hall）在 1903 年开展的关于儿童对自然现象的观念调查[3]；皮亚杰在 1929—1930 年研究了儿童对于自然现象的观点和看法[4]；皮亚杰在 1945 年利用两物体追赶的实验探查学生对“速度”概念的理解，研究显示 9 岁前的儿童对速度的判断依据是直觉[5]。20 世纪 80 年代，国外众多学者对于前概念的研究较多，主要集中在分析前概念的形成原因和探寻前概念转变的教学策略方面。相比国外研究而言，国内对于前概念的研究起步较晚，目前主要集中于前概念的探查、前概念对教学的影响和前概念的转变策略领域上。

---

［1］ VYGOTSKY L S. Play and its role in the mental development of the child［J］. Voprosy Psikhologii，1966：62–76.

［2］ DUIT R. Research on students’ conceptions—developments and trends［J］. Institute for Science Education，1993：1–2.

［3］ 奥苏伯尔，等. 教育心理学：认知观点［M］. 佘星南，宋钧，译. 北京：人民教育出版社，1994：23–24.

［4］ 索里，特尔福德. 教育心理学［M］. 高觉敷，等，译. 北京：人民教育出版社，1982：160.

［5］ 皮亚杰. 皮亚杰教育论著选［M］. 卢濬选，译. 北京：人民教育出版社，1990：38.

杜伊特（R. Duit）认为前概念有多种来源：（1）语言；（2）同家庭成员、朋友、其他成人或者同伴群体之间的相互作用；（3）大众媒介；（4）感觉经验。

有学者认为个人的过去经验与知识的建构息息相关，即知识的学习必须联系学习者本身的经验。

研究发现，早期是利用科学术语来替代前概念，根据研究的不同可将前概念的术语分为两大类：一类是"以科学知识为依据的术语"[1]，以学生的回答和当前科学的认识做对比，来评价学生拥有的知识与科学知识是否一致；另一类是"以自我描述为依据的术语"[2]，学生先按照自己的语言去描述他们对自然物质和事物的理解，然后研究者再去探索、研究和分析学生的解释，从而揭示前概念的普遍特征。

学生的前科学概念和通过其他科学交流获得的概念是不同的，这些前概念在科学教育文献中被标上了各种各样的标签：错误概念（Misconceptions），另类概念（Alternative Conceptions），朴素观念（Naive Conceptions），朴素理论（Naive Theories），儿童科学直觉（Children's Scientific Intuitions），常识性理解（Commonsense Understanding），常识性概念（Commonsense Conceptions），直觉概念（Intuitive Conceptions），直觉科学（Intuitive Science），学生直觉理论（Students' Intuitive Theories），自发性知识（Spontaneous Knowledge）……

许多研究发现，学生没有正式进入科学课堂学习之前，已经在日常生活中形成或积累了一些对事物、现象的看法和观念，一般把这些看作学生的前概念。前概念有错有对。在教学过程中，为了能让教师更好地教学和提出有效的前概念转化策略，首要的是诊断学生拥有的前概念。J. A. Morrison 和 N. G. Lederman（Washington State University）[3]指出在教学过程中，很多教师没有意识到前概念对学生的学习有着很重要的作用，没有运用有效的方法诊断学生的前概念，甚至忽略了学生的前概念。例如，J. A. Morrison 和 N. G. Lederman 对四位教师的调查中，有一位叫 Steve 的教师在他的课堂上问到，"质子、中子和电子是由什么构成的？"他得到的答案是"晶胞""原子""分子"。这是由于学生受化学中粒子和亚粒子之间关系的前概念影响而给出的答案（Driver et al，1994）。答案没有能引出 Steve 想要的"夸克"的概念，这时候，他直接给出了答案，没有使用从学生那里得到的

[1] WANDERSEE J H，MINTZES J J，NOVAK J D，et al. Research on alternative conceptions in science [M] //GABEL D. Handbook of research on science teaching and learning. New York：Macmillan Publishing Company，1994：177－210.

[2] 同 [1].

[3] MORRISON J A，LEDERMAN N G. Science teachers' diagnosis and understanding of students' preconceptions [J]. Science Education，2003，87（6）：849-867.

前概念的信息。

在这里，Steve没有意识到前概念中存在的错误对学生以后学习的影响，选择直接忽略它,这将会导致学生在后续的学习当中产生更多的错误概念。这样的问题，不只是一个教师会有，许多教师都不重视学生的前概念，甚至忽略它们，这对教学产生了很不利的影响。

众所周知，学生的前概念对课堂教学的影响非常重要，影响学生学习的最重要因素，是学生以前所拥有的知识（Ausubel，1968）。建构主义学习理论认为，知识是外部刺激和人脑中的概念的相互作用。在科学学习中，有一个普遍存在的理论，即“相似理论”。相似理论的意思是把一套相似的连贯的内部想法，运用到不同领域或情境当中（Driver，1989）。在T. Pinarbasi，M. Sozbilir和N. Canpolat[1]三位研究者对准化学教师（师范类学生）的调查中发现，有的被调查者误认为，两种溶液混合以后，盐离子和水分子会发生化学反应，导致混合溶液的熔点降低，沸点增高。例如，把NaCl溶入水中，被调查者错误地认为发生了如下的化学反应：$NaCl + H_2O = NaOH + HCl$。该化学反应打破了NaCl分子和H_2O分子，形成了OH^-，Na^+，H^+和Cl^-，NaCl分子为了阻止水分子进入而形成了NaOH和HCl，从而导致熔点降低；加之部分热量用于阻止水分子，因此沸点升高。在被调查者的前概念里，认为两种溶液混合以后，就会相互发生反应，因此化学键的断裂和重新组合导致了混合溶液的熔沸点变化，这就是前概念导致的错误认识。本质上讲，稀溶液中溶剂的蒸气压、凝固点、沸点和渗透压的数值，只与溶液中溶质的量有关，与溶质的本性无关，这些性质为稀溶液的依数性。稀溶液的依数性与溶质的粒子数的多少有关，与溶质本性无关。

因此在学习某个科学概念时，了解学生的先前认知和知识基础很重要，教师需要重视学生的前概念。

二、误概念

误概念（Misconception）是人们对科学概念理解中出现的错误认识，它是特征化了的对科学概念的另类理解，以及对事物含糊的（Vague）、不完善的（Imperfect）或者是错误的（Mistaken）理解（Understanding）[2]。A. L. Odom说:“错误概念是学

［1］PINARBASI T，SOZBILIR M，CANPOLAT N. Prospective chemistry teachers’ misconceptions about colligative properties：boiling point elevation and freezing point depression［J］. Chemistry Education Research and Practice，2009，10（4）：273–280.

［2］WANDERSEE J H，MINTZES J J，NOVAK J D. Research on alternative conceptions in science［M］//GABEL D. Handbook of research on science teaching and learning. New York：Macmillan Publishing Company，1994：177 – 210.

生拥有的与通常从科学家那里获得的概念不同的观念（Ideas）。”[1]教育者们想方设法去矫正学生的误概念，激发和利用学生在学习过程中获得和产生的误概念，并将这些误概念进一步提炼，针对这些错误特征进行纠偏纠误，从而达到正确理解概念的目的。

杜伊特（R. Duit）认为错误概念的来源有：（1）教师的以讹传讹；（2）大众科普传媒的误导；（3）学生的错误理解。学生基于原有的错误概念，用完全不同于教师所设想的方式来理解教师所呈现的内容。[2]

之后众多学者对误概念重新定义，提出了“误概念”和“前科学概念”。现在学术界继续使用“误概念”，但已经有了新的内涵，即强调学生概念结构只依存于一种科学立场，与其不同的看法都是错误的。误概念是在科学概念教育过程中逐步形成的，为科学概念的形成提供了基础，同时为知识建构准备了必要的资源。丁伟等[3]以研究氧化还原反应误概念为例，发现误概念是一种有价值的教育资源，教师在教学过程中充分利用误概念建构科学概念是一种行之有效的教学策略。同时在教学实践中，教师要善于诱发和引导学生认知中存在的错误理解，继而及时诊断和疏导，能帮助学生进一步学习和巩固新知识。

T. Pinarbasi，M. Sozbilir 和 N. Canpolat[4]调查了准化学教师（师范类学生）的错误概念，发现有些准化学教师存在着一些错误概念。例如，认为当把一种盐溶解在水中时，溶液的沸点会升高而且熔点会降低，因为盐的沸点比水的沸点高，或者是盐的熔点比水的熔点低，所以两者混合的溶液，沸点会升高，熔点会降低。他们还认为，密度大的溶液，沸点和凝固点也高；溶液的沸点是会改变的，因为当把一种盐溶解在水中时，部分热量会作用于盐分子；或是水沸点低，盐沸点高，混合后溶液沸点改变；或是沸腾后，部分水分子蒸发，溶液密度变大，溶液沸点升高；同理，溶液的熔点也会改变，因为两种溶液的熔点不一样，混合溶液的熔点也不一样；或是混合后溶液密度变大，熔点也变大。

[1] ODOM A L. Secondary & college biology students' misconceptions about diffusion & osmosis [J]. American Biology Teacher，1995，57（7）：409 – 415.

[2] DUIT R. Research on students' conceptions—developments and trends [J]. Institute for Science Education，1993：1–2.

[3] 丁伟，李秀滋，王祖浩. 氧化还原反应误概念研究 [J]. 化学教学，2006（10）：16–19.

[4] PINARBASI T，SOZBILIR M，CANPOLAT N. Prospective chemistry teachers' misconceptions about colligative properties：boiling point elevation and freezing point depression [J]. Chemistry Education Research and Practice，2009，10（4）：273–280.

M. M. Cooper，L. M. Corley 和 S. M. Underwood[1] 三位研究者在对美国密歇根州立大学（Michigan State University）的 19 位学生的访谈中发现，在他们的化学学习中，存在着许多错误概念。例如，被调查者 Brittany 认为物质分子是靠“分子键”联系在一起的，固体的分子间作用力比液体的分子间作用力大，如冰中的“分子键”比水中的“分子键”牢固，因为冰不可以流动，水却可以流动。她还认为，在冰融化成水的过程中，打破的是分子间的 O–H 键；加热水，使其蒸发变成水蒸气过程中，打破的是分子内的 O–H 键，因为水都变成水蒸气看不见了。另一名被调查者 Jane 在比较氨水和水的沸点时，她在推理中考虑的是打破氢键。“因为氨水中有比较多的氢键，氨分子 N–H 键有三个，水分子 O–H 键只有两个，所以打破氨分子的氢键需要更多能量，沸点较高。”她的错误推理中包含了物质形态改变时打破“分子键”的想法。

以上这些认识，都是普遍存在于学生中的错误概念，是由于他们受先前知识的影响而造成的。学生在日常生活中，根据自己的观察，对一个概念形成了自己的理解，或是学习了其他的概念，并把这样的理解和想法迁移到新知识的学习当中，因此往往形成许多的误概念。

根据建构主义的观点，有意义学习就是学习者在学习过程中，联系自己以前学习的知识，对新的知识建立起框架，进行理解。Taber 的研究表明，建构主义学习的第一步是，在学习过程中，教师和学生必须意识到学习者的先前知识，在这个过程中，教师占据了很重要的位置。教师可以根据自己丰富的知识，给学生提供科学概念的正确理解，转变学生的错误概念。因此，教师必须具有丰富的专业知识，同时对科学概念有着正确的理解，否则在教学过程中，会造成学习者更多的错误概念。

错误概念需要校正、重建，需要形成科学的准确的概念，即进行概念转变。心智模型是学生外在行为的内部表现，虽然它不需要很准确，但必须是能发挥功能、可应用和可修改的。在解决任务时，限制一个人的心智模型的有效性和细节性的因素是个人以前的经验，如技术背景，以及他们如何思考、认识这个任务。心智模型在化学学习中占有非常重要的地位。

三、概念转变

概念转变（Conceptual Change）就是个体原有的某种知识经验，由于受到与之

[1] COOPER M M, CORLEY L M, UNDERWOOD S M. An investigation of college chemistry students' understanding of structure-property relationships [J]. Journal of Research in Science Teaching, 2013, 50 (6): 699–721.

不一致的新经验的影响，而发生的重大改变。它是对学生现有的理解或解释做出的调整和改造，是学生的日常生活概念向科学概念的转变。概念转变是新旧经验相互作用的集中体现，是新经验对已有经验的改造，概念转变的过程就是认知冲突的引发及其解决的过程。有的先前错误概念容易改变，有的却难以改变。S.Vosniadou等[1]从认知心理学角度提出了概念转变的心理模型建构论。他认为概念转变涉及表征的变化，这里表征对应于概念的心理模型，心理模型是个人的被模式化的认知对象及其相关系统的内部表征，这意味着表征的变化过程就是心理模型的建构以及概念转变，就是心理模型不断修正与重建的动态过程。

概念转变过程是指引发认知冲突到认知冲突的解决。概念转变的研究始于20世纪70年代，80年代起研究成果开始涌现。1982年，康奈尔大学的G. J. Posner，K. A. Strike，P. W. Hewson和W. A. Gertzog四位教授提出了概念转变模型（Conceptual Change Model，简称CCM）[2]。P. W. Hewson等人在G. J. Posner基于认识论概念转变模型的基础上，提出了“概念状态”的概念，采用外部的、可观测的“概念状态”作为标识描述学习者内部“看不见”的概念转变过程。他们以“可理解性”“合理性”和“有效性”作为概念状态的标识，认为概念的可理解性是低状态，合理性处于中间状态，有效性是最高状态，概念转变的过程就是新概念状态不断提升，原有概念状态不断下降的过程[3]。因此，在误概念的基础上，可以通过创设一定的情境，降低抽象概念的难度并将其具象化，使之与学习者原有的认知形成冲突或者对比，从而使学习者感受到之前理解的错误性，进而对错误的认知进行矫正，强化科学的认识，形成正确的概念。

基于认识论的概念转变理论认为，概念转变有两种类型：一是“同化”，运用已有的概念解释新现象；二是“顺应”，为成功地理解新现象进行核心概念的重构，是根本性的转变。实现“顺应”需要满足四个条件：学习者对原概念的不满，新概念具有可理解性，新概念具有合理性，新概念具有有效性。G. J. Posner等人将影响概念转变的因素描述为“概念生物圈”，具体包括五个方面：（1）反例，实验或观察的异常现象、异常结果；（2）类比和隐喻，使新概念变得可理解；（3）认识论信念，学生对知识性质、获得过程的认识；（4）形而上学的信念和观点，包

[1] VOSNIADOU S，BREWER W F. Mental models of the earth：A study of conceptual change in childhood [J]. Cognitive Psychology，1992，24（4）：535-585.

[2] POSNER G J，STRIKE K A，HEWSON P W，et al. Accommodation of a scientific conception：Toward a theory of conceptual change [J]. Science Education，1982，66（2）：211-227.

[3] MILLAR R，LEACH J，OSBORNE J. Improving science education：The contribution of research [M]. Buckingham：Open University Press，2000.

括学生对科学本质的理解和学生对概念的元认识；（5）其他知识，例如竞争的概念。[1]

Chi 等人提出了基于本体论的概念转变理论,该概念转变有“枝节转移”和“主干变换”两类，也就是指本体类别内的概念转变（或称为轻微的概念转变）和跨越本体类别间的概念转变（或称为根本的概念转变）。基于本体论的概念转变理论对概念转变的促进包含两方面的启示：一是课程、教材和教师应关注学生的本体论信念；二是教师应注意教学语言，避免因使用不当的教学语言而强化学生错误的概念分类。[2]

在过去三十年中，许多研究者致力于找出学生学习科学概念的影响因素，以及这些因素是怎样影响学生科学概念的学习，以增强学生的有意义学习（Duit，2006）。研究结果表明，大部分学生缺乏对科学概念的科学理解（Weiss，1994）。主要原因有，学生正式进入课堂学习科学概念之前，在日常生活中形成了自己的观点和想法，就是前概念（Driver et al.，1994）。当学生学习科学概念时，这些观点和想法会影响后面知识的学习，因此无法构建合理的科学概念（Osborne & Wittrock，1983）。这种学生观点和科学概念之间的矛盾，称为“错误概念”或“误概念”（Driver et al.，1994）。一般来说，这些错误概念根深蒂固，经过多年的课堂教学后依然很难转变。因此，怎样转变学生的错误概念，是研究者多年以来一直探索的问题。

概念转变的观点在科学的教学和学习过程中非常重要，同时也被运用于其他内容领域。其中，最值得探讨的是，概念转变是否能够建立一个能帮助学生学习知识的有力框架，并将其运用于教学实践。根据奥苏伯尔的同化理论，实现前概念和新知识同化应具备一定的条件：首先，学习者要具备把新概念与认知结构中原有的适当观念关联起来的意向;其次，学习材料呈现的新概念对学习者必须具有潜在意义。具体表现在：（1）学习的概念本身应具有逻辑意义；（2）学生原有认知结构中已具备同化新概念的适当上位概念。实现概念同化，两个条件缺一不可，否则会导致机械学习。

因此，为了促进学生的概念转变，教学中应该包含以下几个阶段[3]：（1）创

[1] POSNER G J，STRIKE K A，HEWSON P W， et al. Accommodation of a scientific conception： Toward a theory of conceptual change [J]. Science Education，1982，66（2）： 211-227.

[2] SLOTTA J D，CHI M T H，JORAM E. Assessing students' misclassifications of physics concepts： An ontological basis for conceptual change [J]. Cognition and Instruction，1995，13（3）： 373-400.

[3] 王磊. 高中新课程选修课教与学：化学 [M]. 北京：北京大学出版社，2006.

设情景，让学生对已有的概念产生不满和怀疑；(2) 给出学生可以理解的替代概念；(3) 新概念对学生来说应是合理的和可接受的；(4) 新概念对学生来说应具有效性。

S. Vosniadou，C. Ioannides，A. Dimitrakopoulou 和 E. Papademetriou[1] 几位研究者做了一个实验项目，项目内容为设计一个学习情境，促进学生的概念转变。有以下这些因素影响学习情境的设计：课程的覆盖广度，所涉及的概念，学生的先前知识，顿悟，寻找学生根深蒂固的前概念，概念转变的动机，认知冲突，提供知识和外部表征。

学习情境中鼓励学生采取行动，主动控制自己的学习，对自己的学习做出预测和假设，并通过测验验证。把学生分成小组，在课堂上对知识进行讨论，表达自己的观点，比较自己和别人观点的不同。当学生看到自己认为正确的观点被否定时，容易引起认知和情感的强烈反差，促使学生找出自己观点错误的原因。而后教师给出科学合理的解释，从而达到最后的顿悟。通过这种不断建立认知冲突，不断解释，不断建立新的知识结构的方法，来实现概念转变的过程，这与心理学所说的认识，即建立在“平衡——不平衡——新的平衡”的发展过程中的说法是一致的。研究结果表明，这种建立认知冲突等学习情境的方法，大大促进了学生转变错误概念，并逐步建立自己的科学概念。

概念转变是一个很重要的过程。多年来，研究者不断探索学生的学习过程，以找出影响他们学习的主要因素，并试图把这些成果运用到教学实践中，不断完善教师的教育教学过程，如怎样顺利把学生的错误概念转变为正确的概念。M. E. Beeth 和 P. W. Hewson 研究发现，在教学中，为了更好地促进学生概念的转变，教师要做到以下几点：教师设计的课程要以学生为中心；在教学中，教师的课程要考虑学生能力的平衡发展；教师要让学生通过不同的方法了解课程期望和目标；教师要运用不同的教学策略，鼓励学生探索自己的想法和他人的想法；教师要让学生理论联系实际，充分地实践所学到的科学概念，让他们相信学习科学概念的必要性。

[1] VOSNIADOU S，IOANNIDES C，DIMITRAKOPOULOU A，et al. Designing learning environments to promote conceptual change in science [J]. Learning and Instruction，2001，11 (4)：381–419.

第二节 概念研究的方法

为了解学习者头脑中存在的相关科学概念具有怎样的特点，研究者使用了多种研究方法。其中，观察、调查和访谈是较为常用的方法，具有直接便捷地获取研究结果的特点。

一、调查访谈

J. J. Mintzes 和 J. H. Wandersee 提出“影响学习的最重要的因素是学生已知的东西”。所以为了加强学生对知识的理解，教师应该对教学内容进行选择，并且按照学生的兴趣、已有知识、理解、能力和经历等安排课程。

J. A. Morrison 和 N. G. Lederman[1]研究了高中科学教师在诊断学生前概念时所使用的策略，以及教师如何在教学中使用他们搜集到的信息。

研究者以华盛顿东南部的两所学校经验丰富且教学优秀的高中科学教师为研究对象，这些教师的教龄都在 5 年以上（因为研究者认为教龄 5 年以上，代表这些教师有丰富的经验，且已经形成了一定的教学策略）。最终，研究者选取了其中 4 位教师进行研究。

研究者在两次课堂观察之前对四位教师进行了访谈，在课堂观察结束后，又进行了一次刺激回忆访谈（Stimulated Recall Interview）和一次课堂观察后访谈（Post-observation Interview）。

研究者对每位教师都进行两次课堂观察前访谈，这些访谈是半结构式的，访谈内容主要是关于教师的课堂计划，对前概念重要性的认识以及对学生前概念的诊断计划。研究者询问了教师如何评估学生的理解水平，教师所知道的概念转变的教学方法以及他们对建构主义的理解。在初次访谈后，研究者进行了为期 9 个星期的日常课堂观察，观察中记录教师的提问、学生的提问、显示的信息以及任何对学生理解进行潜在诊断的书面作业。研究者尤为关注课堂讨论中，教师的提问及学生做出的回答，学生对教师的提问以及教师对此的回答方式和内容，师生之间的谈话互动。

[1] MORRISON J A，LEDERMAN N G. Science teachers' diagnosis and understanding of students' preconceptions [J]. Science Education，2003，87（6）：849-867.

在课堂观察的最后阶段，研究者与教师进行了一次刺激回忆访谈，在这次访谈中教师会观看一个自己的教学片段，并对这个片段中自己当时的想法和教学做出反应。这些访谈中所用的教学片段是课堂上的讨论环节，尤其是教师就学生的前概念和先前经验做出询问的片段。在刺激回忆访谈后，每位教师会再接受一次简单的半结构式访谈，也就是观察后访谈。这次访谈内容与观察前访谈相似，包括教师对课堂评价实践的观点，对学生前概念的看法以及对学生前概念与理解水平诊断的看法。

除访谈与观察外，整个研究过程中，研究人员每两周会收集并影印教师的课堂计划。此外，在教师批改完学生作业和考卷之后，研究人员也会影印学生的作业样本，教师纠正过的考试和小测验样本，以及其他的教师没有进行评分的书面作业样本。

教师们都认为在教授新概念前，了解学生的前概念是很重要的。但却没有一位教师在课堂互动中试着去收集学生的相关前概念。经过对调研数据的分析研究，研究者发现四位教师都没有辨识学生的前概念，在课堂上他们没有使用任何的前测、访谈、概念图或日志等可以诊断学生前概念的工具。

当询问教师们在授课前是否尝试过找出学生的前概念时，所有教师都提到他们通过提问或谈话来获取这方面信息。此外，四位教师中有三位提到使用测验作为辨识学生前概念的方法，他们认为学生的随意性回答（Essay Answers）和论证性答案可以为教师了解学生思想提供线索。但教师批改的试卷上，并没有任何记号表明他们对学生的前概念有所了解，试卷上的问题也都是对课堂上已学知识的回顾。当问到对收集到的前概念如何运用时，Bob 和 Steve 两位教师回答道，他们会使用这些信息对概念进行再教学，Helen 会使用这些信息作为其他学生的上课范例，最后一位教师 Bill 回答他会根据这些信息改变自己的教学方式。

这些教师还指出，在他们的教学生涯中，许多届学生都会存在相同的前概念。Helen 提了两个持续困扰学生的概念：分子和化合物的区别，原子数目和物质的量的区别。对于这些普遍存在的前概念，教师们在课堂上，会更加注意仔细解释概念。

在课堂上，教师的某些问题也会超出学生的前概念范围。例如前文中提到的例子，Steve 在课堂上提问“质子、中子和电子是由什么组成的？”，学生们回答“晶胞”“原子”“分子”，这些回答是学生们关于微粒组成、亚原子微粒和粒子关系的普遍前概念。但学生们的回答显然不是老师所期待的，老师所希望的回答是“夸克”。当他发现学生们不能给出他满意的答案时，他自己说出了答案，没能有效利用学生的前概念。

教师们都认为应该在教学前了解学生的前概念，但教师们对于前概念诊断的重要性却认识不够。教师们都知道找出学生已经知道哪些知识很重要，但却没有运用合理的策略对学生的前概念进行诊断。这种矛盾的出现，可能是教师的观点并没有很好地转变为他们的实践，但也有可能是，他们没有真实地表达自己的观点。而且，在研究中，教师们虽然认为诊断很重要，但却没有一个人说出诊断为什么重要，在他们的教学计划中也没有对此做出任何规划。研究中，教师可能并不是很清楚地了解什么是学生的前概念，许多教师将学生的前概念等同于先前的课程或者概念混淆。教师们对于概念转变策略也不是很清楚。

二、概念图

概念图（Conception Map，简称 CM）是通过展现各概念之间的有意义关系，从而组织和表达一个人所拥有知识的图式工具，它包括三个组分：概念词、联系箭头和联系短语。概念词是与某特殊现象相关的关键词，联系箭头显示了两个概念之间的方向关系，而联系短语显示了一组词之间的特殊关系。CM 能够识别学生的合理知识结构和可能的误概念，从而提供“通向学生思维结构的窗户”[1]。

CM 在科学课程中有许多用途：辨识学生知识结构的变化，记录知识结构的改变，探索专家、优秀学生与初学者之间的不同。

研究者们认为概念图能够显示丰富的信息，相对而言，在课堂上容易实施。在完成概念图构造时，要遵循以下原则：（1）在一个概念图中，每个概念词只使用一次。（2）只使用提供的概念词。（3）在连接两个概念时只使用一个单向、有标签的箭头。（4）可以将一个概念与多个概念联系起来，但需要分别用箭头表示。（5）用箭头将两个概念联系起来，而不能将箭头指向另一个箭头。（6）使用你想使用的任何方法绘制你的概念图。（7）从一对概念开始，先使用箭头或标签将它们联系起来，然后，再选择一个新的概念，将它与前一组中的任何一个概念用箭头或标签联系起来；或者也可以选择新的一组概念，用箭头或标签联系起来；重复以上操作，直到将所有的概念都联系在一起为止。概念图完成之后，要检查：（1）所有线段都标有箭头方向；（2）所有箭头都有标签；（3）概念图包含了所有给出的概念；（4）概念图能够体现你所知道的东西。

E. Lopez 等[2]则探究了概念图作为有机化学的概念诊断工具能否有效显示学生

[1] NOVAK J D，CAÑAS A J. The theory underlying concept maps and how to construct them [J]. Florida Institute for Human and Machine Cognition，2006，5（1）：9–29.

[2] LOPEZ E，KIM J，NANDAGOPAL K，et al. Validating the use of concept-mapping as a diagnostic assessment tool in organic chemistry：implications for teaching [J]. Chemistry Education Research and Practice，2011，12（2）：133–141.

概念理解的微观差异。在一所州立大学初等有机化学课程开始的第一天，他们邀请所有学生参与研究，研究包括 4 次半结构式访谈和完成 4 次概念图。第一次访谈内容是关于物质结构与化学键的相关概念，第二次是关于立体化学，第三次是关于卤代烷反应，第四次是关于烯烃反应，这些都是该课程的主讲教师认为关键的内容。每次访谈后都要求学生完成概念图，并解决与教材相关章节配套的化学问题。在最终数据分析时，只选择了完成 4 次概念图的学生，因此最终样本为 70 人（36 名男生，34 名女生）。

完成概念图，是指参与者要在数字平台上，将所给出的 10~15 个教材核心概念词，用联系箭头和联系短语连接起来，再由化学系的博士生们按以下标准打分：（1）0 分——不正确或不相关；（2）1 分——部分错误；（3）2 分——正确但理由不够充分（例如，结构正确，但答案太笼统或太含糊）；（4）3 分——结构正确且表述清晰。将每个参与者的 4 个概念图分数合并作为其概念图的总分。由于参加者可能会使用多种多样的连接方式，因此，比起平均分，总分能够有效地显示学生知识联系的准确程度。

化学问题解决，具体做法是要求学生尽可能以每三分钟一题的速度，写出解题过程与答案，每次的题目类型包含选择性和开放性问题。接着由三位化学博士生一起根据教材解题指南上答案的关键点，对每道题进行打分（正确，错误，或部分正确）。每道题分值 1 分，若为题组，各题组中每个小题分值为 1 分。

为了便于数据分析，研究者还将学生成绩单上的最终课程成绩，由字母等级转化为数字等级，“A”代表 4，“A^-”代表 3.75，“B^+”代表 3.25，“B”代表 3.0，以此类推。学生的最终课程成绩是由 3 次期中考试和 1 次期末考试成绩组成，每次考试占 25%。

将概念图得分（CM）、问题解决得分（PS）和有机化学课程最终成绩进行相关分析，结果表明，概念图得分与有机化学相关性由适中变为高，且为显著性正相关。此外，概念图得分与问题解决成绩也有显著正相关。接下来为了确定概念图得分能否独立地预测学生的最终成绩，研究者将四次概念图得分、问题解决得分分别与有机化学课程最终成绩进行回归分析，结果表明，只有下半学期的问题解决得分能独立显著地预测有机化学课程的最终成绩。最后，虽然概念图得分不能单独预测最终成绩，但问题解决是以概念性知识和对教材的理解为前提的，因此，研究者使用了中介（路径）分析，以确定概念性知识能够预测问题解决的行为表现，从而预测最终成绩。为此，研究者对每次访谈中的以下关系进行了回归分析：（1）概念图得分与有机化学最终成绩；（2）概念图得分与问题解决得分；（3）问题解决得分和有机化学最终成绩。结果表明，问题解决得分在每次的概念图得分对最终成绩的影响中起到部分或完全的中介作用。综上所述，概念图得分通过影响问题解决得分，而影响最终成绩，说明该研究中所使用的概念图具有良好的结构效度，能够较真实地展示学生的概念结构。

为了确定概念图是否能够对学生的误概念进行区分，研究者又研究了得分具有以下特征的概念组：（1）平均分在 1.5 以下，且有 30% 以上的学生得分为 0；（2）平均分在 1.5 以上，且有 10% 以下的学生得分为 0。前者被认为是难以理解的概念，后者则是理解充分的概念。通过剖析这些概念组，研究者就能够区分学生知识结构的差异，找出哪些概念是大多数学生掌握了的，哪些则是大家都很难掌握的。

该研究结果证明概念图能够有效评估学生对有机化学概念性知识的掌握情况。CM 得分与其他有机化学结果变量之间的关系都显示了充分的结构效度。该研究结果对教师们有多方面启示。由于概念理解和问题解决之间的强烈作用，教师们可以使用概念图发现他们的教学资料和作业有哪些需要修改的地方，以此来帮助学生加强概念理解，而非死记硬背问题解决的过程，这对于掌握核心知识和矫正普遍错误概念尤其有效。

将概念进行分类打分的简单方法可以帮助学生对需要进一步梳理概念的关键构成部分进行识别。研究证明，概念图可以区分出理解得好与理解困难的概念组，从而帮助教师查明和纠正学生的错误概念。教师们可以在学期中的关键时期使用概念图策略。例如，在结束一场考试后，教师可以要求学生将考试中涉及的关键知识点用概念图表示出来。这可以使教师了解学生所拥有的知识，也可以使学生进行反思、自省，进而帮助教师和学生对其中的知识结构进行拓展深化或纠正。接下来，教师可以分小组组织学生将自己的概念图与其他同学的做对比。这样的小组学习（Group Work）包含了科学学习的社会化方面（the Social Aspect of Learning Science），并为学生提供了同伴学习（Peer-to-peer Learning）的机会。然后，教师可以要求学生从基础概念或命题中选出自己认为最重要的部分，并解释选择的原因。最后，教师可以根据课堂讨论的结果，综合学生的意见，组成一幅概念图。这种形式的活动提供了一种交互式、有活力的使用概念图的方式，可以评估并促进学生对相关概念的理解。因此，概念图可以用于根据学生的需求调整教学策略，从而最终加强学生对于相关概念的学习。

三、多重概念诊断

关于高中生和大学生学习“酸碱”概念的研究表明，学生利用这部分概念解决定性问题时，会遇到很多困难。然而，很少有研究表明学生关于酸的前概念是如何影响他们对于有机酸酸性强弱的学习的。LaKeisha M. McClary 等[1]利用学生对酸碱强度的前概念和假想，设计干扰项，最终设计了一份 9 项多重、多选择(Multiple-Tier, Multiple-Choice，简称 MTMC) 的概念问卷，问卷名称为“酸、碱”前概念调查问卷，简称为 ACID I。这份问卷，主要探讨以下问题：

（1）学习有机化学的学生对于酸强度有哪些误概念？

（2）在参与研究的学生中，这些误概念的出现频率是多少？

（3）学生所存在的这些误概念对他们的推理偏差有多大影响？

研究者调查了参加有机化学第二学期学习的 104 名学生。这些学生所参加的有机化学课，是一种螺旋式教学课程（A Spiral Curriculum）：在第一学期，课堂主题很广泛；第二学期，更深入地学习这些内容。在学习芳香烃亲电取代的前一周，学生们被要求在 15 分钟内完成 ACID I。这个时间点很重要，因为，当讨论芳香烃亲电取代时，学生们将会更深入地学习取代基影响酸强度的原因（例如“电子给予”与“电子接受”）。

在过去的研究中，研究者要求学生预测三组酸的强度，几乎没有学生能够正确预测任何一组酸的强度，但大多数学生都能识别每组中的酸性化学物有哪些。根据先前研究的结果以及分析学生的访谈数据，研究者研制了一份 9 项多重选择题目调查问卷，以确定学生关于有机酸和酸强度的误概念的普遍性和牢固程度。

研究者根据先前的结果，进一步制定了该调查问卷的格式。每一系列问题的第一项，要求学生回答，三个化合物中酸性最强的是什么，并选择最能够解释这一现象的原因；第二项，要求学生预测，比较剩下两个酸的强度；第三项，要求选择合适的理由，对第二项中的比较进行解释。以上的三项，都要求学生按 0~100% 来评估自己的确信度或者把握度（A Confidence Scale），这样能够帮助研究者分析学生误概念的牢固程度。学生们完成问卷后，研究者对其答案进行打分。正确的答案得 1 分，错误的答案得 0 分，剔除掉答题不完整的学生，最终对剩下的 89 名学生的成绩进行统计分析，计算信度（克隆巴赫系数，α）、难度（P）、区分度（D）和点二列系数（Point Biserial Coefficient，r_{pbi}）。统计结果发现，尽管 ACID I 对于学生来说难度较大（M=3.09 ± 1.64），但能够很好地区分出高分与低分。而且，点二列系数的平均值为 0.41，这显示了项目的质量是可接受的。对数据结果进一步分析显示，

[1] MCCLARY L M，BRETZ S L. Development and assessment of a diagnostic tool to identify organic chemistry students' alternative conceptions related to acid strength [J]. International Journal of Science Education，2012，34（15）：2317-2341.

至少 30% 的被访学生都具有两个明显的误概念：官能团决定酸强度，稳定性决定酸强度。

学生们经常会根据化合物的官能团，选择错误的选项。在第 4 项中，32.6%~61.8% 的参与者根据“官能团决定酸性”选择了干扰项。第 1、4、6 和 7 项，都显示学生使用这种误概念判断酸强度趋势。而第 1 项和第 7 项学生的把握度都较高，但第 4 项和第 6 项学生的把握度较低。

对于第 1 项的回答，学生很有自信，62% 的学生选择醋酸作为最强的酸，原因是醋酸是一种羧酸；只有 15.7% 的学生选择了最合适的解释：醋酸是最强的酸，因为它具有最活泼的酸性氢离子。在溶液中，相对于苯酚和 2,4- 戊二酮，醋酸中 O-H 的极化——由于羰基的接近而增强——降低了氢原子周围的电子密度，因此，同等条件下，相比于其他两种物质来说，醋酸与碱的反应更易进行。而学生在使用“官能团决定酸强度”回答第 4 项和第 6 项问题时，却显得没有第 1 项和第 7 项那么自信。当要求回答为什么 2,4- 乙酰丙酮比丙酮和乙醛酸性强时，32.6% 的学生根据结构特征选择答案：2,4- 乙酰丙酮有两个羰基。在第 5 项中，大多数学生（67.9%）能够正确预测乙醛比丙酮酸性强，但他们中的一半在第 6 项选择原因时却出现错误，他们更倾向于选择结构而非电子性质。

“稳定性”是学生学习化学时比较难以理解的一个概念。在学习酸碱化学概念时，关注的是热力学稳定性，其与化学体系的吉布斯自由能降低有关。对于质子酸，酸性强的酸拥有更稳定的共轭碱（A^-）。在学习普通化学中，学生们将稳定性与化学键联系在一起。学生在确定酸强度时，会使用到与稳定性有关的概念。对酸与酸强度相关概念形成正确认识的学生，会将这些概念与共轭碱影响酸强度联系在一起，然后使用这些概念判断、解释酸性强弱。

在调查中，31.5%~77.5% 的学生使用“稳定性决定酸强度”来判断有机物的酸性强弱（第 2 项）或选择解释原因（第 3 项，第 9 项）。学生对第 2 项和第 3 项的把握度都较好，而对第 9 项的把握程度较差。

参与调查的 78% 的学生没有能够正确判断苯酚（结构 B）比 2,4- 乙酰丙酮（结构 A）酸性强。他们中的大多数（56.2%）在第 3 项中选择解释原因时，认为苯酚具有比 2,4- 乙酰丙酮更稳定的共轭碱。

该研究研制的 9 项概念调查问卷，用于有效确认学生关于酸强度的误概念，以及这些误概念的普遍程度和牢固程度。根据研究结果，教师在教授酸强度和影响酸强度的因素时，不要强调酸的结构或组成特征，而应该引导学生关注电子的特点，这对于化学的有意义学习十分关键。教师，尤其是有机化学预修课程的教师，要特别注意学生对于“结构或组成特征”的依赖。教师还应该考虑将学生在思考和推理化学概念时会使用到的策略，如直觉假设（Intuitive Assumption），日常生活中的理解和启发等引入到课堂中。教师可以利用这些学习情境引出学生的前概念，激发学生的课堂讨论或帮助设计评估测验，从而促进学生的学习。

第三节　概念转变的相关理论

早期大多数的概念转变理论是建立在皮亚杰(Piaget)的认知发展理论基础上的。皮亚杰在 1975 年提出，学习者原有的概念和学习的新概念间会产生不一致的非平衡状态，只有发生认知冲突才会促使认知发展。认知冲突通过同化和顺应的过程而得到解决。近期这一领域的更多研究已经由认知冲突理论转向知识重构理论。

一、认知冲突理论

波斯纳（Posner）等提出的概念转变模式发展了皮亚杰关于概念同化和顺应的概念转变理论[1]。同化是指学生利用现存概念解释新的现象；顺应是指学生必须重新组织他们的原有概念才能解决新的问题。其概念学习的四个条件是：

（1）学习者必须对现有概念感到不满。除非学习者感到已有的概念不能发挥功能，否则他们是不会改变已有概念的。也就是说，当同化仍然合理时，人们是不会进行概念的结构改变（顺应）的。

（2）新的概念必须是可以理解的。波斯纳等认为若新的概念通常是与人们的直觉相反，或者是难以理解的，则很难形成概念转变。因此新的概念必须是可以理解的，个体才可能进行概念改变。

（3）新的概念必须是合理的。虽然建构的新概念未必一定是正确的，但它至少必须具有正确反映事物的可能性。

（4）新的概念必须是丰富的。它不仅有可能解决现存的问题，而且也应该提供探索未来的途径。

当满足上述条件并经过顺应的过程，才会发生概念转变。波斯纳等人将这种新旧概念共存的复杂概念关系称为概念生存。误概念是在概念网络中人为的壕沟，尽管它是暂时的、结构松散的，但对自然概念网络的形成也有很大的影响。

罗斯（Roth）也提出与波斯纳类似的观点，指出当学生意识到他们个人的理论与实验证据相比是不充足、不完整或不一致的，而科学性的解释可作为一个更具说

［1］ POSNER G J，STRIKE K A，HEWSON P W，et al. Accommodation of a scientific conception：Toward a theory of conceptual change［J］. Science Education，1982，66（2）：211-227.

服力且更合理的替代时，概念转变就有可能发生。

二、知识重构理论

诺曼（Norman）等认为概念转变有三种形态：增加、调整和重构。所谓增加，是指在既有的知识结构中不改变先前的架构而增加新的知识。调整是指修改已有的知识结构，使其执行更为顺畅、有效和自动化。例如我们对桌子原有的认知是四只脚，如果看到有三只脚的桌子，便可修正对桌子的概念。增加或调整即是所谓微弱的概念转变。第三种概念转变称为重构，也就是知识重组以获得更深的理解的过程。

凯里（Carey）通过对一系列生物概念的研究指出，儿童大都拥有一种“类似理论”的概念结构[1]，这种概念结构的改变有两种方式：一种是某一特殊领域知识的累积而逐渐产生新的概念，称为“轻微的概念转变”；而如果改变的不仅是概念的数量，还包括现存概念的结构，则属于另外一种方式——“强烈的”或“根本的概念转变”。

沃斯里多（Vosniadou）确信有两种概念转变——丰富和修正[2]。前者是学生在知识结构中增加新的信息，学生所学的概念与已有的概念结构是一致的，只是使其知识更加丰富，则学习并不难发生（如告诉学生汽油燃烧可以放热，所以可以燃烧汽油取暖）。后者是当学生学习的概念与原有的框架矛盾或受限于特定理论时，概念改变不易发生（如地球是球体的，而人是住在地球的表面上）。

三、本体论的概念转变理论

认知心理学家金（Chi）指出，概念转变可分为本体类别内的概念转变（或称为轻微的概念转变）和跨越本体类别间的概念转变（或称为根本的概念转变）。她从本体论的角度来分析概念结构，指出概念分为三类：物质、过程和心理状态。物质概念是指含有特定属性的“东西”，如单质、固体等。过程概念指的是事件的发生，这一事件可能是有序的，可能是有时间关系的，可能是有因果关系的，也可能只是随机的，但它反映出了自己特定的属性，如过滤、溶解、扩散等。心理状态概念指的是某种情绪或倾向。在物质、过程、心理状态这三个类别之下又有所谓的次概念，如自然种类、人造物质、步骤、事件、满足限制条件的交互作用等。

物质、过程、心理状态在本质上是彼此独立的，因此三者之间的转换属于根本的概念转变。例如，“固体”本质上就与过程自然发生的事件“电离”不相同。概

[1] CAREY S. Conceptual change in childhood [M]. Cambridge: MIT Press, 1985.
[2] VOSNIADOU S. Capturing and modeling the process of conceptual change [J]. Learning and Instruction, 1994, 4 (1): 45-69.

念转变的机制因本质上的不同而有所区别。

金（Chi）认为，科学概念并不都是不易转变的。若概念的转变仅牵涉类别内的转变，则概念是容易转变的，有些事实性的科学概念即是如此，如心肺循环、原子的结构等；若概念的转变牵涉到类别间的转变（如力学、电学），则概念转变是不易发生的（如化学平衡、扩散等概念）。在学习某些学科领域时（如物理学），需要跨越不同类别的概念转变，这正是概念学习困难的原因。因此，单以学科来划分概念转变并非最佳方式，而应以概念本质来说明较为适当：各学科中名词的界定就较易学习，如化合物的概念；但若是学习属于具有动态属性的相互作用关系的概念则会有一些困难，如化学平衡的概念就属于此列。

综上所述，波斯纳（Posner）的认知冲突理论关注动机对学习者概念学习的影响，在课堂教学中有一定的适用性，已经成为指导研究许多概念转变的基础。然而它不能清晰描绘出人们的个人概念是如何生成的。知识重构理论注意到了科学概念的学习有难易之分的事实，这是概念学习理论的一个重大进步。金（Chi）的概念转变理论将某些概念学习有不同的难易程度归因为概念类别的不同，揭示了上位概念存在的影响。

第四节　概念转变的教学研究

对学生而言，概念转变的过程漫长曲折，并且多有反复，所以影响到概念转变的因素很多，其中包括：元认知能力，认识论维度，本体论因素，社会、情感、动机因素和主体的认知风格。错误概念转变发生的最根本的条件是主体的积极参与以及具备理解科学观念的基础知识和能力。以上五个维度的影响是相互依存、协调作用的，对于不同的学习者，这些因素都以各自不同的程度来共同影响着主体错误概念的转变。

国内外教育研究者、认知心理学家和学科课程的编制者对概念的教学模式进行了大量的研究，提出了许多概念教学的模式，并进行了概念转变的教学实验，包括基于理论材料学习的概念转变，基于测验诊断的概念转变和基于交互式技术的概念转变等。

一、基于理论材料学习的概念转变

基于理论的学习材料（Theory-based Learning Materials），就是根据要学习的学科知识理论，使用恰当的匹配的素材、实验、模型、装置等进行模拟或类比等，化抽象为具象，易于理解地、形象地呈现相关概念，可以促进学生的深度学习，提高学生对相关科学概念的理解。[1]

S. Reinfried，U. Aeschbacher 和 B. Rottermann 的研究项目开发和评估了基于理论的学习材料对学生关于“温室效应”概念理解的促进作用。他们认为学生关于温室效应的日常观念是难以改变的，其中最大的挑战是开发教学设施，来帮助学生理解温室效应的概念。学习材料旨在促进学生积极学习以达到对温室效应概念的深刻理解。学习材料是在瑞典教育心理学家 Aebli 的理论基础上开发编制的。共有 289 名八年级学生参与了这项研究，在研究中用定量和定性相结合的方法对学生的知识获取和理解进行三次测试。在前测与后测中，将这些学习材料的效果与标准的学习材料进行了对比测试。研究结果表明，基于理论的学习材料促进了学习过程中积极

[1] REINFRIED S，AESCHBACHER U，ROTTERMANN B. Improving students' conceptual understanding of the greenhouse effect using theory-based learning materials that promote deep learning [J]. International Research in Geographical and Environmental Education，2012，21（2）：155-178.

的认知加工。学习材料的教学设计可以提高学习者的认知活动积极性，促进其对复杂和抽象的温室效应概念的深入理解。

在干预之初，学生们单独研究一个工作表，包括：

（1）相关的基础知识和温室效应的机制，以及自己完成相关内容的任务。

（2）学生两人一组讨论他们的研究结果。

（3）短时间的课堂问题讨论。

（4）教师解释实验的设备和装置，要求学生假设常规空气或二氧化碳气体被用来阻止辐射热的路径会发生什么。

（5）进行演示性实验，学生观察并进行讨论。

（6）几组学生被邀请进行实验，演示给自己班上的其他同学看，然后提问和讨论他们的假设和观察到的现象。

（7）学生们回忆他们所学的实验、装置或模型，以书面形式记录观察到的实验过程和结果。

（8）学生应用新获得的知识来思考科学实验与现实之间的联系（共同的和独特的属性），来回答和解决问题。

（9）75 分钟后，学生们再次填写问卷。

在工作表中，容易理解的解释方法有四个标准：问题从学生的先前经验或前概念开始；将错综复杂的过程分解成为有联系的步骤，从而使总的结果易于理解；将内容减少，只把关键的思想学会然后用它进行类比；尽可能少地使用技术术语。

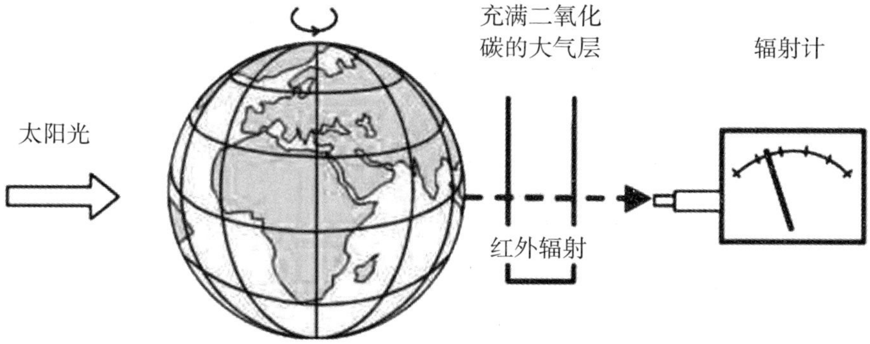

图 1–1　实验组使用的实验模型

科学实验是一个教学类比模型，展示了在实验环境中，二氧化碳吸收热辐射的定性知识和经验。一个地球的模型在光路的输入和输出中间，一个用来装二氧化碳的透明容器和辐射计在地球“夜晚”的这一边。一旦容器中装满二氧化碳，就会看见辐射计的指针偏转角度下降，说明热辐射被透明容器中的二氧化碳吸收了。

研究结果表明，基于理论的学习材料有效地提高了学生对全球温室效应的基本原理，尤其是对二氧化碳作用的理解，弥补了普通学习材料的不足。基于理论设计的素材呈现可以刺激学习者进行深入的学习。

二、基于测验诊断的概念转变

科学概念测验对学生的概念理解既有积极的影响也有消极的影响[1]。

C. Y. Chang，T. K. Yeha 和 J. P. Barufaldi 的研究探讨了科学概念评估测试效应的现象，包括其背后的机制及其对学习者概念理解的影响。

有 208 名 11 或 12 年级的学生参加了此次测试。数据收集包括三个阶段：（1）访谈探索学生前测时的认知结构；（2）使用不同的测试；（3）访谈探索学生后测的认知结构。

第一阶段，所有被试者接受访谈，目的是探索他们测试前的最初的认知结构，作为对照组。

第二阶段，被试者被随机分配为四组，并按要求完成各种测试。A 组（$n = 54$）做正确概念测试，B 组（$n = 46$）做错误概念测试，C 组（$n = 60$）做选择题测试，D 组（$n = 48$）不做任何测试。

第三阶段，两周后所有被试者再次接受访谈，检测学生在参加测试后的认知结构。

结果表明：

（1）传统测试会影响参与者正面和负面的长期记忆；此外，当学生们在一个测试中反复和努力思考高度分散的选项内容时，会逐渐发展出新的概念。

（2）真实地给出和描述了学生建构正确观念的过程。

（3）学生在完成测试中提供的虚假描述的选择时，也会产生错误概念。

这项研究的结果显示出一个值得注意的现象是，如果测试使用得当，就可能是一个帮助学生概念理解的有效工具。

[1] CHANG C Y，YEHA T K，BARUFALDI J P. The positive and negative effects of science concept tests on student conceptual understanding [J]. International Journal of Science Education，2010，32（2）：265-282.

三、基于交互式技术的概念转变

K. Varma 和 M. C. Linn[1]研究了中学生对“温室效应”和“全球变暖”的理解。他们设计和完善拓展性的课程单元,称为“全球变暖:虚拟地球”。在该单元的活动中,学生进行虚拟实验将温室效应可视化。他们分析数据并得出各个有关变量是如何影响地球温度变化的结论。学生还开展探究活动，使科学过程与社会科学问题、舆论上的观点联系起来。研究结果表明，增加的这个板块内容的学习促进了学生对科学的理解。研究者讨论：通过使用虚拟实验，学生是如何进行有价值的探索，把自己对全球气候变化的想法与复杂的气候系统统一起来的呢?

190 名六年级学生(98 名男生和 92 名女生)参与到课程和前后评估活动中。“全球变暖：虚拟地球”单元是在基于网络的科学学习环境中进行的探究。结合网络信息的环境与可视化资源，为学生和教师提供有意义的探究教学体验。课程单元包括六个主要活动。

在第一个活动中，向学生介绍了这个单元的总体学习目标。给他们观看一个短片作为全球变暖现象的介绍，并预测其生态足迹，使用在线生态足迹计算器进行计算。

在第二个活动中，学生使用可视化温室了解地球的能量平衡和观察能量转换。

第三和第四个活动重点使用可视化温室了解温室气体、云和反射能。在第三个活动中，学生进行可视化实验了解温室气体。

第四个活动是一个拼图活动，一半的学生进行实验来了解云，另一半学生进行实验以了解反射能。教师、学生都是随机分配到每个主题。在这些实验步骤中，嵌入式反思笔记促使学生提出假设，收集证据，得出结论，使新的和已有的想法之间产生联系。第四个活动结束时，所有的学生参加在线讨论，分享他们获得的知识，完成拼图活动，了解他们没有调查到的因素。

在第五个活动中，学生使用一个更复杂的可视化界面来学习人口水平是如何影响温室气体的排放和全球变暖的。这个可视化界面包括允许学生使用滚动条来改变人口增长率和二氧化碳排放量。

在第六个活动中，学生创建一个减少温室气体排放的家庭计划，然后基于家庭计划的变化，重新计算其生态足迹。

[1] VARMA K，LINN M C. Using interactive technology to support students’ understanding of the greenhouse effect and global warming [J]. Journal of Science Education and Technology，2012，21（4）：453-464.

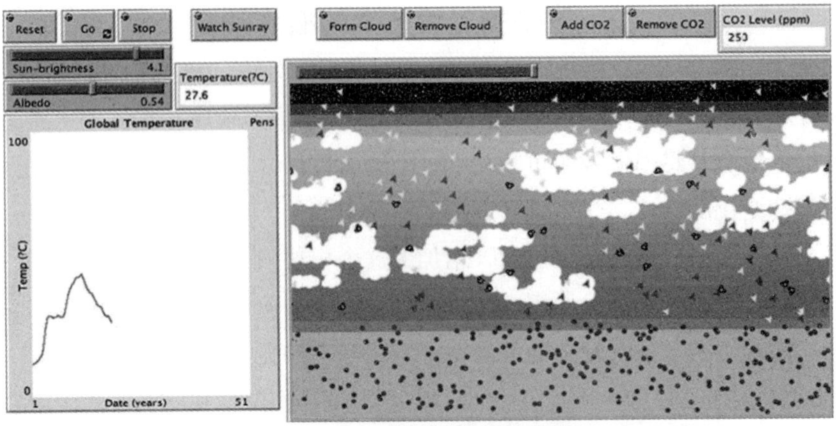

图 1–2 可视化温室的截图

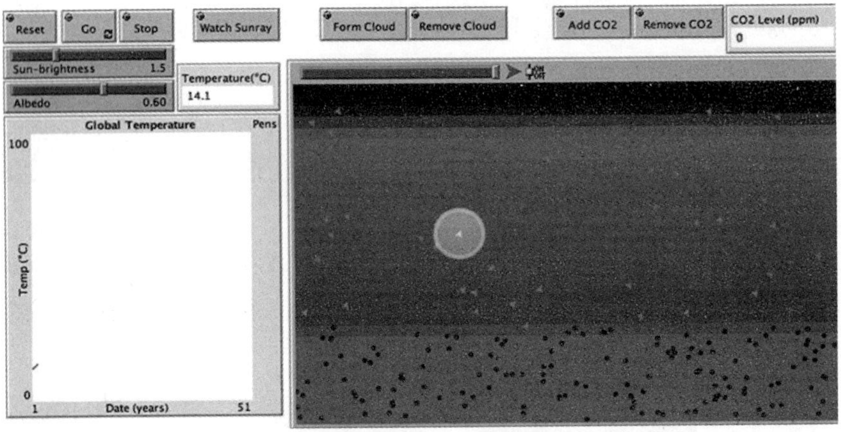

图 1–3 在可视化温室中“看紫外线”的功能

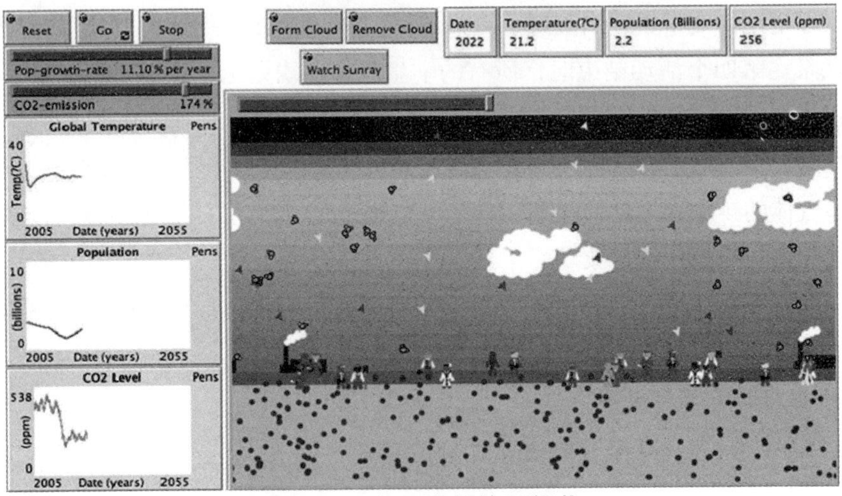

图 1–4 人口增长的可视化

学生参与此活动，先要个人独立完成一个包含八个问题的纸笔测验作为前测。前测的问题主要是开放式问题，包括全球变暖，温室效应，人为的因素等导致了这些现象。测验后，所有的学生完成“全球变暖：虚拟地球”的课程单元活动和嵌入式反思笔记。学生参与这项活动，上课时间为一周5次，每次1小时。单元活动后，学生独立完成与前测相同问题的纸笔测试。前测和后测大约20分钟。

研究结果显示：教学前，学生对“温室效应”有一些了解，但通常是不完整或不准确的；在教学后，学生个人的知识概念和他们对“温室效应”和“全球变暖”的理解有明显提高。

要对学生的误概念进行转变，可以采用多种方法，帮助学生把脑海中原有的不足或不正确的概念与科学的概念建立一个连接，修正其原有的概念，再建构一个正确的思维模型。

第二章 物质的量相关概念的认知研究

物质的量是学生学习化学的基础，是对微观物质世界进行抽象学习的基石；物质的量概念系统作为化学课程的核心内容贯穿于整个中学阶段，在计量化学中处于中心地位；物质的量是连接宏观与微观、定性与定量的桥梁，与中学化学不同主题的学习内容联系密切，是中学化学学习的重点和难点，也是中学阶段重要的化学思想方法。本章内容首先对物质的量概念的发展、定义及国内外研究现状进行阐述和介绍，然后针对我国物质的量概念研究的情况，分别从教材呈现方式、学生概念学习以及问题解决的不同角度对物质的量概念进行探讨。

本章着重探讨：

（1）学生在学习物质的量之前具有哪些前概念?

（2）学生在学习物质的量及其相关概念之后具有哪些误概念?

（3）物质的量的概念转变策略有哪些?

第一节　物质的量的本体特征

化学概念是将化学现象、化学事实，经过比较、综合、分析、归纳、类比等方法抽象出来的理性知识，它是已经剥离了现象的一种更高级的思维形态，反映了化学现象与事实的本质，是化学学科知识体系的基础。J. D. Herron 说："如果学生在解决问题时遇到困难，首先应该检查的是学生对问题中的概念是否理解了。"[1] 因此，只有在认知结构中形成清晰的化学概念，理解、掌握了化学概念，才能牢固地掌握化学基础知识和基本技能，进而达到应用和探究化学的能力。

物质的量的本体特征是指物质的量概念的本质含义和特征要素。"本体"源于本体论（Ontology）。斯坦福大学的 Gruber 给出的本体论的定义得到了许多同行的认可，即本体论是对概念的精确描述，本体论用于描述事物的本质。

在实现上，本体论是概念的详细说明，一个"本体"往往就是一个正式的词汇表，其核心作用就在于定义某一领域内的专业词汇以及它们之间的关系。这一系列的基本概念为交流各方提供了一个统一的认识。在这一系列概念的支持下，知识的搜索、积累和共享的效率将大大提高。

物质的量及其相关概念是一套度量物质的"量"的多少的系统，是计量化学中很重要的一部分。物质的量是连接宏观与微观、定性与定量的桥梁，它贯穿于中学化学学习的始终。但物质的量的概念比较抽象，学生学习起来存在一定的困难，因此，研究物质的量及其相关概念的认知过程，弄清楚学生在学习该内容时存在的一些前概念、误概念是很重要的。基于学生头脑中前概念和误概念的调查结果，探讨实际教学过程中的概念转变策略，为教师提供有价值的教学参考，优化教学。

物质的量是表示一定数目微粒集合体的物理量，其单位为"摩尔"，1 摩尔物质含阿伏伽德罗常数个微粒。由于微粒也具有质量和体积，就引出了摩尔质量、气体摩尔体积等相关概念。在溶液中，由单位体积溶液中所含溶质的物质的量又引出了溶液的物质的量浓度、溶液浓度等相关概念。这样，就建立起了以物质的量为中心的概念体系。

物质的量贯穿于整个高中化学的学习，是高中化学学习的重点内容。但以物质

[1] HERRON J D. The chemistry classroom [M]. Washington DC: American Chemical Society, 1996 : 104.

的量为中心的相关概念繁杂且抽象，所以这部分内容也是高中化学学习的难点。因此，这部分内容在国内外的研究中都很受重视。

国外从 20 世纪 70 年代开始，有关物质的量概念的学习和教学实践研究就备受关注。研究内容涉及物质的量及其相关概念在中学教材中的内容组织和呈现方式，前概念对物质的量概念形成的影响，有关物质的量计算能力的培养和影响因素分析，物质的量个性化教学模式的开发等。S. Novick 和 J. Menis 通过问卷调查、访谈、分析等方法找出学生在物质的量学习过程中头脑中存在的误概念，并对这些误概念的来源做了分析。如“摩尔是表示一定量的质量而不是一定量的数目”的错误认识源于摩尔计算，因为很多摩尔计算是建立在质量的定量计算基础之上的[1]。Carios Furio 针对学生物质的量概念认知水平低这一现象的研究发现，学生的学习结果受教师的影响很大，其中教师缺乏物质的量概念形成和发展过程的相关知识，是导致教学效果不佳的最主要原因。

一、物质的量概念的发展

随着人们对物质世界认识的不断深入，人们认识到不仅存在一个看得见、摸得着的宏观世界，还存在一个更庞大的微观世界。各种各样、千变万化的物质都是由肉眼看不见的各种微粒所构成的。这些微粒可以是分子，也可以是原子、离子、质子、中子等。可是这就给化学提出了新的问题：宏观与微观之间的物理量如何联系在一起呢？基于以上背景，物质的量诞生了！物质的量的概念属于化学计量的概念，是用以表征物质的计量性质的物理量概念。

说起物质的量的概念，首先得说一下它的单位——摩尔。摩尔一词来源于拉丁文“moles”，原意为大量和堆集。早在 19 世纪 40—50 年代，摩尔就在欧美的化学教科书中作为克分子量的符号。1961 年，化学家 E. A. Guggenheim 将摩尔称为“化学家的物质的量”并阐述了它的含义。同年，在美国《化学教育》杂志上展开了热烈的讨论，大多数化学家发表文章表示赞同使用摩尔。1971 年，在由 41 个国家参加的第 14 届国际计量大会上，国际纯粹和应用化学联合会、国际纯粹和应用物理联合会以及国际标准化组织正式宣布了关于必须定义一个物质的量的单位的提议，并做出了决议。从此，物质的量（Amount of Substance）就成为国际单位制中的一个基本物理量。摩尔是由“克分子”这个概念发展而来的，起着统一“克分子”“克

[1] NOVICK S，MENIS J. A study of student perceptions of the mole concept [J]. Journal of Chemical Education，1976，53（11）：720-721.

原子”“克离子”“克当量”等许多概念的作用，同时把物理上的光子、电子及其他微观粒子等物质的量也囊括在内，使得在物理和化学专业领域中计算物质的量有了一个统一的单位。

第 14 届国际计量大会批准的摩尔的定义为[1]：

（1）摩尔是一系统的物质的量，该系统中所含的基本单元数与 0.012 kg ^{12}C 的原子数目相等。

（2）在使用摩尔时，基本单元应予指明，可以是原子、分子、离子、电子及其他微粒，或这些微粒的特定组合。

根据摩尔的定义，12g ^{12}C 中所含的碳原子数目就是 1 mol，即摩尔这个单位是以 12g ^{12}C 中所含原子的个数为标准，来衡量其他物质中所含基本单元数目的多少。

二、物质的量概念的内涵与外延

在形式逻辑中，概念的内涵是指概念所反映的思维对象的特有属性，所谓特有属性是指能把各种思维对象区别开来的属性。概念的外延是概念所反映的思维对象特有属性所指的对象。

首先，从概念内涵方面分析物质的量。

物质的量是表示组成物质的基本微粒数目多少的物理量，摩尔是物质的量的单位。1 摩尔物质含阿伏伽德罗常数个微粒。由于物质的量用于表达微粒数目，在宏观物质与微观粒子之间建立起一座桥梁，将人们研究物质世界的两个层面——宏观与微观有机地结合起来,才有了物质的量在化学领域中的广泛应用。在概念定义上，规定在使用摩尔这个单位时，应指明是什么样的基本微粒。

物质的量是国际单位制中 7 个基本物理量（长度、质量、时间、电流强度、发光强度、温度、物质的量）之一，它和长度、质量、时间等概念一样，是一个物理量的整体名词。其符号为 n，单位为摩尔（mol），简称摩。物质的量是表示物质所含微粒数（N）（如：分子、原子等）与阿伏伽德罗常数（N_A）之比，即 $n=N/N_A$。阿伏伽德罗常数的数值为 12g^{12}C 所含 C 原子的个数，约为 6.02×10^{23}。它是把微观粒子与宏观可称量物质联系起来的一种物理量,表示物质所含微观粒子数目的多少。摩尔好似一座桥梁把单个的、肉眼看不见的微粒跟大数量的微粒集体、可称量的物质联系起来了。在化学计算中应用摩尔十分方便。

[1] MILLS I，CVITAŠ T，HOMANN K，et al. Quantities，units and symbols in physical chemistry [M]. Carlton：Blackwell Scientific Publications，1993.

在讨论物质的量时，还应分辨清楚物质的量与质量的关系。二者在概念上是根本不同的，质量是代表物质惯性大小的物理量，而物质的量是量纲与质量相对独立的另一个物理量，绝不能把物质的量理解为有两重性质，既代表系统的物质的量，又代表系统的质量。同样，认为摩尔既能表示一种物质的质量，又能表示物质所含的基本微粒数的观点也是错误的。

其次，从概念外延方面分析物质的量。

物质的量用于表示微粒数目，由于微粒也是物质的，它也具有一定的质量和体积。因此，由 1 摩尔（阿伏伽德罗常数个）微粒的质量总和引出摩尔质量。气体分子之间有一定的距离，在 101 kPa，0℃（标准状态）时，气体分子之间的距离几乎是一致的，分子间的距离相对于分子自身直径大许多，气体的体积主要就由分子间的距离来决定。在标准状态下，1 摩尔（阿伏伽德罗常数个）气体分子所占体积约为 22.4 升，由此引出气体摩尔体积。在溶液中，以 1 升溶液中所含溶质物质的量引出溶液物质的量浓度。由此，可以建立起物质的量及其派生出来的相关物理量与质量、气体体积、溶液浓度之间的概念网络图式。

以氧气分子为例，从物质的量内涵分析，1 摩尔氧气分子含阿伏伽德罗常数个氧气分子；从外延分析，阿伏伽德罗常数个氧气分子质量总和约为 32 g，则氧气的摩尔质量约为 32 g/mol，在标准状态下，阿伏伽德罗常数个氧气分子所占体积约为 22.4 升。由于标准状态下，任何气体分子间的距离几乎相等，则任何气体的摩尔体积都约为 22.4 升。物质的量作为知识网络的核心，通过派生的物理量能够进行多种数学关系的计算，而这些计算正是学习中学化学计算的基本任务。

第二节 物质的量前概念的研究

一、研究的问题与方案

本节主要探讨学生在学习物质的量概念之前具有哪些前概念。

1. 调查对象

某中学初三年级共 40 名学生，他们还没有学习物质的量相关概念，作为物质的量前概念的调查对象。

2. 调查方式

问卷调查方法。

3. 问卷测试工具

物质的量前概念调查问卷，是研究者在仔细研读了人民教育出版社（以下简称“人教社”）的九年级上、下册化学教材和高中化学教材后，根据学生的知识发展设计的。问卷从物质的量概念的内涵和外延出发，旨在了解学生在学习物质的量、气体摩尔体积、物质的量浓度之前是否具有相关的前概念知识。前概念调查问卷共发放 40 份，回收有效问卷 40 份。

物质的量前概念调查问卷

1. 物质是由微粒构成的，你知道构成物质的微粒有哪些吗？

2. 你认为下列物质哪些是宏观物质（　　），哪些是微观物质（　　）。

A. 蚂蚁　B. 苹果　C.分子　D. 氧气　E. 沙粒　F. 离子

3. 在日常生活中，我们有时会接触到：“一盒粉笔”，一盒里面有50支粉笔；“一箱饮料”，一箱里面有6瓶饮料。这样的类似于“一盒”“一箱”等包含一定数量组成的集合形式，我们称之为集合体。那我们为什么要用集合体来描述物体数量的多少呢？

4. 什么是相对原子质量？

5. 为什么要引入相对原子质量这个名词呢？

6. 物质是由微粒构成的，你认为影响物质体积的因素有哪些？

7. 你认为气体、液体、固体的微粒间隙大小的排序是怎样的？

8. 你可以用什么方法来表示溶液的浓度？请写出表达公式。

物质的量前概念调查问卷共有 8 道题目，每道题分别考查的内容详见表 2–1。

表2–1 学生前概念调查问卷双向细目表

考查内容	宏观物质和微观粒子	集合体	相对原子质量	影响物质体积的因素	溶质质量分数
题目序号	1、2	3	4、5	6、7	8

二、调查与发现

在 40 名被调查的学生当中，统计回答出相应答案的人数和回答出相应答案的人数占总被调查者人数的百分比。对调查问卷所得数据进行统计分析，结果显示，初三学生普遍具有与物质的量相关的前概念，只是回答的结果不都是科学准确的。调查结果详见表 2–2 。

表2–2 前概念问卷调查结果（N=40）

题目编号	回答的内容	人数	占总人数的百分比	正确答案
1	分子、原子、离子	21	52%	分子、原子、离子、电子、质子、中子、原子核
	分子、原子	16	40%	
	电子或原子核	3	8%	
2	ABDE　　CF	38	95%	ABDE　CF
	ABE　　CDF	2	5%	
3	计算比较方便	31	78%	将一定数目的相同物质看作一个整体，方便计算和使用
	便于描述	9	22%	
4	以一个^{12}C原子质量的1/12作为标准，其他原子的质量跟它相比较所得到的比值	29	72%	以一个^{12}C原子质量的1/12作为标准，其他原子的质量跟它相比较所得到的比值
	某原子相对碳原子的质量	11	28%	
5	方便计算	17	43%	原子质量数值太小，书写和使用都不方便，所以使用相对质量
	一个原子的质量太小，用相对原子质量比较容易记忆和计算	23	57%	
6	微粒的数目	21	52%	微粒的数目
	微粒的数目、微粒的大小	8	20%	微粒的大小
	大小、质量、密度等	11	28%	微粒间的间隙
7	气体>液体>固体	38	95%	气体>液体>固体
	气体>固体>液体	2	5%	

续表

题目编号	回答的内容	人数	占总人数的百分比	正确答案
8	质量分数=$\frac{溶质质量}{溶液质量}\times 100\%$	34	85%	溶质质量分数=$\frac{溶质质量}{溶液质量}\times 100\%$
	质量分数 =$\frac{溶质质量}{溶液质量}$	4	10%	
	密度 =质量/体积	2	5%	

前概念调查问卷中题目涉及的概念有宏观物质、微观粒子、集合体、相对原子质量、影响物质体积的因素和溶质质量分数，不同的学生对每一个问题都有自己正确或错误的回答。上表给出了在每个问题上学生的答案，以及回答同一个答案的人数及其占被调查人数的百分比。统计结果显示，学生普遍具有物质的量的前概念。

三、分析与讨论

（1）宏观物质和微观粒子

表2-3　题目1的调查结果（N=40）

题目编号	回答的内容	人数	占总人数的百分比
1	分子、原子、离子	21	52%
	分子、原子	16	40%
	电子或原子核	3	8%

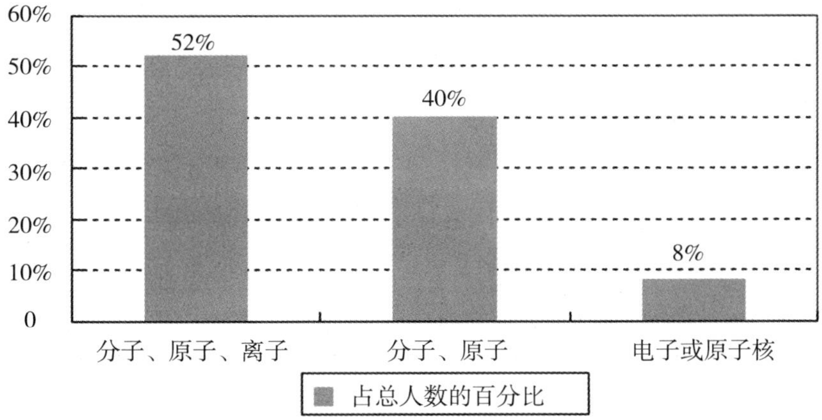

图 2-1　题目 1 的调查结果（N=40）

52% 的学生知道构成物质的微观粒子有分子、原子和离子，40% 的学生知道构成物质的微粒有分子和原子，8% 的学生知道电子和原子核也是微观粒子。值得强调的是，48% 的学生没有回答出构成物质的微粒有离子。

表2-4　题目2的调查结果（*N*=40）

题目编号	回答的内容	人数	占总人数的百分比
2	ABDE*　CF*	38	95%
	ABE　CDF	2	5%

注：* 是正确答案。

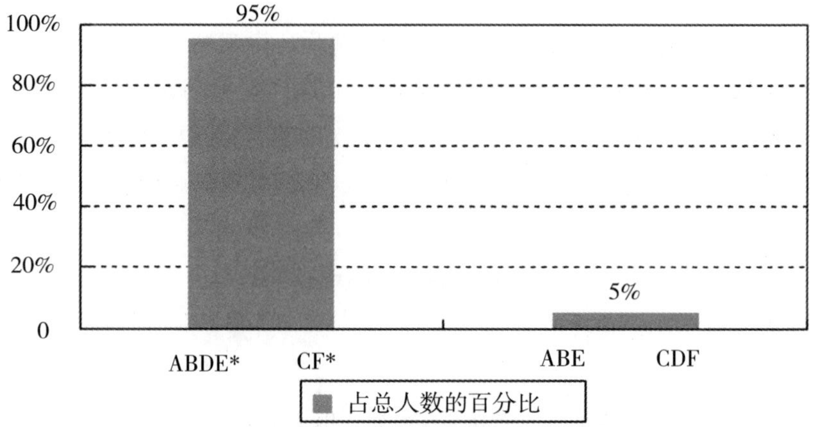

图 2-2　题目 2 的调查结果（*N*=40）

95% 的学生能准确地辨别出宏观物质和微观物质。

上述调查反映了学生已有宏观物质和微观物质的概念。由于本样本中被调查的学生没学习过有关“离子”概念的知识内容，学生对离子和离子化合物还没有具体的认识，对离子不甚了解。调查结果显示，本调查样本中的初中学生缺乏“离子也可以构成物质”的知识。

（2）集合体

表2-5　题目3的调查结果（*N*=40）

题目编号	回答的内容	人数	占总人数的百分比
3	计算比较方便	31	78%
	便于描述	9	22%

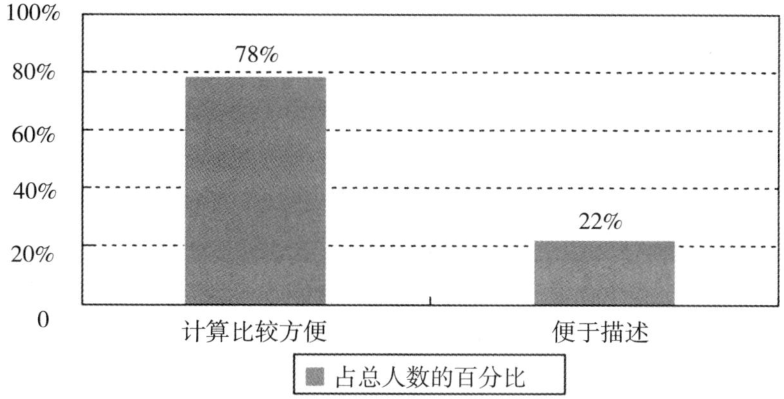

图 2–3　题目 3 的调查结果（*N*=40）

在回答“为什么要用集合体来描述物质数量的多少？”问题时，绝大部分学生认为是“方便”“便于描述”等。

基于上述调查，多数学生对问题中呈现的“一盒”“一箱”所包含的数量集合的概念有所了解，有助于学生对“集合体”概念的理解，这个知识对学生学习物质的量的概念可以起到类比的作用。

（3）相对原子质量

表2–6　题目4的调查结果（*N*=40）

题目编号	回答的内容	人数	占总人数的百分比
4	以一个^{12}C原子质量的1/12作为标准，其他原子的质量跟它相比较所得到的比值	29	72%
	某原子相对碳原子的质量	11	28%

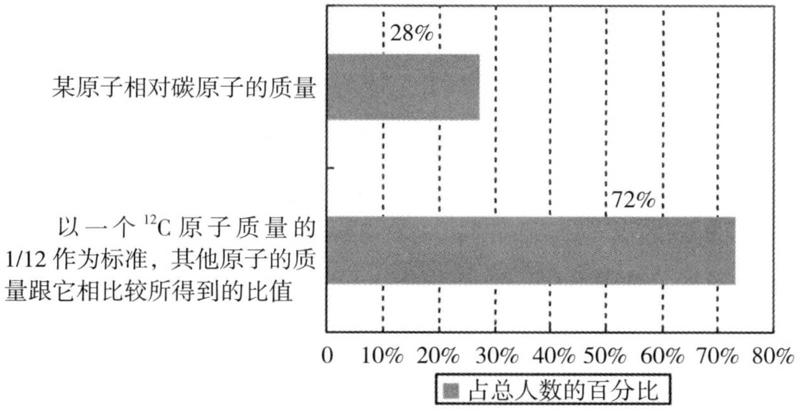

图 2–4　题目 4 的调查结果（*N*=40）

72% 的学生都能写出相对原子质量的准确定义；少部分学生写出的定义虽然

不完全正确，但都知道是一个相对值。

表2-7 题目5的调查结果（N=40）

题目编号	回答的内容	人数	占总人数的百分比
5	方便计算	17	43%
	一个原子的质量太小，用相对原子质量比较容易记忆和计算	23	57%

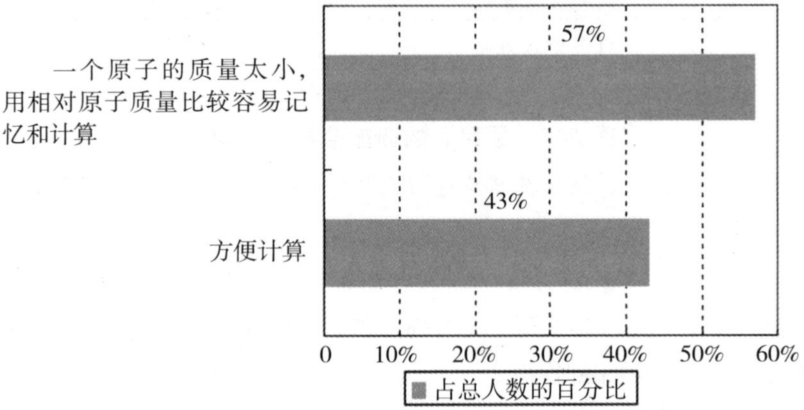

图 2–5 题目 5 的调查结果（N=40）

学生基本上都能认识到引入相对原子质量的目的。调查访谈显示，学生能够理解，由于原子的实际质量很小，如果人们用它们的实际质量来计算的话就非常麻烦。例如一个氢原子的实际质量为 1.674×10^{-27} 千克，一个氧原子的质量为 2.657×10^{-26} 千克，一个 ^{12}C 原子的质量为 1.993×10^{-26} 千克。所以才引入相对原子质量的概念。

上述调查反映了学生对相对原子质量的概念掌握得很好，这和调查时学生刚学习相对原子质量、分子、原子等相关知识有关。

（4）影响物质体积的因素

表2-8 题目6的调查结果（N=40）

题目编号	回答的内容	人数	占总人数的百分比
6	微粒的数目	21	52%
	微粒的数目、微粒的大小	8	20%
	质量、密度等	11	28%

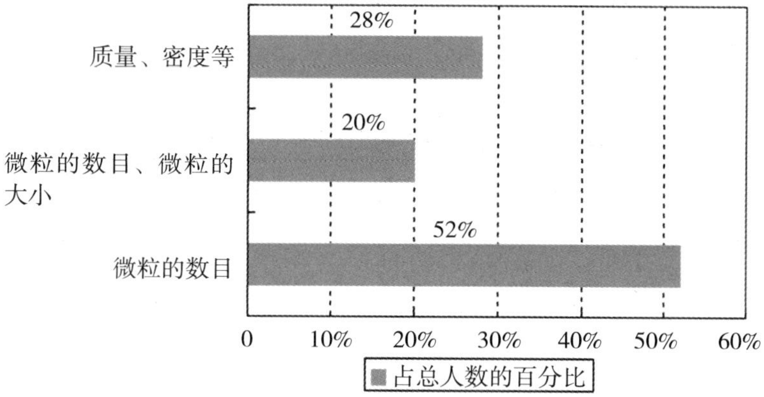

图 2-6　题目 6 的调查结果（*N*=40）

有一半的学生知道微粒的数目会影响物质的体积，但能答出“微粒的大小”和“微粒间的间隙”的学生很少；有 28% 的学生是从宏观方面去考虑物质的体积，考虑到质量、密度等方面的影响。

表2-9　题目7的调查结果（*N*=40）

题目编号	回答的内容	人数	占总人数的百分比
7	气体>液体>固体	38	95%
	气体>固体>液体	2	5%

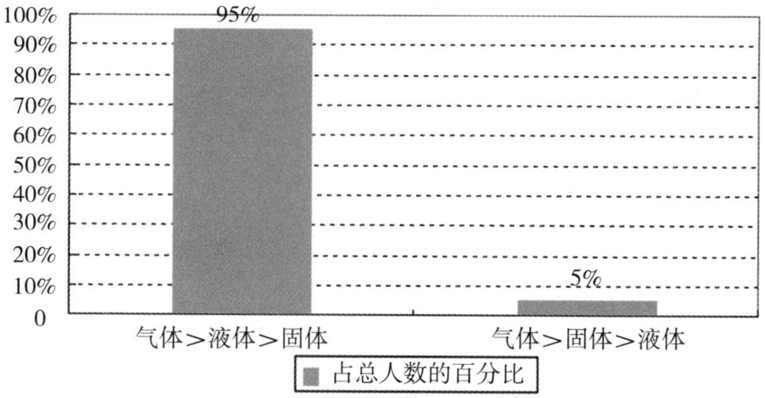

图 2-7　题目 7 的调查结果（*N*=40）

大部分同学能正确排列出物质在气态、液态、固态等不同聚集状态下的微粒之间间隙的大小顺序。

上述调查反映了学生倾向于从宏观方面来考虑物质的体积，较少考虑到物质的微观结构。这启示教师们在课堂上要构建一些物质结构模型或展示物质微观结构的动画，让学生从视觉角度上直接感受不同聚集状态下物质微观结构的“大致模样”。

（5）溶质质量分数

表2-10　题目8的调查结果（N=40）

题目编号	回答的内容	人数	占总人数的百分比
8	Ⅰ 质量分数=$\frac{溶质质量}{溶液质量}\times 100\%$	34	85%
	Ⅱ 质量分数 =$\frac{溶质质量}{溶液质量}$	4	10%
	Ⅲ 密度 = 质量/体积	2	5%

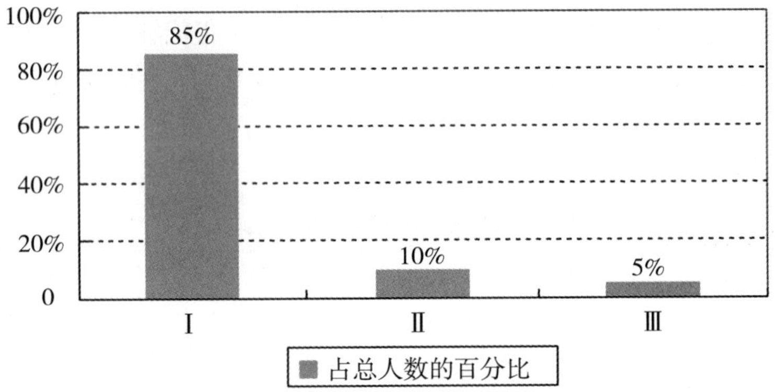

图 2-8　题目 8 的调查结果（N=40）

学生基本上知道用质量分数表示溶液的浓度，且都能给出质量分数的表达式；极少数的学生认为可用密度表示溶液的浓度。

上述调查反映了学生对用质量分数表示溶液浓度的知识掌握已很牢固，在从用质量分数表示溶液的浓度到用物质的量浓度来表示的转变中，教师要采取一定的转变策略，并纠正学生用密度表示溶液浓度的错误认识。

四、结论

学生在学习物质的量概念之前具有以下前概念。

（1）学生已经具备了宏观物质和微观物质的概念，能准确地判断出宏观物质和微观物质，但是对于“离子也可以构成物质”则知道得不多。

（2）对集合体、相对原子质量、溶液的质量分数等概念掌握得很好。

（3）在影响物质体积因素的一些认识上是模糊或错误的，很多学生不会从物质的微观构成方面考虑影响物质体积的因素，而是从宏观方面，如大小、质量、密度等方面考虑，说明大部分学生的化学思维方式还停留在宏观层面。

基于此，教师在物质的量概念的教学中要注意：

（1）分析说明构成物质的微粒除了有分子、原子，还有离子。

（2）教学过程中注意设计一些微观层面的教学程序，在影响物质体积因素的教学中要注意构建模型或动画展示，让学生直观感受物质的微观构成。

第三节 物质的量误概念的研究

一、研究的问题与方案

（1）调查与访谈对象

选择某中学高一年级共60名学生为调查对象，他们已经学习了物质的量相关概念，可作为物质的量误概念的调查对象。

（2）调查方式

问卷调查和访谈方法。

（3）问卷测试工具

自编物质的量误概念调查问卷，题目形式为判断题、选择题和计算题。

物质的量误概念调查问卷

一、判断题

1. 水的物质的量可简写成水的量。（ ）
2. 物质的量就是构成物质微粒的个数。（ ）
3. 物质的量就是摩尔数。（ ）
4. 摩尔是国际科学界建议采用的基本物理量之一。（ ）
5. 阿伏伽德罗常数是一个数，没有单位。（ ）
6. 1 mol苹果的个数约为6.02×10^{23}。（ ）
7. 水的摩尔质量是18 g。（ ）
8. 水的摩尔质量数值上等于N_A个水分子的相对分子质量之和。（ ）
9. 不同的气体，若体积不同，则它们所含的分子数也不同。（ ）
10. 在非标准状况的情况下，气体的摩尔体积有可能是22.4 L/mol。（ ）
11. 1 mol O_2和1 mol N_2所占的体积都约为22.4 mL。（ ）
12. 将19.6 g硫酸溶于100 mL水中得到的溶液浓度为2 mol/L。（ ）
13. 在100 mL 0.2 mol/L的硫酸溶液中取出50 mL，取出溶液的浓度为0.1 mol/L。（ ）

二、选择题

1. 一定温度和压强下，与气体体积大小有关的主要因素是（ ）。

A. 气体的种类和性质　　B. 气体分子的大小

C. 气体分子间的平均距离　　D. 气体所含分子数目的多少

2. 两个体积相同的容器，一个盛有一氧化碳，另一个盛有氮气与氧气的混合气体。在同温同压下，两容器内气体一定具有相同的（　　）（多选）。

A. 原子总数　　B. 电子总数　　C. 分子总数　　D. 质量

3. 假如把质量数为12的碳原子（^{12}C）的相对原子质量定为24，并用以确定相对原子质量，以24g^{12}C所含的碳原子数为阿伏伽德罗常数，下列数值中肯定不变的是________。

A.氧气的溶解度　　B.阿伏伽德罗常数　　C.气体摩尔体积

D. 氧元素的相对原子质量　　E.32g氧气在标准状况下的体积

4. 在标准状况下，将n L NH_3溶于m mL水中，得到密度为ρ g/cm^{3}的V L氨水，则此氨水的物质的量浓度为（　　）。

A. $\frac{n}{22.4V}$mol/L　　B. $\frac{1000n\rho}{22.4\times(17n+m)}$mol/L

C. $\frac{n}{22.4}$mol/L　　D. $\frac{1000n\rho}{17n+22.4m}$mol/L

三、计算题

1. 在标准状况下，将0.2g H_2，8.8g CO_2，5.6g CO混合，求：（1）该混合气体的体积；（2）该混合气体的平均相对分子质量；（3）该混合气体对H_2的相对密度。

2. 已知2.00%的硫酸铜溶液的密度为1.02 g/cm^3，欲自己配制500mL这种溶液，需要胆矾多少克？所得溶液的物质的量的浓度是多少？（计算结果保留三位有效数字）

3. 求37%的盐酸（密度为1.91 g/cm^3）的物质的量浓度。

4. 某固体样品由Na_2CO_3和$NaHCO_3$组成，将其分成等质量的两份，其中一份充分加热，只有$NaHCO_3$分解，收集到CO_2有1.12 L（标准状况），另一份样品溶于水，滴加500 mL 1 mol/L盐酸溶液（过量），并将产生的气体通入足量的澄清石灰水，得沉淀15 g，求：（1）原样品中$NaHCO_3$的质量；（2）Na_2CO_3的质量分数。（计算结果保留三位有效数字）

二、调查与发现

调查过程中发现学生存在各种各样的误概念，以下列举的均为学生普遍存在的误概念。

（1）物质的量就是构成物质微粒的个数。

（2）“物质的量”“摩尔”都是基本的物理量。

（3）阿伏伽德罗常数没有单位。

（4）1 mol 任何物质含有阿伏伽德罗常数个微粒。

（5）摩尔质量是 1 mol 物质的质量。

（6）气体的摩尔体积就是 22.4 L/mol；或者体积不同，所含分子数就不同。

（7）气体或少量固体溶于水，溶液的体积变化不大，可用溶剂的体积表示。

（8）1 mol 铁的体积是 22.4 L；或者在标准状况下，1 mol 水的体积是 22.4 L；或者在标准状况下，1 mol SO_3 的体积是 22.4 L。

（9）相同物质的量浓度的不同溶液，各离子的物质的量浓度是相等的。

为探查学生产生这些误概念的原因，研究者对一位资深中学教师进行了咨询访谈，访谈内容记录如下。

（1）误概念：物质的量就是构成物质微粒的个数。

问：您认为学生产生这个误概念的原因是什么？

答：对物质的量的定义的不完全理解。物质的量是表示含有一定数目粒子的集合体。物质的量是一个集合体，如果 1 摩尔是一堆，一堆是 6.02×10^{23} 个，那物质的量应该是“堆数”，而不是总的个数。

（2）误概念：“物质的量”“摩尔”都是基本的物理量。

问：很多学生都会认为“摩尔”也是一个基本的物理量，您认为学生为什么会有这样的误概念？

答：在课堂上为了让学生更易接受物质的量这个新概念，强调物质的量是国际科学界七个基本物理量之一的次数比较多，强调摩尔是物质的量的单位的次数也比较多，学生在学习的过程中经常会遇到“摩尔是国际单位制七个基本单位之一”这句话，很容易将这两句话混淆，产生摩尔也是基本的物理量的误概念。物理学中量度物体属性或描述物体运动状态及其变化过程的量叫作物理量。摩尔不属于物体的属性，它只是一个基本单位。

（3）误概念：阿伏伽德罗常数没有单位。

问：很多学生都会认为阿伏伽德罗常数没有单位，您认为学生为什么会有这样的误概念？在教学中教师应该注意什么？

答：学生很少使用到阿伏伽德罗常数的单位，在回答微粒数目的时候也都是“约 6.02×10^{23} 个”或者“……个”等，学生潜意识以为阿伏伽德罗常数没有单位。另一方面也可能和教师有关，教师在授课时忽略了阿伏伽德罗常数的单位。

在讲阿伏伽德罗常数这个概念时，应该注意板书其量值是 $6.02\times10^{23}\text{mol}^{-1}$，通过讲解 n（mol）$=N$（个）$/N_A$（个 /mol）这个公式，让学生进一步牢记阿伏伽德罗常数的单位是 mol^{-1}。

（4）误概念：1 mol 任何物质都含有阿伏伽德罗常数个微粒。

问：大部分学生都认为这句话是对的，您认为学生为什么会有这样的错误认识？

答：这句话里的“微粒”既可以指分子，也可以指原子、离子，还可以是这些粒子的总和，学生可能没有注意到这一点。此处的“微粒”必须要指明是构成该物质的基本微粒。

（5）误概念：摩尔质量是 1 mol 物质的质量。

问：您认为学生产生这个误概念的原因是什么？

答：摩尔质量的定义是单位物质的量的物质所具有的质量。学生误认为“单位物质的量”即为 1 mol。

（6）误概念：气体的摩尔体积就是 22.4 L/mol；或者体积不同，所含分子数就不同。

问：这两个方面可以代表一类题，您认为学生在这类题上出错的原因是什么？学生在遇到这类题时应该怎样思考？

答：在这两个方面出错的学生占 30% 左右，前者是因为忘记了“标准状况下”这个条件，后者是因为没有思考到温度、压强对体积的影响。两道题都可以归结为学生忽略了温度和压强对体积的影响。

再遇到这类题时，题目中只要提到“气体体积”，头脑中第一反应就应该是温度和压强，然后再去思考其他问题，因为没有考虑温度和压强谈气体的体积是没有意义的。

（7）误概念：气体或少量固体溶于水，溶液的体积变化不大，可用溶剂的体积表示。

问：学生产生这个误概念的原因是什么？怎样转变学生的这个误概念？

答：这和学生的生活有关，在生活中学生经常会见到少量的白糖或食盐溶于水，由于肉眼几乎看不到体积的变化，学生会误认为体积没有发生变化。所以这个误概念源于生活。

授课时教师应强调在化学上即使是微小的变化都不能忽略，可用实验证明气体、少量固体溶于水，溶液的体积变化虽然不是很明显，但体积会发生变化，不能忽略不计。

（8）误概念：1 mol 铁的体积是 22.4 L；或者在标准状况下，1 mol 水的体积是 22.4L；或者在标准状况下，1 mol SO_3 的体积是 22.4 L。

问：您认为学生为什么会有这些错误的认识？

答：这是一类题，在这类题上出错的学生没有意识到“在标准状况下，1 mol 任何气体所占的体积是 22.4 L”只适用于气体，对固体、液体这句话是不适用的。另一个原因就是学生不知道在标准状况下某些物质的状态，如标准状况下 SO_3 是无色易升华的固体，学生可能误以为在标准状况下 SO_3 是气体。

（9）误概念：相同物质的量浓度的不同溶液，各离子的浓度是相等的。

问：您认为学生为什么会出现这样的错误？怎样消除学生头脑中的这个误

概念？

答：误概念存在的原因有两个：一是忘记了学习“酸和碱”时关于电离方面的知识；二是误以为物质的量浓度指的就是溶液中各物质（离子）的浓度。

教师在讲解物质的量浓度时要适当回顾一些简单的电离方程式，强调物质的量浓度指的是该物质的浓度，而非各离子的浓度，并举例说明。

三、分析与讨论

总结和分析上述调查结果，得出学生头脑中存在误概念的原因，可以分为如下几类。

（1）没有掌握概念本质

概念是学科知识体系的基础，只有在认知结构中形成清晰的化学概念，理解掌握了化学概念的本质内涵，才能牢固地掌握化学基础知识和基本技能。调查显示，学生对物质的量、摩尔、摩尔质量概念的错误理解造成的误概念有：物质的量就是构成物质微粒的个数；1mol 任何物质都含有阿伏伽德罗常数个微粒；摩尔质量是 1mol 物质的质量。

（2）相关概念混淆不清

“物质的量”和“摩尔”两个概念混淆不清,“摩尔质量”和“相对分子（原子）质量”两个概念混淆不清，固体、液体的摩尔体积和气体的摩尔体积等相关概念混淆不清。调查显示，学生的误概念来自“临近学习”效应和“词汇相似”效应造成的概念内涵上的混淆，例如：“物质的量”“摩尔”都是基本的物理量；1 mol 铁的体积是 22.4 L；或者在标准状况下，1 mol 水的体积是 22.4 L；或者在标准状况下，1 mol SO_3 的体积是 22.4 L。

（3）生活经验造成的错误认识

化学是一门和生活紧密相连的学科，学生的很多化学认知都是来源于生活和生活经验。如生锈的钢铁是红棕色，肥皂和洗涤剂都能去污等。但学生有时从生活经验得到的一些个体认知是片面或错误的。如气体、少量固体溶于水，溶液的体积没有变化，溶液体积可用溶剂的体积表示。实质上，科学的表述应该是“气体或少量固体溶于水形成溶液，其体积变化不大，为计算方便，大都采用近似处理，通常用水的体积替代溶液的体积（溶液的体积实质上是有变化的）”。

（4）已有的错误的前概念

学生的错误认知如果没有得到及时纠正，将会影响学生对新知识的正确理解，学生甚至会根据自己的错误认知对新知识进行理解和分析，从而再次造成学生认知上的错误。如学生在初中没有正确理解酸和碱的电离，就容易出现“相同物质的量浓度的不同溶液，各离子的物质的量浓度是相等的”错误。

四、结论

研究显示，学生普遍存在有关物质的量的误概念（黑体字为错误的地方）。

（1）物质的量**就是**构成物质微粒的个数。

（2）“物质的量”“**摩尔**”都是基本的物理量。

（3）阿伏伽德罗常数**没有单位**。

（4）1 mol 任何物质都含有阿伏伽德罗常数个**微粒**。

（5）摩尔质量是 **1 mol 物质的质量**。

（6）气体的摩尔体积**就是 22.4 L/mol**；或者体积不同，所含分子数**就**不同。

（7）气体、少量固体溶于水，溶液的体积变化不大，**可用溶剂的体积表示**。

（8）1 mol **铁**的体积是 22.4 L；或者在标准状况下，1 mol **水**的体积是 22.4 L；或者在标准状况下，1 mol SO_3 的体积是 **22.4 L**。

（9）相同物质的量浓度的不同溶液，**各离子的物质的量浓度是相等的**。

与之相对应的科学概念则是：

（1）物质的量表示含有一定数目微粒的集合体。

（2）物质的量是基本的物理量，摩尔不是。

（3）阿伏伽德罗常数有单位，单位是 mol^{-1}。

（4）1 mol 任何物质都含有阿伏伽德罗常数个微粒，该微粒必须是组成物质的基本微粒。

（5）摩尔质量是单位物质的量的物质所具有的质量。

（6）标准状况下，气体的摩尔体积是 22.4 L/mol；或者体积不同，所含分子数可能相等。

（7）气体、少量固体溶于水，溶液的体积虽然变化不大，也不可用溶剂的体积表示，溶液的体积 = 溶液的质量 / 溶液的密度。

（8）标准状况下，1 mol 任何气体的体积是 22.4 L。标准状况下，铁、SO_3 是固体，水是液体。

（9）相同物质的量浓度的不同溶液，各离子的物质的量浓度不一定相等。

总结和分析上述调查结果，得出学生头脑中存在误概念的原因，可以分为如下几类：（1）没有掌握概念本质；（2）相关概念混淆不清；（3）生活经验造成的错误认识;（4）已有的错误前概念根深蒂固。教师可以据此因材施教，矫正学生的误概念。

第四节 物质的量概念转变的研究

一、研究的问题与方案

1. 调查与访谈对象

某中学高一年级共 60 名学生，某高校化学专业大学四年级学生 3 名。某中学资深高中化学教师 2 名。

2. 调查方式

调查访谈、个案研究。

3. 访谈材料

根据前面的调查，总结了学生具有的前概念和误概念，然后根据这些前概念和误概念确定相关概念转变策略的访谈内容。

概念转变访谈提纲

（1）怎样对学生的前概念加以引导，使学生能科学地理解物质的量和摩尔？
（2）怎样让学生认识到摩尔不能用来计量宏观物质？
（3）调查显示，学生存在误概念：物质的量就是构成物质微粒的个数。怎样将学生的这个错误概念转变为正确的认识？
（4）在前概念的调查中，发现少部分学生对影响物质体积因素的认识存在误解，怎样完善学生对影响物质体积因素的认识？怎样让学生理解影响气体、液体、固体体积的主要因素？

概念转变的过程是指把学生头脑中存在的前概念、误概念转变成科学概念的过程或方法。本次调查选取几个比较重要且典型的概念，与中学教师深入探讨概念转变策略，以帮助学生转变误概念。以下是与教师个别访谈的内容和相关教学片段的记录。

二、物质的量和摩尔的教学案例研究

（1）基于前概念和误概念的调查结果，怎样对学生的前概念加以引导，使学生能科学地理解物质的量和摩尔？

（2）怎样让学生认识到摩尔不能用来计量宏观物质？

“摩尔概念的建立”教学片段

T：请同学们看我手里的这瓶水，以你现有的知识经验可以怎样描述这些水的量呢？

S：体积（L）、质量（g）……

T：同学们在学习初中化学的时候就知道，化学反应实质上是微观世界中什么与什么之间发生的反应呀？

S：微粒间的反应。（若没答出，可回顾Zn与HCl的反应实际上是与HCl中的H^+反应，引导学生答出“微观粒子”。）

T：所以，如果从化学的角度来研究物质，则必须要从组成物质的微粒着手。同学们知道这一瓶水中含有多少个水分子吗？

S：很多水分子，几千几万个……

T：总之很多，那我们暂且放下这一瓶水。【PPT播放一滴水】请问同学们，一滴水中大概有多少个水分子呢？

S：……

T：别着急，让我来给出一个惊人的天文数字。【PPT给出数字：1.67×10^{21}个水分子。】现在肯定有同学要问了，这么大的数到底是什么概念啊，我体会不到啊！

T：别着急，我来举个例子！如果10亿人来数这一滴水中的水分子，日夜不停，要数3万年才能数完。由此可见，微观粒子非常小，数量非常庞大。

【Q1】在描述化学反应中，既想直接体现微粒的数量，又想计数方便，显然我们不可能以“个”为单位了，那要怎么办呢？

T：解决这个问题之前呢，我想请两位同学先帮我一个忙，请你们分别帮我拿200个回形针。

【活动】学生A直接拿两盒（每盒装有100个回形针，盒盖上已有说明），学生B还在一堆回形针中数数呢。

T：好，谢谢两位同学。下面请同学们告诉我，为什么这两位同学拿回形针的速度会有如此大的差距呢？

S：因为其中一个已经分好了……（类似的说法）

T：同学们说得很有道理，总结来说，是因为对于这种数量较大的物品用了集合体的形式来计数，是吗？

S：是。

T：以集合体为一个单位来计量数量较多的物体显然要方便很多。比如，以100个回形针作为一个集合体，我们将这个集合体作为一个单位，称为1盒，那么取200个回形针其实和取2个回形针的效率是一样的。
T：其实呢，在日常生活中，还有很多这样的例子：
【PPT展示】
1盒（粉笔）——50支；1盒（棉签）——200支；1打（铅笔）——12支。
把这个集合体作为一个单位，来衡量较多物品的数量。
1盒火柴："盒"可作为一个单位。1盒：50个。
1打铅笔："打"可作为一个单位。1打：12个。
T：与此类比，微粒的数量也是相当庞大的：
1？水分子：？作为一个单位。1？：？？个。
【Q2】到底用多少微粒数目作为一个单位，而这个单位又叫什么呢？
国际上规定，以0.012 kg ^{12}C中所含的碳原子数个数，作为衡量微观粒子数量的1个单位。
化学家已经通过实验测出了这个数目：约为6.02×10^{23}。
这个单位不能叫"盒"或"桶"，我们给它一个新名字，称为摩尔，简称摩（mol）。
【Q3】那么6.02×10^{23}这个数到底有多大？
例：假如将6.02×10^{23}粒稻谷平分给65亿人，每人每天吃1斤，要吃 1000万年才能吃完。
T：可见摩尔这个单位很大，但它不能用来衡量大米，更不用说比大米大的宏观物体了。
就像我们可以用光年的这个单位来计量书桌的长度吗？
S：不可以。
T：接下来，我们看看摩尔有怎样的适用范围。
【PPT】
摩尔不能用于宏观物体，如1 mol人，1 mol苹果，使用不方便，也没有意义。
摩尔只能用于微观粒子，如分子、原子等。
使用时需明确微粒的种类，如1 mol 氧气中是含有1 mol 氧分子呢还是1 mol氧原子呢？

基于上述教学片段，访谈了一些听课学生。

学生："我喜欢这样的教学方法，教学的引入能引起我的兴趣，在发现用已有的知识判断不出一滴水有多少水分子时，我有一种强烈想知道答案的欲望，很希望老师能将方法教给我们。在讲解摩尔不能用来计量宏观物质时，我觉得老师举的例子很好，在讲授化学知识的同时扩大了我们的视野。"

一个有趣味的教学情境的引入能激发学生的兴致和感情投入，能让学生明白为什么要学习这些知识。充分利用学生头脑中的前概念，在适当的引导下将学生的正确认知加以扩展，将错误认知转变到对概念的正确理解上。在学习物质的量时学生头脑中已有的前概念有：物质是由微粒构成的，构成物质的微粒小且多，集合体的概念等。教师充分利用了前概念进行铺垫，引入宏观经验进行类比，通过此情境与彼情境中的类比关系，让学生在感知觉上受到冲击，引起学生的兴趣和惊奇，进而更易理解新学习的概念。

这位老师让学生理解摩尔只能用来计量微观物质的同时，直接感受到了 6.02×10^{23} 是一个多么大的数字。这些例子都丰富了学生的直觉经验，与学习的内容恰当地进行联结，建构认知新概念的本质属性。

摩尔是一个令人难理解的概念。调查显示，很多老师甚至都不能正确理解这个概念。摩尔是物理量"物质的量"的单位。例如"鸡蛋的数量是 2 盒，鸡蛋的数量是 24 个"这种说法是正确的，但"分子的个数是 2 摩尔"这种说法是错误的，正确的说法应该是"分子的个数是 12.04×10^{23}"或者"分子的物质的量是 2 摩尔"。[1]

（3）误概念：物质的量就是构成物质微粒的个数。

问：怎样将学生的这个误概念转变为正确的认识？

"物质的量"教学片段

教学片段一

T：物质的量的定义是什么？

S：表示含有一定数目微粒的集合体。

T：物质的量的单位是摩尔，如果把1摩尔看作一堆，一堆是 6.02×10^{23} 个，那物质的量应该是"堆数"，而不是总的个数。同学们可以再认真思考物质的量定义的内涵。

教学片段二

T：物质的量和微粒的个数存在什么样的联系？

S：物质的量=微粒的个数/阿伏伽德罗常数。

T：n（mol）= N（个）/N_A（mol^{-1}），从这个公式可以看到，物质的量（n）和微粒的个数（N）二者不仅单位不同，数值上也相差一个 N_A。所以不能说"物质的量就是构成物质微粒的个数"，物质的量是表示含有一定数目微粒的集合体。

学生 A："两个教学片段都能让我明白这句话是错误的，但是片段一的教学策略让我进一步理解和明白了物质的量。"

学生 B："片段一的教学效果好，片段二只是让我明白了这句话是错误的，但片段一让我清楚地明白了物质的量的定义。"

在误概念转变的过程中，不仅要让学生明白错误所在，更要让学生从根本上明

［1］NELSON P G. What is the mole?［J］. Foundations of Chemistry，2013，15（1）：3–11.

白概念的含义。学生只有在认知结构中形成清晰的化学概念，理解掌握了化学概念，才能牢固地掌握化学基础知识和基本技能，从而能够应用和探究化学。有研究认为，学生之所以难以接受和明白"物质的量"这个名词，原因在于物质的量定义得不恰当。物质的量的定义是"表示一定数目微粒的集合体"，规定其只能用来描述微观粒子。但我们都知道物质有宏观物质和微观物质，物质的量这个名词并没有把"物质微粒量"和"非微粒量"（一些宏观的物质）区别开。如果能把"物质的量"换成"物质微粒量"，不仅指明是微粒，也容易被理解。

研究表明，2009 年国际纯粹与应用化学联合会（IUPAC）强烈要求用一个新的名词来代替"物质的量"这个术语，他们认为"物质的量"这个术语定义得不恰当，不能清晰地表达它的内涵，也会使很多学习者对此概念产生误解。物质是由原子、分子、离子、自由基等微粒组成的，IUPAC 把这些组成物质的分子、原子、离子、自由基等称为"实体"。2011 年，IUPAC 提出了关于重新定义摩尔的建议，他们建议：（1）把"物质的量"改成"实体的数量"；（2）将摩尔定义为实体数量的单位，符号为 mol。[1]

三、气体摩尔体积的教学案例研究

在前概念的调查中，发现少部分学生对影响物质体积因素的认识存在误解，怎样完善学生对影响物质体积因素的认识？怎样让学生理解影响气体、液体、固体体积的主要因素？

"气体摩尔体积"教学片段

教学片段一

T：物质是由微粒构成的，影响物质体积的因素有哪些？

S：（思考）微粒的数目。

T：还有吗？下面是一些关于组成物质微粒的图片，认真观察，再思考上面的问题。

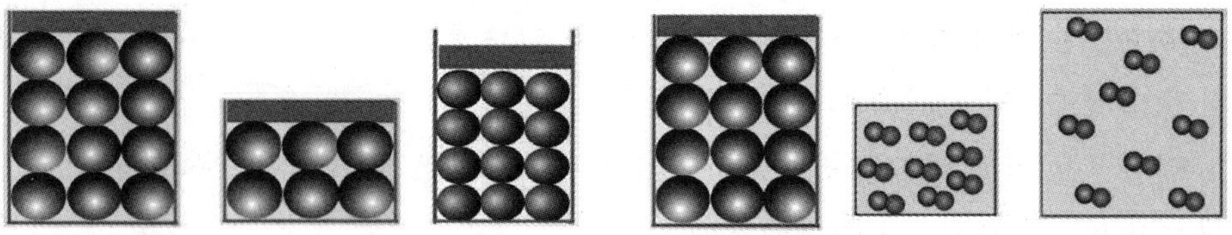

[1] BIÈVRE P D. Second opportunity for chemists to re-think the mole [J]. Accreditation and Quality Assurance, 2013, 18 (6): 537-540.

同学们观察这些图片，除微粒的数目会影响物质的体积外，还有哪些因素？

S：微粒的大小，微粒间的间隙。

T：所以影响物质体积的因素有微粒的大小、数目、间隙。

T：固体和液体微粒间的间隙比较小，气体微粒间的间隙相对大一些。观察下列图片，直观感受物质的凝聚状态，你观察到了什么？

冰　　水　　水蒸气

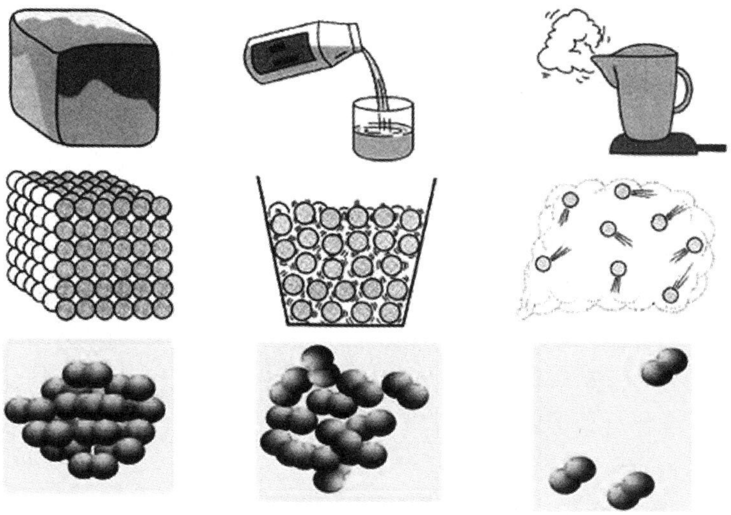

固体　　液体　　气体

S：气体微粒间的间隙很大，比固体、液体微粒间的间隙大得多。

T：回答得很好，气体微粒间的间隙比较大，所以，当物质所含微粒数目相同时，影响固体、液体体积的主要因素是微粒的大小，影响气体体积的主要因素是微粒间的间隙。

教学片段二

T：这是一些实物模型，实物分别是直径约为2 cm的桂圆、3 cm的荔枝、7 cm的橘子。这五个模型均为正方体模型。

①八个顶点为桂圆，连接桂圆的竹签约25 cm长。

②八个顶点为荔枝，连接荔枝的竹签约25 cm长。

③八个顶点为橘子，连接橘子的竹签约25 cm长。

④八个顶点为桂圆，连接桂圆的竹签约3 cm长。

⑤八个顶点为橘子，连接橘子的竹签约3 cm长。

桂圆、荔枝、橘子代表不同的微粒，竹签代表微粒间的间隙。

（学生们看到由桂圆、荔枝、橘子这些生活中的实物构成的模型，都非常兴奋）

T：液体、固体不易压缩，微粒间排列得较紧密。气体易压缩，实际上气体微粒间的间隙约是微粒大小的10倍。哪位同学可以告诉我分别用哪个模型代表固体、液体、气体微粒的排布？

S：模型①②③代表气体。
S：模型④⑤代表液体、固体。
T：很好，回答正确。同学们可以看到每个模型中的微粒的个数是相等的，那根据你们刚才的分类，思考和讨论，当微粒个数相等时，影响物质体积的主要因素是什么？
S：（思考、讨论2分钟）
T：先观察模型①②③，当构成气体的微粒大小发生变化时，气体的体积有没有发生很大的变化？
S：基本不变。
T：所以影响气体体积的主要因素是什么？
S：微粒间的间隙。
T：很好，回答得很正确。再观察模型④⑤，当构成固体或液体的微粒大小发生变化时，体积有没有发生很大的变化？
S：发生了很大的变化，所以影响固体、液体体积的主要因素是微粒的大小。

学生 A:“教学片段二的教学贴近生活，我比较感兴趣，而且我听得也比较明白。我觉得整个班的学习氛围也很好，同学们都比较兴奋。”

学生 B:“我特别喜欢教学片段二的教学，这节课基本上每位同学都在认真听课，每个人都参与到了教学的活动中。”

学生 C :“教学片段一的图片让我直观感受到了物质凝聚的状态，加深了我对这节课的理解。但课堂气氛不是很好，有一些沉闷。”

教学片段一，采用的是多媒体教学法，通过图片展示物质的微观构成，类比宏观世界中物质的堆积方式，让学生直观地感受到影响物质体积因素的微观表象，形象地阐释了微观粒子构成的宏观物质的体积大小由何种因素决定。

教学片段二，采用的是构建模型法，从学生的反应可以发现，采用生活中的实物构建模型的教学活动能激发学生的学习兴趣，活跃课堂气氛，达到良好的教学效果。

四、结论

调查结果反映，概念转变可以使用不同的教学策略。教师可依据学生的知识起点、思维方式、认知特点等，因材施教。在物质的量及其相关概念的教学中可以采用多种教学策略，例如 :

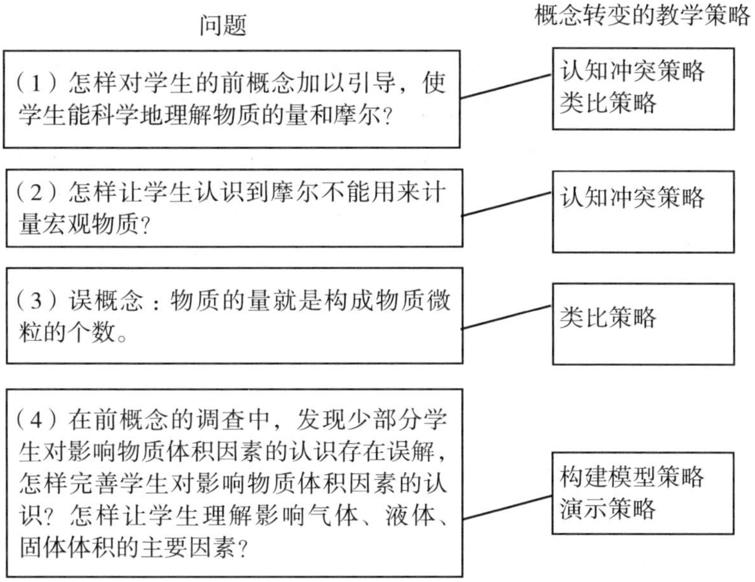

图 2-9　物质的量及其相关概念的教学中可以采用的教学策略

（1）直接学习

直接学习策略的优点是概念清晰，便于记忆。不采用其他的教学方法，直接告诉学生，摩尔只能用来度量微观物质，不能用它来度量苹果、沙子等宏观物质。

（2）认知冲突

设置情境，将学生置于一种矛盾的氛围中，使之发生认知冲突，有一种迫切想解决问题的心理。在物质的量和摩尔的引入中，学生们信心满满地思考怎样数清一滴水含有的水分子数，却发现利用现有知识数不出来，急切地想知道老师是怎么数的，产生学习的欲望。

（3）类比

所谓类比，就是根据两个对象在某些方面的相似或相同之处，推出它们在其他方面也有可能相似或相同的地方。类比策略经常被运用于各学科教学中，通过类比已有的概念（前概念），可以更好地去理解和接受一个相似或相同的概念。

在物质的量及摩尔的引入中，通过类比集合体“打”、“堆”和国际单位制中的质量和长度等物理量，让学生更好地去理解物质的量和摩尔。

（4）构建模型

模型可以将抽象的东西形象具体化，使教学更加生动活泼。从影响物质体积的因素调查中发现，很多学生考虑不到微观层面或微观想象能力不强，所以构建气体摩尔体积的模型在教学中很重要。

（5）演示

演示策略是指借助实物、图片、投影等手段，将要感知的过程或要学习的技能记录下来，通过不同形式的直观化方式，演示表现出来，增强学生的感性认识。在气体摩尔体积的教学中,可借助图片或实物演示来增强学生对物质微观构成的认识。

综上所述，在教学过程中，要充分考虑学生具有哪些前概念和误概念，考虑不同学生的思维方式，以及学生的个性认知特点，结合所授内容的特点，确定教学起点和教学策略，选取合适的教学策略进行教学。

第三章 原子结构相关概念的认知研究

原子中除电子外还有什么东西？电子是怎么待在原子里的？原子中什么东西带正电荷？正电荷是如何分布的？带负电的电子和带正电的物质是怎样相互作用的？根据科学实践和实验观测结果，科学家发挥了他们丰富的想象力，提出了各种不同的原子模型。

卢瑟福（Ernest Rutherford，1871—1937）提出的原子模型像太阳系的结构：带正电的原子核像太阳，带负电的电子像绕着太阳转的行星。在这个“太阳系”，支持它的作用力是电磁相互作用力。原子中带正电的物质集中在一个很小的核心上，而且原子质量的绝大部分也集中在这个很小的核上。

依据经典力学，由于电子做圆周运动，一定会辐射电磁波，电子损失了能量，会在 10^{-9} 秒内落入原子核，同时发射连续光谱。也就是说，理论上根本就不可能存在原子这种东西。但是原子的确存在，而且是稳定的，发射线状光谱。玻尔（Niels Henrik David Bohr，1885—1962）在卢瑟福模型的基础上，于1913 年将量子化的概念用到原子模型中，提出了玻尔的氢原子模型：电子在核外的量子化轨道上绕核做圆周运动，离核愈远能量愈高；可能的轨道由电子的角动量必须是 $h/2\pi$ 的整数倍决定；当电子在这些轨道上运动时原子不发射也不吸收能量，只有当电子从一个轨道跃迁到另一个轨道时原子才发射或吸收能量，而且发射或吸收的辐射是单频的，辐射的频率和能量之间关系由 $E=h\nu$ 给出。

先前人们认为原子核的质量（按照卢瑟福和玻尔的原子模型理论）应该等于它含有的带正电荷的质子数。但研究发现，原子核的正电荷数与它的质量居然不相等！也就是说，原子核除去含有带正电荷的质子外，还应该含有其他的粒子。那么，这种“其他的粒子”是什么呢？查德威克（James Chadwick，1891—1974）于1935年发现，中子和质子质量相同，但是它不带电。中子的存在解释了为什么原子的质量要比质子和电子的总质量大。原子是由带正电荷的原子核和围绕原子核运转的带负电荷的电子构成。原子的质量几乎全部集中在原子核上。

高中阶段，学生对量子理论还没有彻底认识和理解，因此对于前面介绍的原子结构相关概念还停留在较为初浅的认知层面。高中学生头脑中的原子结构概念是怎样的呢？

本章着重探讨：

（1）高中学生对原子结构存在哪些认识，具有哪些前概念？

（2）高中学生对原子结构的认识上存在哪些误概念？

（3）高中阶段教学过程中进行概念转变的策略有哪些？

第一节　原子结构前概念的研究

一、研究的问题与方案

学生在初中阶段就学习了原子结构，对其有了初步的认识，并且知道电子在原子核外运动，但是由于原子结构概念的微观特点，学生不能直观地看到、感觉到原子的结构，在学习原子结构概念时只能凭借教材对概念的文字描述，结合自己的生活经验对原子结构展开想象。学生对文字表述内容的理解不同，个人生活经验的不同，对概念的认识也不同，这样就容易产生与科学概念不一样的认识。原子是化学变化中的最小微粒，可谓是学习化学体系核心概念的基础。本节通过研究①原子、原子大小，②原子核外电子的运动，③核外电子的排布，④电子云，⑤能层、能级、原子轨道，⑥原子核外电子排布（包括构造原理、能量最低原理、洪特规则、泡利原理）等概念，探讨高中学生原子结构的前概念及成因。

选取某中学高一年级 40 名学生进行调查，结合部分学生的深入访谈，探查学生存在的原子结构前概念。该调查样本中的学生已经学习过元素周期律的相关知识，但是还没有学习有关原子结构的专题内容。

本节采用问卷调查、访谈、个案研究等研究方法。研究步骤包括：

设计问卷 → 问卷调查 → 统计结果 → 个别访谈 → 研究结论

自编原子结构前概念调查和访谈问卷，以了解高一学生具有的原子结构的前概念。问卷由三个问答形式的题目组成，问卷内容有：问卷第 1 题测验原子结构、原子大小，问卷第 2 题测验原子核外电子的运动，问卷第 3 题测验核外电子排布。

二、原子形状、结构、大小的前概念

问 1：请从大小、形状、结构等方面描述原子。

调查和访谈结果显示，学生都存在关于原子大小、原子形状、原子结构的前概念。详见表 3–1。

表3–1 学生对原子的描述（*N*=40）

观点		人数	持有该观点人数的百分比
原子大小	①不同原子大小不同	39	97.5%
	②不同原子大小不同，大小不同的原子里电子大小不一样	1	2.5%
原子形状	③原子是实心的	3	7.5%
	④原子没有固定的形状	2	5%
	⑤原子由原子核与电子构成，内部有较多空间，是圆形的	35	87.5%
原子结构	⑥原子由原子核和电子构成	40	100%

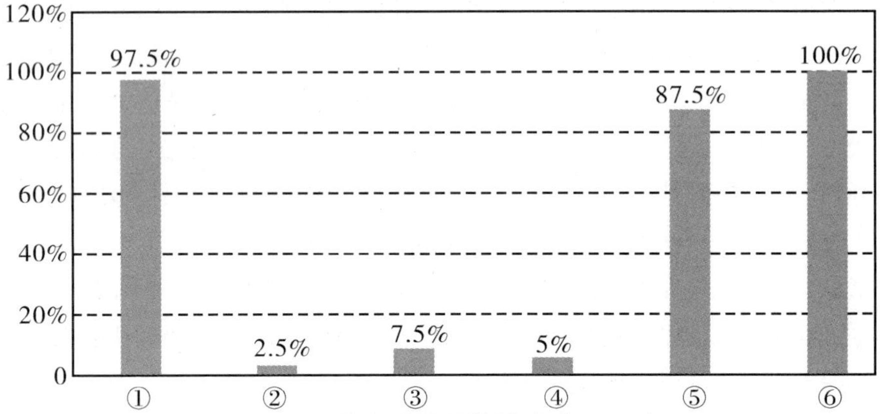

图 3–1 学生对原子的描述（*N*=40）

有 97.5% 的被调查学生存在关于原子大小的正确前概念，87.5% 的学生有原子形状的正确前概念，所有学生都有关于原子结构的正确前概念。

以下摘录了调查和访谈中持有错误前概念学生的观点。

1. 原子大小

2.5% 的学生认为电子也有大小之分。其中一位学生认为，不同原子的大小不同，原子由原子核和核外电子构成，并且电子占据了原子内部的大部分空间，不同原子的电子也有大小之分。

2. 原子形状

7.5% 的学生持有“原子是实心”的错误观点。其中一位学生认为，原子的形状像电子层示意图一样，原子核在中心，层层电子包裹着原子核，因此原子是实心的。另一位同学说，氢原子核外只有一个电子，那么原子的形状就相当于是原子核的形状，原子核是实心的，那么原子也是实心的。

5% 的学生持有“原子没有固定形状”的错误观点。其中一位学生认为，他们通过阅读课外资料，了解到电子没有固定的运动轨道，可以随机出现在原子核外的空间，因此原子结构中除原子核是一个小黑点外，其余部分是没有固定形状的。

调查研究表明，所有学生都有关于原子形状、原子结构、原子大小的前概念，并且大部分学生都持有与科学概念相一致的、正确的前概念，但是仍有少部分学生有错误的前概念，倾向把微观粒子与宏观物质进行类比地理解和对待。

三、电子云的前概念

问 2：请描述电子在原子核外是如何运动的。

访谈结果显示，学生都存在核外电子运动情况的前概念。详见表 3–2。

表3–2　有关核外电子运动情况的观点（*N*=40）

观点	人数	百分比
①电子绕核分层运动	24	60%
②电子按照固定的圆形轨道运动	8	20%
③电子的运动轨道会变	4	10%
④电子运动是没有规则的，在不同区域内运动的概率大小不同	4	10%

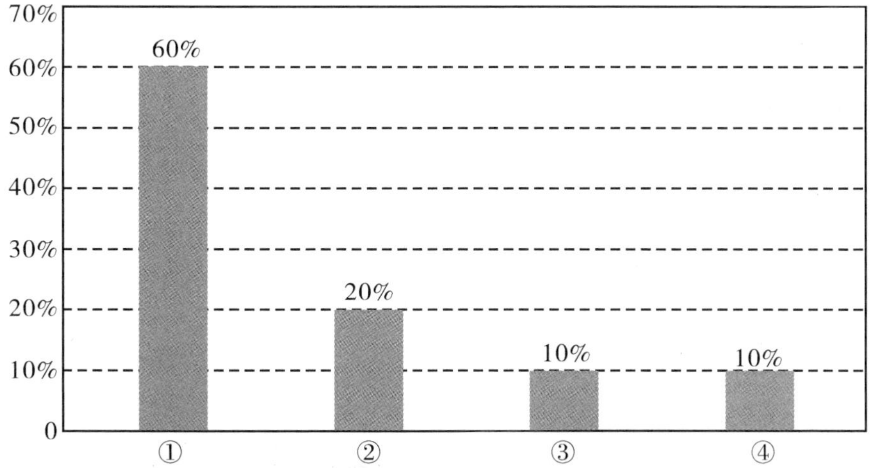

图 3–2　有关核外电子运动情况的观点（*N*=40）

60% 持有观点①的学生认为：老师上课时讲过，电子在原子核外绕核做高速运动，而电子在原子核外是分层排布的，所以电子在核外分层绕核运动，就像原子结构示意图表示的那样。

20% 持有观点②的学生认为：电子能够绕核运动是因为受到原子核对它的吸引，就和行星绕太阳运动一样，地球有固定的运动轨迹，所以电子也应有固定的运动轨迹。

10% 持有观点③的学生认为：化学反应发生的实质是电子的得失或偏移，电子既然可以偏移，那么它的运动肯定不是固定的。

10% 持有观点④的学生认为：老师讲过电子的运动是没有规则的，无法预知下一刻它的位置，所以觉得它的运动就是“跳来跳去”的，在一个位置消失后，立刻在很远的位置出现。高二的化学教材提到电子没有运动轨迹，只能用统计的方式来统计它出现的概率分布。

调查研究表明，所有学生都有核外电子运动情况的前概念，但是大部分学生有错误的前概念，认为电子的运动是有固定轨迹的，只有很少的学生具有正确的电子运动的观点。

四、能层与能级的前概念

问 3：核外电子是分层排布的，每一层的电子能量都相同吗？

访谈结果显示，学生都存在核外电子能量的前概念。详见表 3-3。

表3-3 有关核外电子能量的观点（N=40）

观点	人数	百分比
①每一层电子的能量相同	28	70%
②每一层电子的能量不相同	12	30%

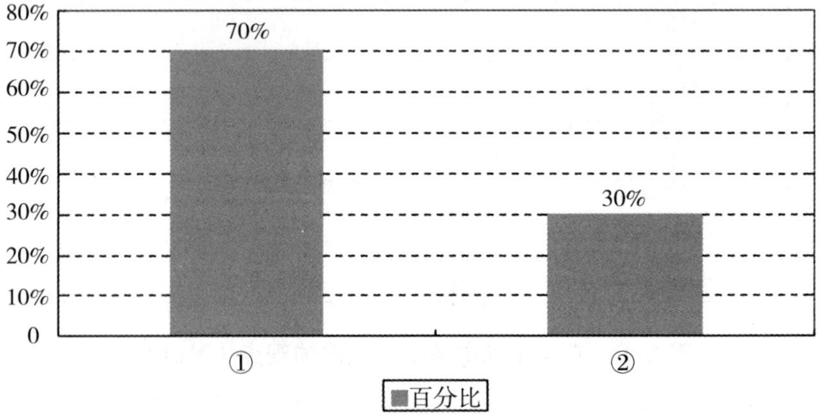

图 3-3 有关核外电子能量的观点（N=40）

70% 持有观点①的学生认为：老师上课的时候说，电子是按照能量高低分层排布的，那么排在同一层的电子能量应该是相同的。

30% 持有观点②的学生认为：书上说，在离核较近的区域内运动的电子能量较低，离核较远的区域内运动的电子能量较高，说明原子核外电子的能量应该是递变的。而电子层是指能量不同的区域，在同一个区域内也就是一个电子层里电子不一定只具有一种能量。

调查研究表明，所有学生都有核外电子能量的前概念，但是有 70% 的学生有错误的前概念，误认为同一电子层上的电子能量相同，只有 30% 的学生有与科学概念一致的、正确的前概念。科学的观点是“各层电子的能量不相同，随着电子层数的增加，电子的能量越来越大；同一层中，各亚层的能量是按 s，p，d，f 的次序增高的”。

五、结论

学生在初三年级第二学期，学习了原子的定义和结构，并且在高一年级第二学期学习元素周期表时，学习了原子核外电子的排布，学生对原子结构形成了自己的理解和认识。对 40 位高一年级学生进行访谈时发现，所有学生头脑中都存在原子结构、电子在核外运动情况、能层与能级的前概念。这些前概念有部分是正确的，与科学概念相一致，但有些是错误的，与科学概念背道而驰。

研究者将学生对原子结构前概念的错误概念进行归纳，详见表 3–4 。

表3–4　原子结构错误的前概念

概念	误概念
电子云	①电子云是笼罩在原子核外的云雾 ②电子云是高速照相机拍摄的照片 ③电子云描述了电子的运动轨迹
能层与能级	①能级符号上标数字表示轨道数 ②每个能层上能排的电子数一定为$2n^2$ ③各能层含有的原子轨道数是该能级序数减1 ④同一能级的原子轨道都相同，如p能级的三个原子轨道都相同 ⑤同一能级上的电子的运动状态相同 ⑥核外电子排布相同的微粒，在同一能层相同能级上的电子能量相同
原子核外电子排布	①一个能级最多容纳的电子数，是该能级含有轨道数的两倍，是由能量最低原理推出来的 ②只依据能量最低原理、洪特规则、泡利原理三者之一进行原子核外电子排布

教师在教学时，应了解并利用学生头脑中的前概念，让学生更快、更准确地掌握科学概念，实现有效的概念转变。原子结构前概念的调查表明，学生头脑中普遍存在原子结构的前概念。教师要有效地实施科学概念的教学，除有效地运用课堂教学艺术外，还应该熟悉学生头脑中可能存在的前概念的类型和特点，意识到前概念的存在及其影响，对前概念的来源、内容进行分析，并熟悉相关科学概念形成的理论基础和发展脉络，结合化学史学资料，采取有效的教学手段进行化学概念的有意义建构。

第二节　原子结构误概念的研究

一、研究的问题与方案

以某高级中学高二年级学生为调查对象，进行原子结构误概念的调查研究，共发放 200 份问卷，回收有效问卷 185 份。高二年级学生学习过有关原子结构的相关内容。

自编原子结构误概念调查问卷，以了解高二学生对原子结构概念的掌握情况。问卷由 3 个选择题组成，问卷内容有：第 1 题测验电子云的概念，第 2 题测验能级、能层、原子结构等概念，第 3 题测验构造原理、能量最低原理、泡利原理、洪特规则等概念。

二、电子云的误概念

1. 下列关于电子云的说法，正确的是（　　）。

A. 电子云的每一个小黑点代表一个电子

B. 小黑点密表示在该核外空间的电子数多

C. 电子云是笼罩在原子核外的云雾

D. 电子云是用高速照相机拍摄的照片

E. 小黑点密表示在该核外空间的单位体积内电子出现的概率大

F. 电子云描述电子的运动轨迹

本题的正确选项是 E，学生在该题上的通过率为 82%，即有 18% 的学生回答错误。详见表 3–5。

表3–5　题目1的测验结果

选项	A	B	C	D	E*	F
选择率	0	0	4%	12%	82%	2%

注：* 是正确答案。

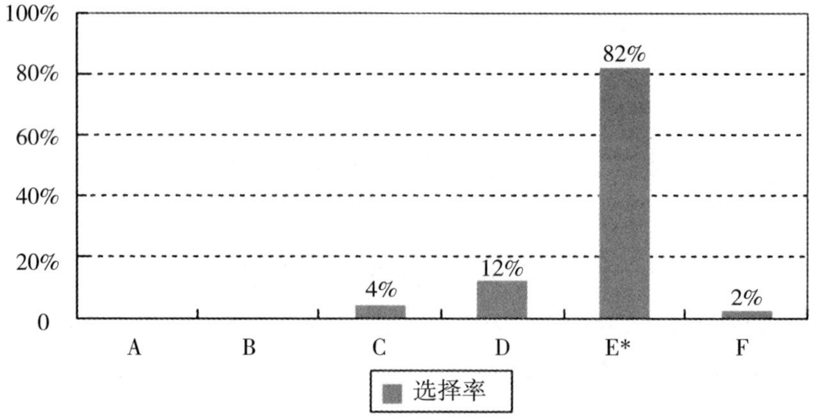

图 3–4 题目 1 的测验结果

结合调查结果，在随后的深入访谈中，学生就相关问题的回答给出了自己的解释。

第一次接触电子云概念时，概念名称的字词表面意思给人的直观感受，就是很多电子显现出来的云雾，所以有学生选了 C。在访谈过程中，学生还表现出对 A 选项的犹豫，因为学生理解的电子云是很多电子显现出来的云雾，那么 A 选项和 B 选项也是正确的，但是因为是单选就只选了 C 选项。当学生被问及为什么会选择 D 选项时，学生说："老师上课的时候讲过的，电子云是用高速照相机拍摄电子在不同时刻的位置做成的。"但是学生上课时没有注意到"可以想象成""出现概率""叠加"等关键词，在这种认识下，有些同学就觉得既然电子云是用高速照相机拍摄电子在不同时刻的位置做成的，那么就反映了电子的运动轨迹，所以可以选 F 选项。

误概念 1：电子云是笼罩在原子核外的云雾。

误概念 2：电子云是高速照相机拍摄的照片。

误概念 3：电子云描述了电子的运动轨迹。

科学概念：电子云是在一定时间间隔内，电子在原子核外出现的概率统计，得到的概率分布图。

有关电子云科学概念的本质特征有这样一些描述。

（1）电子是一种微观粒子，在原子如此小的空间（直径约 10^{-10}m）内做高速运动。核外电子的运动与宏观物体运动不同，没有确定的方向和轨迹，只能用电子云描述它在原子核外空间某处出现概率的大小。

（2）电子云是近代用统计的方法对电子在核外空间分布方式的形象描绘，它区别于行星轨道式模型。电子有波粒二象性，它不像宏观物体的运动那样有确定的轨道，因此画不出它的运动轨迹。不能预言它在某一时刻究竟出现在核外空间的哪个地方，只能知道它在某处出现的概率有多少。为此，就以单位体积内电子出现概率，即概率密度大小，用小黑点的疏密来表示。小黑点密处表示电子出现的概率密度大，小黑点疏处概率密度小，看上去好像一片带负电的云状物笼罩在原子核周围，因此形象地称之为电子云。

（3）在量子化学中，用一个波函数 $\Psi(x, y, z)$ 表征电子的运动状态，并且用它的模的平方 $|\Psi|^2$ 值表示单位体积内电子在核外空间某处出现的概率，即概率密度，所以电子云实际上就是 $|\Psi|^2$ 在空间的分布。研究电子云的空间分布主要包括它的径向分布和角度分布两个方面。径向分布探求电子出现的概率大小和离核远近的关系，被看作在半径为 r、厚度为 dr 的薄球壳内电子出现的概率。角度分布探究电子出现的概率和角度的关系。例如 s 态电子，角度分布呈球形对称，同一球面上不同角度方向上电子出现的概率密度相同。p 态电子呈哑铃 8 字形，不同角度方向上概率密度不等。有了 p_z 的角度分布，再有 n=2 时 2p 的径向分布，就可以综合两者得到 $2p_z$ 的电子云图形。由于 2p 和 3p 的径向分布不同，$2p_z$ 和 $3p_z$ 的电子云图形也不同。

（4）电子云有不同的形状，分别用符号 s，p，d，f，g，h 表示，s 电子云呈球形，在半径相同的球面上，电子出现的机会相同，p 电子云呈纺锤形（或哑铃形），d 电子云是花瓣形，f 电子云更为复杂，g 和 h 的电子云形状就极为复杂了。

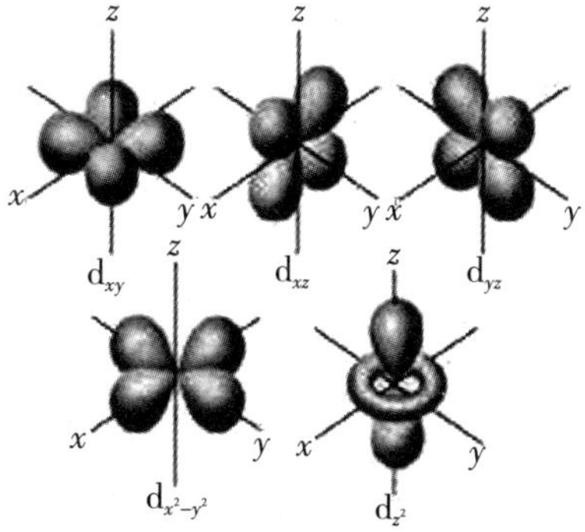

d 轨道空间投影

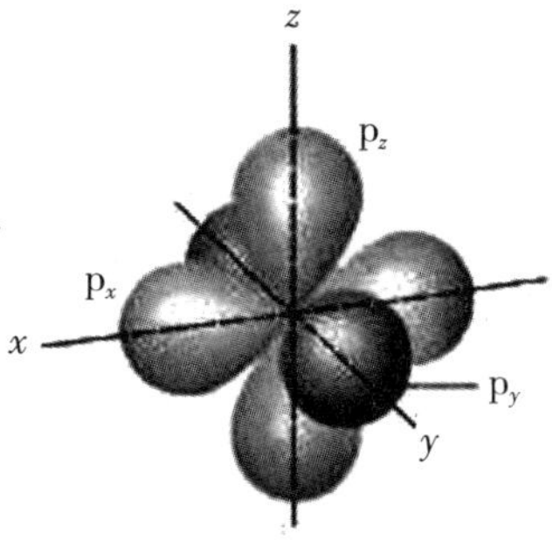

p 轨道空间投影

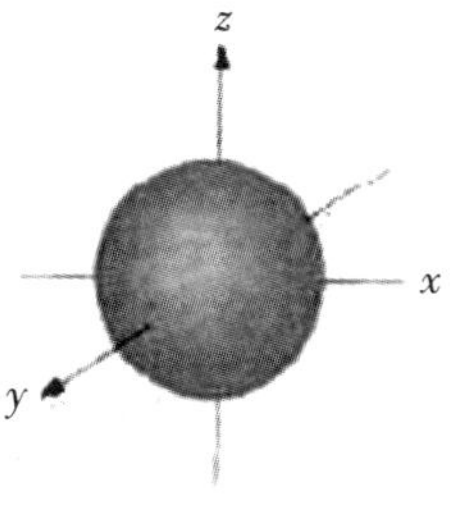

s 轨道空间投影

通过访谈结果可以看出，学生对于电子云的由来及电子云的理解是比较模糊的，尽管可以通过猜测或推理选出正确答案，但是学生并没有真正理解电子云的真实含义。

查阅参考文献，结合调查结果、访谈结果，研究者分析了误概念形成的原因。

（1）教师课堂讲授时的误解

教师教学时为了方便学生理解电子云的由来，会用一些形象的比喻来达到形象理解的目的，如上述访谈中提到的用高速照相机得到的照片进行叠加就是一种阐述的方式，这是参考了以前版本的化学教材中的一段话："在一定的时间间隔内电子在原子核外出现概率的统计，电子每出现一次，在图中就会出现一个小点，可以想象成你手持一架虚拟的高速照相机拍摄电子，然后把所有照片叠在一起得到的图像。"教师在上课时为了让学生更好地理解电子云的概念，使用类似素材，进行比拟，试图把微观世界中的现象用宏观化经验进行表述，但是学生的关注点却没有放在"可以看成""出现概率""叠加"等重点词上，却被"高速照相机""拍摄"等词吸引，反而把这些比拟性表述当作真实的事实，造成了认识上的干扰。因此选出 D，F 等错误选项，产生电子云是实实在在的物质的误概念。

（2）"电子云"这个名词，它的字词表面意思就会给学生理解造成干扰。电子云形象地描述了电子运动状态，但也给正确理解"微观世界中粒子运动与宏观世界物体运动有很大不同"这一点造成了认知障碍。

（3）化学课程学习的阶段性，会导致学生学习相关内容的认知程度有所差异。高中阶段所学习的知识内容具有局限性，该阶段还不能透彻阐释电子云概念的本质。有关详细介绍电子云本质特征的专业知识内容一般都在大学化学阶段呈现给学生，因此高中阶段化学课程中设置的相关内容还不能够让学生彻底地明白电子云的内涵，有的学生甚至需要学习量子化学内容之后才能够理解和建构科学的概念或理论模型。

（4）理解电子云的概念，需要学习者具有多学科的知识基础。电子云概念的建构，是基于大学数学、大学物理学知识的。在高中阶段一般是利用概率统计学的知识进行呈现、表达和描述的，到大学化学阶段还需要使用大学数学和大学物理学知识作为工具来表述和阐释，甚至还需要学习量子物理学、量子化学和结构化学课程的相关内容，才能彻底搞清楚。因此，只有通过高阶的专业知识的学习和高阶多学科知识的综合铺垫，才能够深入理解电子云概念的本质。

三、能层、能级、原子轨道、电子能量的误概念

2. 下列有关能层和能级的说法正确的是（　　）。

A. 同一原子中，1 s，2 s，3 s 能级的轨道数依次增多

B. $2p^2$ 表示 L 能层有两个 p 轨道

C. 每个能层包含的电子数一定是本能层序数平方的 2 倍

D. 各能层含有的原子轨道数是该能层序数减 1

E. 排布在同一能级上的电子，其运动状态一定相同

F. 因为 s 能级的电子云轮廓图呈球状，所以位于该轨道上的电子只能在球壳内

运动

G. 只有能层、能级、电子云伸展方向及电子的自旋方向都确定的情况下，该电子的运动状态才能确定

H. 某原子外层电子轨道表示式为 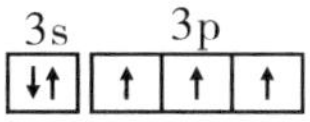

，这五个电子的能量都各不相同

本题目正确答案为 G，学生在该题上的通过率为 62%，即有 38% 的同学选择错误。详见表 3–6 。

表3–6　题目2的测验结果

选项	A	B	C	D	E	F	G*	H
选择率	0	6%	21%	1%	4%	1%	62%	5%

注：* 是正确答案。

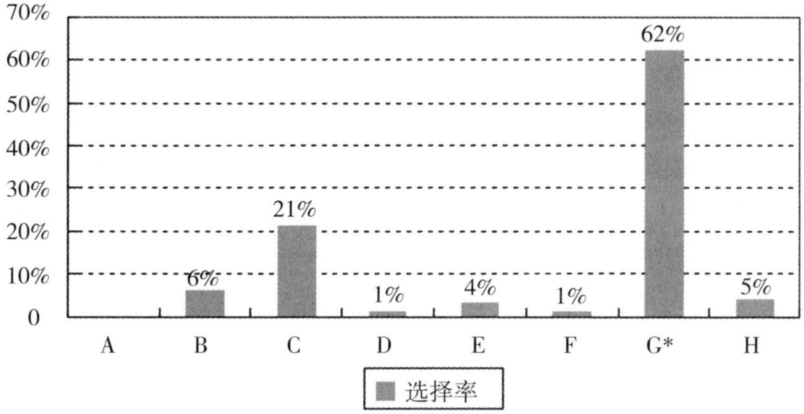

图 3–5　题目 2 的测验结果

结合调查结果，在随后的深入访谈中，学生就相关问题的回答给出了自己的解释。

学生认为 p 能级上排布两个电子，只需要两个轨道，能级符号上标数字为轨道数，故认为 B 选项正确。这部分学生虽然考虑了洪特规则，却忽略了原子轨道的客观存在。对于 C 选项，学生能记住能层上能容纳的电子数为 $2n^2$，但对这种结论性的知识只是记住了结论，当被追问到 $2n^2$ 是怎么来的，学生就说这种结论性的知识只需要死记硬背相关知识就好了。对于 E 选项，有学生说只知道电子在原子里做高速运动，不清楚电子的运动状态是什么意思。访谈选出本题正确答案 G 选项的同学，问其是如何把 E 选项排除掉的，有学生说在同一个原子轨道里，两个电子

的自旋方向相反，那么运动状态肯定不一样。但是，也有学生误认为 3s [↓↑] 3p [↑][↑][↑] 这 5 个电子中 3p 轨道上自旋状态相同的三个电子运动状态应该相同。错选 H 选项的学生认为这 5 个电子运动状态不同，故能量不同。

误概念 4：能级符号上标数字表示轨道数。

科学概念：能级符号上标数字表示该能级上已经排了的电子数。

误概念 5：每个能层上能排的电子数一定为 $2n^2$。

科学概念：每个能层能排的电子数最多为 $2n^2$。

误概念 6：各能层含有的原子轨道数是该能级序数减 1。

科学概念：每个能层含有的原子轨道数为 n^2。

误概念 7：同一能级的原子轨道都相同，如 p 能级的三个原子轨道都相同。

科学概念：p 电子云在空间有 3 种取向，d 电子云在空间有 5 种取向。

误概念 8：同一能级上的电子的运动状态相同。

科学概念：能级、能层、电子云伸展方向、电子自旋方向这四个参数都确定了，电子的运动状态才确定。

误概念 9：电子运动状态相同，电子能量相同。

科学概念：核外电子排布相同的微粒，在同一能层相同能级上的电子能量相同。

误概念 4 的形成原因：学生认为 p 能级上排布两个电子，那么就只需要两个轨道，这部分学生在分析时，虽然考虑了洪特规则，却忽略了原子轨道的客观存在。

误概念 5 的形成原因：学生记住了能层上能容纳的电子数为 $2n^2$ 个，但不知道 $2n^2$ 是怎么得到的，在学生的头脑中没有将相关的概念发生联系，这部分学生知识模块之间是独立的，知识不能活学活用。

误概念 6 的形成原因：每个能层含有的原子轨道数为 n^2。这是识记性的知识，学生花在化学上的功夫不够，没有记住。

误概念 7 的形成原因：学生能牢记每一能层有 3 个 p 轨道，5 个 d 轨道，但没有建立原子轨道的空间概念，不能结合空间取向去理解为什么 p 电子云有 3 个 p 轨道，d 电子云有 5 个 d 轨道。

误概念 8 的形成原因：通过访谈发现学生对这个科学概念的知识点掌握得并不好，可见学生并没有建立原子轨道的空间观念，不知道原子轨道还有伸展方向的不同，认为在同一能级轨道上自旋方向相同，电子的运动状态就相同。实际上，同一原子中不可能有 4 个量子数完全相同的电子，也就是同一原子中不可能有运动状态完全相同的电子存在。因此磷原子 3s [↓↑] 3p [↑][↑][↑] 的每个电子运动状态都不同，磷原子中 3p 轨道上的 3 个电子由洪特规则得知是以自旋方向相同的方式排布在 p_x，p_y，p_z 轨道上。p 轨道是三重简并的，x，y，z 三个轨道能量是相同的，只是在空间的伸展方向不同（在空间直角坐标系中沿 x 轴、y 轴、z 轴三个不同方向），因此 3p 轨道上的 3 个电子运动状态是不同的。究其本质原因，是这部分课程的概念较多，且这些概念都较抽象难懂，学生只记住了单个概念，没有将各个概念联系起来，故运用起来生疏，频频出错。另外，学生对电子排布图的错误理解也是产生误概念的原因之一。

误概念 9 的形成原因：电子能量只与能层和能级这两个参数有关，运动状态则和能层、能级、电子云伸展方向、电子自旋方向有关，因为这两个概念之间有共同点，导致学生混淆不清。但是只要多花点时间去记忆和比较这两个概念，相信能够厘清两者间的关系。

综上所述，学生没有完全掌握能层、能级、电子云伸展方向、电子自旋方向这四个概念间的区别和联系。

四、原子核外电子排布的误概念

3. 下列关于原子的核外电子排布的说法正确的是（　　）。

A. 由能量最低原理可推知：各能级最多容纳的电子数，是该能级原子轨道数的两倍

B. 若是将 N 原子的电子排布式写成 $1s^22s^22p_x^22p_y^1$，它违背了洪特规则

C. 基态碳原子的最外能层各能级中，电子排布式为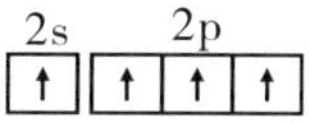

D. 根据泡利原理：一个原子轨道里能容纳 2 个电子，并且自旋方向相反。推知基态碳原子的最外层的电子排布方式为：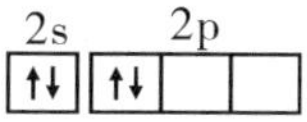

E. M 层全充满而 N 层为 $4s^2$ 的原子和核外电子排布为 $1s^22s^22p^63s^23p^63d^64s^2$ 的原子是同一种元素的原子

本题目的正确答案是 B，学生在这道题目中的通过率为 52%，即有 48% 的学生选择了错误选项。详见表 3–7。

表3–7　题目3的测验结果

选项	A	B*	C	D	E
选择率	35%	52%	3%	5%	5%

注：* 是正确答案。

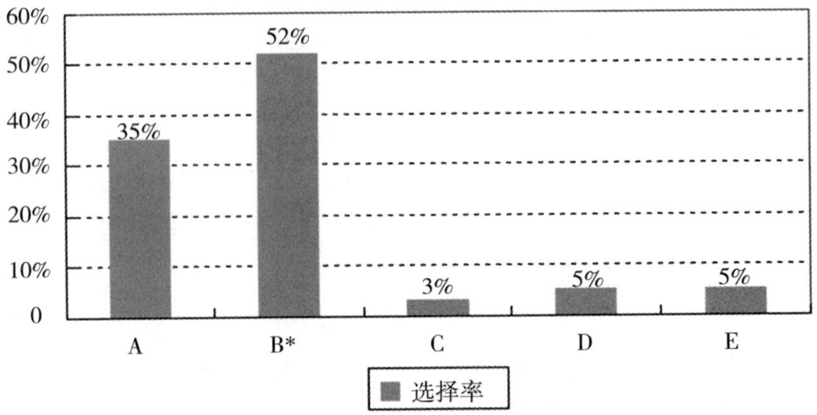

图 3–6 题目 3 的测验结果

在随后的访谈调查中，问及为什么会选择 A 选项，学生说想起老师说过，一个轨道中容纳两个电子，这两个电子自旋方向相反可以让能量降低，所以认为这个选项的结论应该是由能量最低原理推出来的。学生不能复述出泡利不相容原理和能量最低原理的内容，因为学习概念时更注重概念的名称，概念名称相对于概念描述来说更加形象好记，但在运用时常常会望文生义。对于 C 选项，学生认为根据洪特规则，电子优先单独占据一个轨道，因此选 C。对于 D 选项，学生说根据泡利原理，就应该是这样排布的。

误概念 10：由能量最低原理可推知，各能级最多容纳的电子数，是该能级原子轨道数的两倍。

科学概念：由泡利不相容原理推知，各能级最多容纳的电子数，是该能级原子轨道数的两倍。

误概念 11：可以只依据能量最低原理、洪特规则、泡利不相容原理三者之一进行原子核外电子排布。

科学概念：原子核外电子排布要同时遵循这三个原理，并且依照能量最低原理、洪特规则、泡利不相容原理的顺序。

有关原子核外电子排布的误概念，究其原因，还是对相关内容掌握得较为片面，知识不完整所致。原子核外电子的排布规律，主要有泡利不相容原理、能量最低原理、洪特规则等。处于稳定状态的原子，核外电子将尽可能地按能量最低原理排布，另外，由于电子不可能都挤在一起，它们还要遵守泡利不相容原理和洪特规则。一般而言，在这三条规则的指导下，可以推导出元素原子的核外电子排布情况，在中学阶段要求的前 36 号元素里，没有例外的情况发生。

德国人洪特（F. Hund）根据大量光谱实验数据总结出一个规律，即电子分布到能量简并的原子轨道时，优先以自旋方向相同的方式分别占据不同的轨道，因为这种排布方式原子的总能量最低。所以在能量相等的轨道上，电子尽可能自旋平行地多占不同的轨道。例如碳原子核外有 6 个电子，按能量最低原理和泡利不相容原理，首先有 2 个电子排布到第一层的 1s 轨道中，另外 2 个电子填入第二层的 2s 轨道中，剩余 2 个电子排布在 2 个 p 轨道上，具有相同的自旋方向，而不是两个电子集中在一个 p 轨道，自旋方向相反。

泡利不相容原理（Pauli' s Exclusion Principle）又称泡利原理、不相容原理，是微观粒子运动的基本规律之一，它指出：在费米子组成的系统中，不能有两个或两个以上的粒子处于完全相同的状态。在原子中完全确定一个电子的状态需要四个量子数，所以泡利不相容原理在原子中就表现为不能有两个或两个以上的电子具有完全相同的四个量子数，这导致了电子在核外排布形成周期性从而成为解释元素周期表的准则之一。

核外电子排布遵循泡利不相容原理、能量最低原理和洪特规则。能量最低原理就是在不违背泡利不相容原理的前提下，核外电子总是优先占有能量最低的轨道，只有当能量最低的轨道占满后，电子才依次进入能量较高的轨道，也就是尽可能使体系能量最低。洪特规则是在等价轨道（相同电子层、电子亚层上的各个轨道）上排布的电子将尽可能分占不同的轨道，且自旋方向相同。

学生虽然知道这三个原理，但是很多学生觉得概念描述冗长而复杂。而与概念描述比起来，概念名称可以形象地概括概念内容，故不去理解和记忆概念内容，而是会对概念名称望文生义，自己推测概念内容。有些学生虽然知道其中某个原理内容，但是不清楚核外电子排布时，这三个原理使用的先后顺序，或者使用时都是生搬硬套，不会灵活应用。

五、结论

采用问卷、测试、访谈等研究方法，对原子结构误概念进行调查，得出 11 条学生在电子云、能层与能级、核外电子排布上存在的误概念。研究者将学生对原子结构主题下的误概念进行归纳。

（1）电子云是笼罩在原子核外的云雾。

（2）电子云是高速照相机拍摄的照片。

（3）电子云描述了电子的运动轨迹。

（4）能级符号上标数字表示轨道数。

（5）每个能层上能排的电子数一定为 $2n^2$。

（6）各能层含有的原子轨道数是该能级序数减 1。

（7）同一能级的原子轨道都相同，如 p 能级的三个原子轨道都相同。

（8）同一能级上的电子的运动状态相同。

（9）电子运动状态相同，电子能量相同。

（10）一个能级最多容纳的电子数是该能级含有的轨道数的两倍，是由能量最低原理推出来的。

（11）可以只依据能量最低原理、洪特规则、泡利原理三者之一进行原子核外电子排布。

研究表明，误概念主要形成原因可以归纳为以下几点。

（1）学生对概念的理解有误，甚至不能理解相关概念的含义。

（2）教师在课堂上使用描述宏观世界的语言来讲授微观世界的概念时，存在不准确、不科学之处，会引起学生的误解或产生理解偏差。

（3）学生没有微观粒子特性的先前经验，无法建立概念之间的联系，微观粒子运动等方面概念的一些认识不能嫁接在以往积累的宏观世界的经验和经典物理学的知识上，宏观世界和微观世界的运动特点存在显著不同，先前知识派不上用场。

（4）化学课程学习阶段性的影响。高中阶段化学课程过渡到大学阶段的化学课程，课程内容的深度不同，课程内容由浅入深，对知识的介绍也有差异。大学阶段化学课程能够深入阐释概念的本质内涵，高中阶段的化学课程内容只是浅显地涉及而已，这会导致学生由于没有彻底搞清楚概念而产生误解。

（5）高中阶段学生学习的学科内容有限，还没有掌握高等数学和物理学知识作为认识核外电子运动等概念的表征工具，因此对相关概念的理解具有局限性。

第三节　原子结构概念转变策略的研究

研究结果显示，学生在学习原子结构相关概念的过程中，存在较多的误概念，影响对概念的正确理解，给进一步学习带来困难和障碍。教师在教学前有必要了解学生可能存在的误概念，采用科学、合理的策略帮助学生将误概念转变为科学概念。

一、概念转变的类比策略

针对上述误概念 1“电子云是笼罩在原子核外的云雾”，误概念 2“电子云是高速照相机拍摄的照片”，误概念 3“电子云描述了电子的运动轨迹”，研究者分析了几位资深高中化学教师的课堂教学，并记录了一位特级教师有关电子云概念转变的教学片段，其中体现了类比策略在概念转变中的有效应用。这段教学内容深受学生的喜爱，得到了教师们的一致称赞。

“电子云”教学片段

【教师】为什么早在几个月前，各大报纸杂志就能报道日全食的精确时间？

【学生】因为地球、月球、太阳都有固定的宇宙运动轨迹，天文学家能够精确计算出地球、月球、太阳在一条直线上的时间。

【教师】世界上有什么物体的运动是无法用运动轨迹来描述的吗？

【学生讨论】

学生表示不知道什么物体的运动是不能用运动轨迹来描述的。

【教师】例如一个学生周一到周五住在学校里，在某一天，十二点整的时候，这位同学的母亲，能估测她孩子的位置吗？

【学生】不能，这个孩子可能在阅览室，可能在去食堂的路上，可能在踢球，踢球时人跟着球跑，下一秒在哪个位置，他自己也不能预测。

【教师】为了得到该学生的运动情况，有人就想出了一个办法，在这个孩子的鞋子上安装一个踏地感应器，与电脑相连，把每个脚印记录下来形成一张图，不妨叫作脚印密度图。周末把这张脚印密度图拿回家，家长一看，心满意足。这张脚印密度图说明了什么呢？它有怎样的特征呢？

【学生】第一，这张脚印密度图对不同的同学来讲，它的范围有大有小，可能有的同学活动比较多，校园的角角落落都去过了，则范围大；第二，这张图对于不同的同学而言形状不一样，例如高二的同学去过生物实验室；第三，这张图像有疏有密，有些地方脚印密集，脚印叠着脚印。

【教师】图像有疏有密说明什么呢?
【学生】密说明这个地方他常去，出现的机会很高，而有的地方脚印稀稀拉拉的，说明偶尔涉足。
【教师】总之这张图反映这个同学在学校的学习、生活状态。于是，一种重要的描述运动方式的方法浮出水面，就是统计的方式，统计物体在空间某处出现的机会。
另一种运动状况描述方式应运而生：统计电子在原子核外空间某处出现的机会。
电子云是处在一定空间运动状态的电子在原子核外空间的概率密度分布的形象化描述。

基于上述教学片段，访谈了一些听课学生，记录了部分学生听课后的看法。

学生 A："我原来看到电子云这个词时，我以为是电子在原子核外的云雾，现在我知道了，是描述了一个电子出现的概率分布。"

学生 B："在预习的时候，我就觉得这一节的内容好难，微观的电子看不到，又不能做实验观察实验现象。老师用这么生活化的事例来进行讲解，我发现微观世界和宏观世界是共通的。这样类比来讲，让这些生涩难懂的知识有趣了起来，也让微观的、抽象的原子结构变得形象具体了起来。"

上述"电子云"教学片段、通过类比的教学策略，把抽象的概念形象化，学生易于接受。类比常常具有启发思路、提供线索、以旧带新、触类旁通的作用。在这个教学片段中，教师语言幽默有趣，吸引学生，将晦涩难懂的知识讲得引人入胜，用生活中的例子——学生的脚印密度图来类比电子云，将脚印密度图的特征分析透彻了，学生自然也明白了使用概率密度的统计方式表述电子云的概念。但是，如果类比方法使用不当，也会产生误概念，因此在使用类比方法时，要注意类比对象的恰当使用，让学生明白类比者和被类比者的区别和联系。

二、概念转变的表象策略

针对调查反映的误概念 7"同一能级的原子轨道都相同"（没有建立原子轨道的空间概念或没有认识电子云的伸展方向）和误概念 8"同一能级上的电子的运动状态相同"（没有认清能层、能级、电子云伸展方向、电子自旋方向、电子的运动状态间的关系），研究者访谈了一位高中化学教师，并走入他的课堂，进行了课堂观察研究。摘录了一个有关原子结构概念转变的教学片段，其中体现了表象策略在概念转变中的有效应用。

“原子结构”教学片段

【讲述】把电子出现的概率约为90%的区域圈出来，即为电子云轮廓图，该轮廓图即为原子轨道。

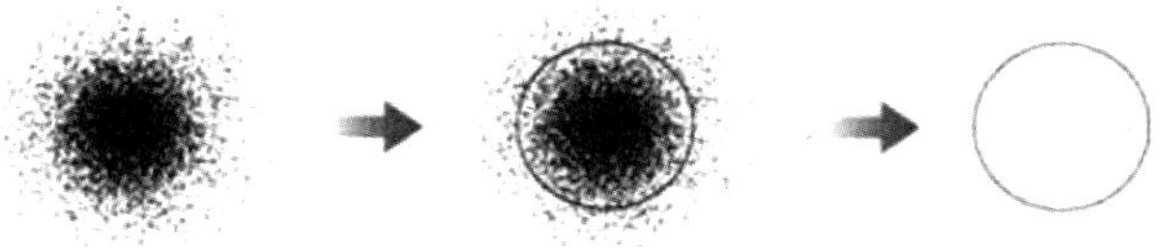

【思考】请观察s能级的原子轨道和p能级的原子轨道，它们是什么形状的？有几个p轨道？它们在空间上是什么关系？

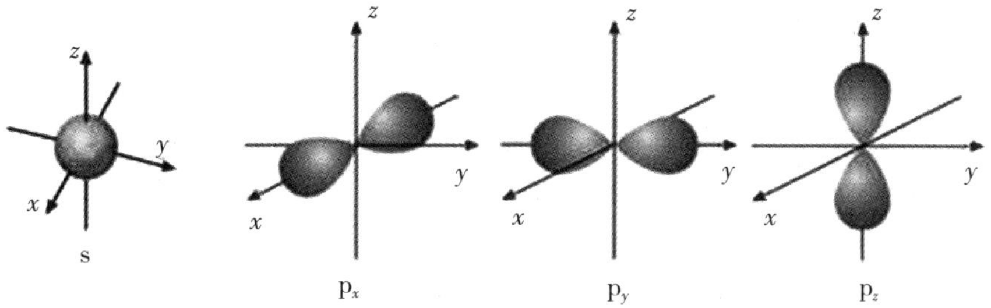

【讲述】s能级的原子轨道是球形对称的，p能级的原子轨道是纺锤形的，p能级有3个原子轨道，它们相互垂直，分别以p_x，p_y，p_z表示。

【Flash动画】p能级有3个原子轨道，p_x，p_y，p_z合在一起的情形。

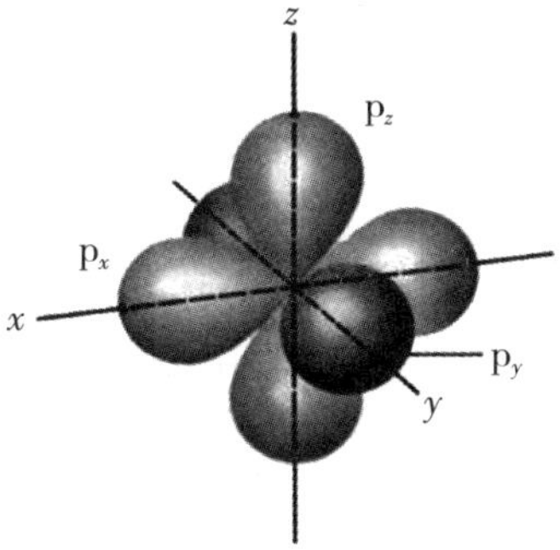

基于上述教学内容，访谈了一些听课学生，记录了部分学生听课后的看法。

学生 A：“我还以为原子轨道是原子运行的轨道呢，原来是电子云轮廓图啊，这个图很具体，可以帮助理解。”

学生 B：“看了 Flash 动画，我知道轨道是怎样垂直地合在一起，也知道 p 能级是什么样子的了。”

上述“原子结构”教学片段，教师使用形象的图画进行教学，使学生能够较好地理解电子的运动状态，对原子结构的样子形成了一些感性认识。该教学片段中相关的教学策略是表象法教学。表象，是反映客观事物和现象的生动形象的视觉图像，它可以以一幅图画的形式存储于记忆中，也可以以动画场景的形式存储于记忆中。原子结构具有抽象性、立体性的特征，是学生难理解与掌握的知识概念，易产生误概念。教师通常运用语言文字描述的方式进行教学，会让学生一知半解，云里雾里，产生误概念。因此在原子结构的概念转变过程中，注意将原子结构形象化、具体化、动态化、立体化，从而让学生深入、透彻地理解与掌握概念内涵。

现在多媒体计算机技术应用广泛，若是上课时可以合理利用多媒体、网络资源，让微观过程可视化，清晰、有效地展现在学生面前，可以给学生直观的印象，既有利于纠正学生的误概念，又可以帮助学生建立正确的科学概念。

三、概念转变的概念图策略

基于上述误概念 8 "同一能级上的电子的运动状态相同"（没有认清能层、能级、电子云伸展方向、电子自旋方向、电子的运动状态间的关系），研究者访谈了一位高中化学教师，并走入他的课堂，进行观察研究。摘录了一个有关电子能级概念转变的教学片段，其中体现了概念图策略在概念转变中的有效应用。

"电子能级"教学片段

【教师】能层、能级、原子轨道分别是指什么？它们具有怎样的关系？请大家用文字、图形或者表格的方式表示出它们的关系。

【学生】

能层：在含有多个电子的原子里，电子分别在能量不同的区域里运动，这种能量不同的区域即为能层。

能级：在多电子原子里，同一能层的电子能量也有可能不同，可以将它们分为不同的能级。

电子云是处在一定空间运动状态的电子在原子核外空间的概率密度分布的形象化描述。

把电子出现的概率约为90%的区域圈出来，即为电子云轮廓图，该轮廓图即为原子轨道。

学生通过图式的方式表明它们的关系：

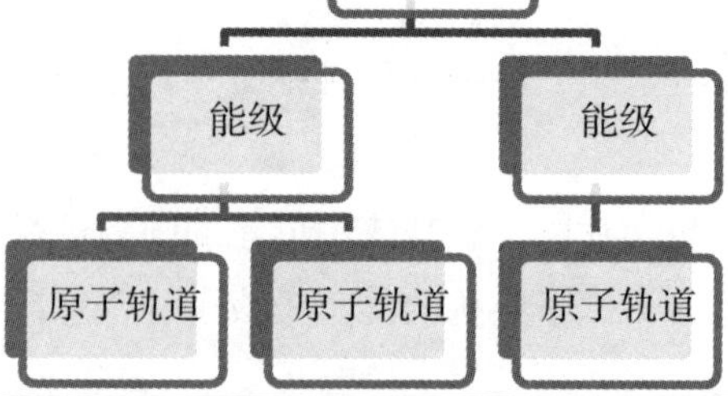

基于上述教学片段，访谈了一些听课学生，记录了部分学生听课后的看法。

学生A："通过文字、图形相结合的方式来表示它们的关系，思路很清晰，很容易就记住了。"

学生B："利用概念图的方法很容易找出它们的从属关系。"

上述"电子能级"教学片段，对于能级、能层有关的概念，概念图的教学策略是被学生认可的。概念图是将某一主题下的不同层次的概念或命题放在圆圈或方框中，以各种连线将各概念或命题连接，以形成该主题的概念或命题网络体系，以这种形象化的图式来表征学习者的知识框架及对该主题的理解。通过概念图，新概念能不断地和已有的概念发生作用，并纳入学生已有的认知框架中，最终形成更完整、更紧凑的认知结构。对于学生的学习，概念图有如下功能：促进知识的整合，改变学生的认知方式，促进学生高级思维发展，促进合作学习与学习互动。

四、概念转变的样例策略

针对误概念10"由能量最低原理可推知，各能级最多容纳的电子数，是该能级原子轨道数的两倍"和误概念11"可以只依据能量最低原理、洪特规则、泡利原理三者之一进行原子核外电子排布"，研究者访谈了一位高中化学教师，并走入他的课堂，进行观察研究。记录了一个有关电子排布概念转变的教学内容片段，其中体现了样例策略在概念转变中的有效应用。

"电子排布"教学片段

【师生互动活动】

例1. 下列说法中错误的是（　　）。

A. 电子排布式$1s^2 2s^2 2p^6 3s^2 3p^6 3d^3$违反了能量最低原理

B. C的电子排布式$1s^2 2s^2 2p_x^2$违反了洪特规则

C. 同一原子中一定没有能量相同的电子

D. 电子排布式$1s^2 2s^2 2p^6 3s^2 3p^{10}$违反了泡利原理

【教师讲述】

3d能级的能量高于4s能级的能量，故3p轨道排满后应该排4s轨道，违反了能量最低原理，A正确。

p能级有3个轨道，2p能级有2个电子，电子应优先单独占据一个轨道，且自旋方向相同，$2p_x$有两个电子，违背了洪特规则，故B正确。

同一个原子中处于简并轨道的电子能量相同，故C错误。

p能级有3个轨道，每个轨道容纳两个电子且自旋方向相反，3p能级填充10个电子，违反了泡利原理，D正确。

【学生思考活动】
变式训练1. 在d轨道中电子排布成(↑)(↑)(↑)(↑)，而不排成(↑↓)(↑↓)，其直接依据是（　　）。
A. 能量最低原理　B. 泡利不相容原理　C. 洪特规则　D. 原子轨道能级图
变式训练2. 若将P原子的电子排布式写成$1s^22s^22p^63s^23p_y^1$，它违背了（　　）。
A. 能量最低原理　B. 泡利不相容原理　C. 洪特规则　D. 能量守恒原理

基于上述教学片段，访谈了一些听课学生，记录了部分学生听课后的看法。

学生："老师这样先讲述多种类型的例题，然后再让我们做练习，我们可以将老师讲授的方法运用到练习中，巩固课堂老师所讲的知识，还可以达到举一反三的效果。"

对于原子核外电子排布的概念，教师采用样例的教学策略是被学生认可的。样例，就是具有典型或者代表性属性特征的事物或现象的具体实例。在教学过程中先讲解多类型题型的例题，然后再让学生去做变式练习，建立概念间的联系，可以达到举一反三的效果。

五、概念转变的隐喻策略

针对误概念 11"可以只依据能量最低原理、洪特规则、泡利原理三者之一进行原子核外电子排布"，研究者访谈了一位高中化学教师。记录了一个有关能量最低原理概念转变的教学内容片段，其中体现了隐喻策略在概念转变中的有效应用。

"能量最低原理"教学片段

电子在原子核外排布时，要尽可能使电子的能量最低。怎样才能使电子的能量最低呢?

比方说，我们站在地面上，不会觉得有什么危险；如果我们站在20层楼的顶上，再往下看时我们心里会感到害怕。这是因为物体在越高处具有的势能越大，物体总有从高处往低处的一种趋势，就像自由落体一样。我们从来没有见过物体会自动从地面上升到空中，物体要从地面到空中，必须要有外力的作用。

电子本身就是一种物质，也具有同样的性质，即它在一般情况下总想处于一种较为安全（或稳定）的状态（基态），也就是能量最低时的状态。当有外加作用时，电子也可以吸收能量到达能量较高的状态（激发态），但是它总有时时刻刻想回到基态的趋势。一般来说，离核较近的电子具有较低的能量，随着电子层数的增加，电子的能量越来越大；同一层中，各亚层的能量是按s，p，d，f的次序增高的。这两种作用的总结果可以得出电子在原子核外排布时遵守下列次序：1s，2s，2p，3s，3p，4s，3d，4p，5s……

基于上述教学片段，访谈了一些听课学生，记录了部分学生听课后的看法。

学生 A：“老师通过打比方的方式，让我立刻就明白了电子先排布在能量低处，这样就比站在高处稳妥得多了。”

学生 B：“老师的比喻，让我立刻觉得自己是一个电子，能体会到站在高处和低处的感觉。如果核外电子的数量多了，会以怎样的一种顺序排队？当然由低处（能量低处）到高处（能量高处）抢先排起队列来了！”

隐喻是教学方法论中经常使用的一种教学方法，它是通过比喻的方式，让学生把陌生的知识与已有的知识或经验产生某种相似的关联，基于学习者的感性认识来理解抽象的或者不曾想象出来的新知识，从感性上升到理性，建构新的概念和理论，达到认识和理解新知的目的。

基于上述原子结构相关误概念的研究，可以应用的概念转变策略主要有：类比、样例、概念图、模型、隐喻等。

第四章 元素周期律相关概念的认知研究

元素周期律（Periodic Law），指元素的性质随着元素的原子序数（即原子核外电子数或核电荷数）的递增呈周期性变化的规律。元素周期律包括“元素周期律”及其具体表现形式——元素周期表，是自然界物质的结构和性质变化的规律。元素在物理性质上呈现周期性变化，例如随着元素原子序数的递增，原子体积、微粒半径呈现明显的周期性；在化学性质方面，元素在金属性、非金属性、金属活波性、元素气态氢化物稳定性和元素最高价氧化物对应水化物酸碱性等方面都具有周期规律性变化。作为自然科学的基本规律，元素周期律对化学及其他自然科学的研究和发展具有重要的指导意义。元素周期表是学习和研究化学的一种重要工具,它反映了元素之间的内在联系，是对元素的一种很好的自然分类。可以利用元素的性质，元素在周期表中的位置和元素的原子结构三者之间的密切关系来指导物质科学的学习和研究。同时，元素周期律也是高中化学核心知识体系之一，蕴含大量的化学学科具体事实性知识和学科思想。元素周期律帮助学生整合元素化合物相关知识，提供学习的方法和规律，并培养学生科学的研究方法，例如归纳，演绎推理，以及量变引起质变等辩证的科学思想。

本章着重探讨：

（1）学生在金属性、非金属性、金属活泼性、元素气态氢化物稳定性和元素最高价氧化物对应水化物酸碱性等方面的认识上存在哪些前概念?

（2）学生在微粒半径、金属性、非金属性、金属活泼性、元素气态氢化物稳定性和元素最高价氧化物对应水化物酸碱性等方面的认识上存在哪些误概念？

第一节 元素周期律的本体知识

在中学化学元素周期律内容中涉及一些易混淆的概念，例如“金属性”和“金属活泼性”等，在此对这些概念进行简单阐述。

一、元素金属性、非金属性

1. 元素金属性

元素的金属性在高中化学教材中的表述为：“表示元素原子失去电子能力的强弱。”[1]原子失去电子倾向的大小可以用第一电离能（即基态的气体原子失去最外层的第一个电子成为气态 +1 价离子所需的能量）进行衡量。电离能越小，越容易失去电子，金属性越强。电离能的大小主要取决于元素原子的核电荷数、电子层结构及原子半径等因素。核电荷数越小、电子层结构越不稳定、原子半径越大，则电离能越小，元素的金属性越强。

2. 元素非金属性

元素的非金属性在高中化学教材中的表述为：“表示元素原子获得电子能力的强弱。”[2]与元素的金属性不同，元素的非金属性则通常用第一电子亲和能（即一个基态气态原子得到一个电子形成气态 -1 价离子所放出的能量）来衡量。亲和能越大，原子生成负离子的倾向越大，非金属性越强。电子亲和能与元素原子结构密切相关，一般来说，元素原子半径越小、最外层电子数越多，则电子亲和能越大，元素的非金属性越强。

二、金属活泼性

金属活泼性（金属活动性）是指金属单质在水溶液中生成水化离子倾向的大小，用标准电极电势 E^{θ} 来衡量。“金属活动性顺序”就是将金属的电极反应按电极电势

[1] 姚子鹏. 化学：高中二年级第一学期（试用本）[M]. 上海：上海科学技术出版社，2012：35.
[2] 同 [1].

E^{θ} 由小到大的顺序排列而成，电极电势越小，则金属活泼性越强。

三、金属性、金属活泼性的区别和联系

金属性和金属活泼性是两个不同的概念，二者之间既存在联系又有所区别。

1. 联系

通常情况下，元素的金属性越强，则对应的金属单质活泼性也越强，如对于 Na 和 K，金属性强弱为 Na < K，金属活泼性强弱也为 Na < K。但也存在特例，如对于 Li 和 Na，金属性强弱为 Li < Na，而金属活泼性强弱为 Li > Na，二者恰好相反。

2. 区别

（1）定义不同。

（2）衡量标准不同：元素的金属性可以用电离能 I 来衡量，金属活泼性通常用标准电极电势 E^{θ} 来衡量。

（3）环境不同：气态时，讨论元素的金属性；水溶液中，讨论金属活泼性。

（4）表现形式不同：金属性表示金属原子的性质，属于微观层面；金属活泼性表示金属单质在水溶液中的性质（还原性大小），属于宏观层面。

元素周期律是指元素的性质随着原子序数的递增而呈周期性变化的规律。在中学化学知识体系中，元素周期律包括“元素周期律”及其具体表现形式——元素周期表，元素“位置-结构-性质”三者之间的关系、相互转化是核心内容。

第二节 元素周期律前概念的研究

美国著名教育心理学家奥苏伯尔（D. Ausubel）说："假如我把全部教育心理学仅仅归纳为一条重要经验原理的话，影响学生唯一最重要的因素就是学生已经知道了什么，要探明这一点，并应据此进行教学。"教师在进行教学之前必须了解学生的认知情况，根据学生的认知情况制订相应的教学策略，并在教学过程中帮助学生形成正确的学习方法。

本节探讨的元素周期律相关知识包括以下两点。

（1）概念理解方面：金属性和非金属性，金属活泼性。

（2）规律应用方面：微粒半径大小的比较，元素金属性和非金属性强弱的比较，金属活泼性强弱的比较，元素气态氢化物稳定性强弱的比较，元素最高价氧化物对应水化物酸碱性强弱的比较。

据此，本节采用问卷调查、访谈、个案研究等研究方法，探究学生在未学习元素周期律相关知识之前存在哪些前概念及其成因。

本节选取 60 名非化学专业大学一年级学生（高中阶段未正式学习元素周期律相关知识）作为被试，回收有效问卷（此处所用问卷简称问卷 1）51 份。

一、金属性、非金属性的前概念研究

针对元素周期律具体知识点对调查结果进行统计和分析，研究学生的前概念及其成因。

问题 1–1：什么是元素的金属性？（　　）［可多选］

A. 表示元素的气态原子失去电子能力的强弱

B. 表示元素的气态原子获得电子能力的强弱

C. 就是金属活泼性

D. 不知道

将学生对问题 1–1 的回答情况进行整理、统计，如表 4–1 所示。

表4-1 问题1-1的调查结果

答案	A*	B	C	D	AB	AC	BC	BD	CD	ABC
人数	7	8	8	3	3	9	6	1	1	5
比例	13.7%	15.7%	15.7%	5.9%	5.9%	17.6%	11.8%	2.0%	2.0%	9.8%

注："*"为正确答案，下同。

由于问题 1-1 中 A、B 两个选项的内容是两种完全相反的描述，因此同时选择 A、B 作为答案的学生可以认为其对元素的金属性不存在前概念，答案是随意选择的。另外，答案中包含 D 选项的学生也可以认为其对元素的金属性不存在前概念。根据以上分析，对表 4-1 按学生"存在前概念"和"不存在前概念"的分类标准进行整理，如表 4-2 所示。

表4-2 问题1-1的统计结果

	存在前概念						不存在前概念
答案	A*	B	C	AC	BC	总计	
人数	7	8	8	9	6	38	13
比例	13.7%	15.7%	15.7%	17.6%	11.8%	75.5%	25.5%

为了使调查结果更加直观，将表 4-2 制成柱状图，如图 4-1 所示。

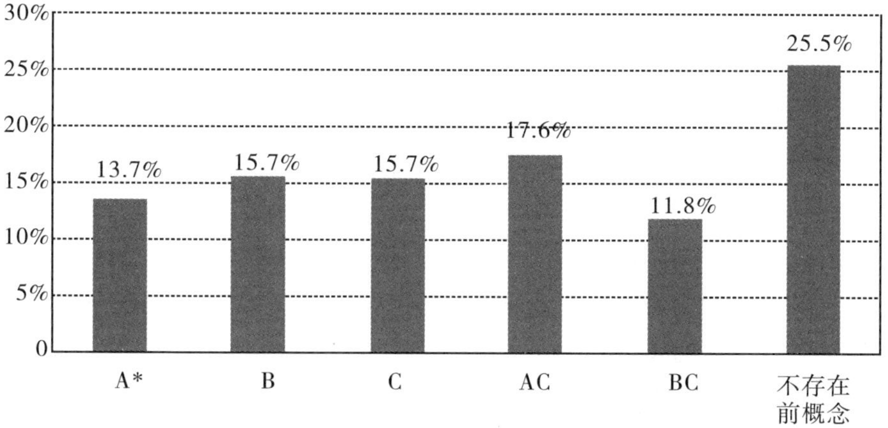

图 4-1 问卷 1 问题 1-1 的统计结果

上述调查结果表明，在尚未学习元素周期律之前，对于金属性、非金属性及金属活泼性概念，超过半数的学生存在前概念，但是，前概念错误的人数居多。通过研究中学化学教材并访谈部分参与问卷 1 调查的学生，研究者对学生所产生的前概念进行成因分析，结果总结如下。

表4-3 金属性、非金属性前概念及其成因

前概念	成因
前概念1：元素的金属性表示元素的气态原子失去电子能力的强弱 前概念2：元素的金属性表示元素的气态原子获得电子能力的强弱 前概念3：元素的金属性就是金属活泼性	（1）已有知识的影响 如学生受“金属原子在化学反应中通常失电子，形成阳离子”这一已有认知的影响，认为金属性表示的是失电子能力 （2）主观臆测 如学生从字词表面理解，认为金属性是“金属活泼性”的简称，因此形成前概念3 （3）凭感觉

二、金属活泼性的前概念研究

问题 1–2：请比较钠和镁金属活泼性的强弱：Na<u>（1–2–1）</u>Mg。

你判断的依据是<u>（1–2–2）</u>。

将学生对钠和镁金属活泼性强弱比较的结果即空（1–2–1）的答案进行整理、统计，如表 4–4 所示。

表4–4 “钠和镁金属活泼性强弱比较”调查结果

答案	Na>Mg*	Na<Mg	空白
人数	34	6	11
比例	66.7%	11.8%	21.6%

注：“*”为正确答案。

为了更加直观地呈现调查结果，将表 4–4 制成柱状图，如图 4–2 所示。

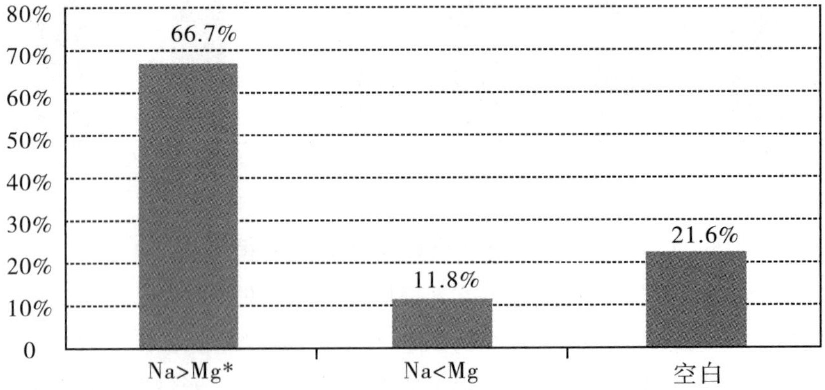

图4–2 “金属活泼性强弱比较”调查结果

将学生判断钠和镁金属活泼性强弱的依据即空（1–2–2）的答案进行整理、归纳，

如表 4–5 所示。

表4–5　“金属活泼性强弱比较的判断依据”调查结果

判断依据	人数	比例
原子结构（包括核电荷数、最外层电子数、原子半径）	5	9.8%
失电子能力	2	3.9%
元素周期表中的位置	3	5.9%
金属活动性顺序	2	3.9%
与水反应的剧烈程度	4	7.8%
空白	35	68.6%

将表 4–5 制成柱状图，如图 4–3 所示。

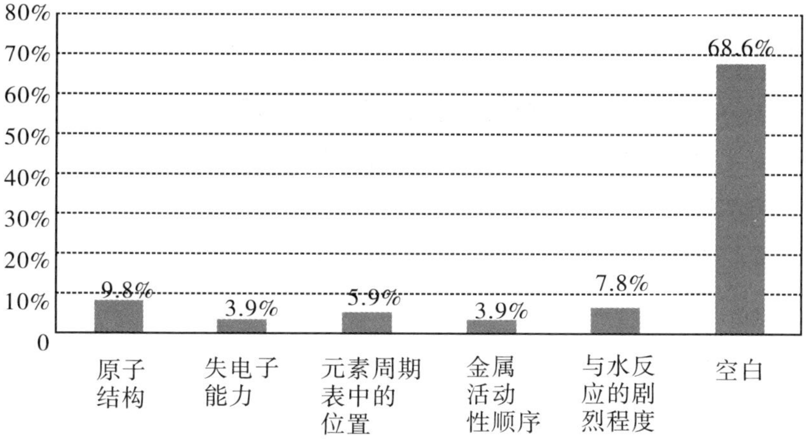

图 4–3　“金属活泼性强弱比较的判断依据”调查结果

上述调查结果表明，对于“金属活泼性强弱比较”的认识，三分之一的学生存在前概念。通过访谈部分参与问卷 1 问题 1–2 调查的学生，把学生在“金属活泼性强弱比较”上存在的前概念及其成因分析总结如表 4–6 所示。

表4-6 金属活泼性前概念及其成因

前概念	成 因
前概念1：原子半径越大，金属活泼性越强 前概念2：核电荷数越小，金属活泼性越强 前概念3：最外层电子数越少，金属活泼性越强 前概念4：失电子能力越强，金属活泼性越强 前概念5：元素周期表中同一行，排在前面的金属活泼性比排在后面的强 前概念6：金属活动性顺序表中排位越靠前，金属活泼性越强 前概念7：与水反应越剧烈，金属活泼性越强	（1）已有知识的影响 如学生在学习元素周期律之前，已经掌握了金属活泼性概念，知道金属活泼性表示失电子能力，从而形成前概念4 （2）课外学习的影响 如学生通过阅读课外的一些辅导书等提前了解了元素周期律部分知识，形成前概念5 （3）化学实验事实 如学生通过实验知道金属钠与水的反应比镁更加剧烈，而钠的化学性质比镁活泼，因此认为“与水反应越剧烈，金属活泼性越强”

三、微粒半径的前概念研究

问题 1–3：你认为影响原子半径大小的因素有（　　）。[可多选]

A. 电子层数

B. 核外电子数

C. 最外层电子数

D. 核电荷数

E. 其他

问题 1–4：请比较以下几种微粒半径的大小。

O______S　　Na^+______Mg^{2+}　　F^-______Cl^-

1. 影响微粒半径大小的因素

将问题 1–3 中学生的答案进行整理、统计，如表 4–7 所示。

表4–7 “原子半径大小影响因素”调查结果

答案	A	B	C	D	AB	AC	AD	BC	BD	CD	ABC	ABD*
人数	4	3	3	4	5	7	8	5	1	3	4	4
比例	7.8%	5.9%	5.9%	7.8%	9.8%	13.7%	15.7%	9.8%	2.0%	5.9%	7.8%	7.8%

注：“*”为正确答案。

结合问题 1–3 分析表 4–7，可将学生的答案分为三类：正确（即答案为 ABD）、不全（即选择了 A、B、D 三个选项中的 1~2 个）和错误（即答案中包含 C 选项）。按照上述分类标准，将表 4–7 进行归纳、统计如表 4–8 所示。

表4–8　数据统计结果

答案	正确	不全						错误				
	ABD*	A	B	D	AB	AD	BD	C	AC	BC	CD	ABC
人数	4	4	3	4	5	8	1	3	7	5	3	4
比例	7.8%	7.8%	5.9%	7.8%	9.8%	15.7%	2.0%	5.9%	13.7%	9.8%	5.9%	7.8%
合计	7.8%	49.0%						43.1%				

由表 4–7 可知，有 7.8% 的学生认为原子半径的大小取决于原子的电子层数、核电荷数和核外电子数；有 43.1% 的学生认为原子半径的大小与原子的最外层电子数有关；其余 49.0% 的学生认为原子半径的大小与原子的最外层电子数无关，而取决于原子的电子层数、核电荷数和核外电子数三者中的一至两个因素。

上述调查结果表明，对于影响原子半径大小的因素，学生普遍存在前概念，其中正确的认知占少数。通过访谈，研究者了解到学生之前已经学过该知识，但由于对所学知识掌握不牢固及时间久远，造成知识混淆和缺失，形成上述调查结果。

2．常见微粒半径大小的比较

将学生对问题 1–4 的回答情况进行整理、统计，如表 4–9 所示。

表4–9　问题1–4的调查结果

比较对象	O____S				Na^+____Mg^{2+}				F^-____Cl^-		
答案	>	<*	=	空白	>*	<	=	空白	>	<*	空白
人数	20	27	1	3	23	19	5	4	14	32	5
比例	39.2%	52.9%	2.0%	5.9%	45.0%	37.2%	9.8%	7.8%	27.5%	62.7%	9.8%

注：“*”为正确答案。

为了更加直观地呈现调查结果，将学生对于 O 和 S、Na^+ 和 Mg^{2+}、F^- 和 Cl^- 半径大小比较的结果分别用柱状图表示，如图 4–4、图 4–5、图 4–6 所示。

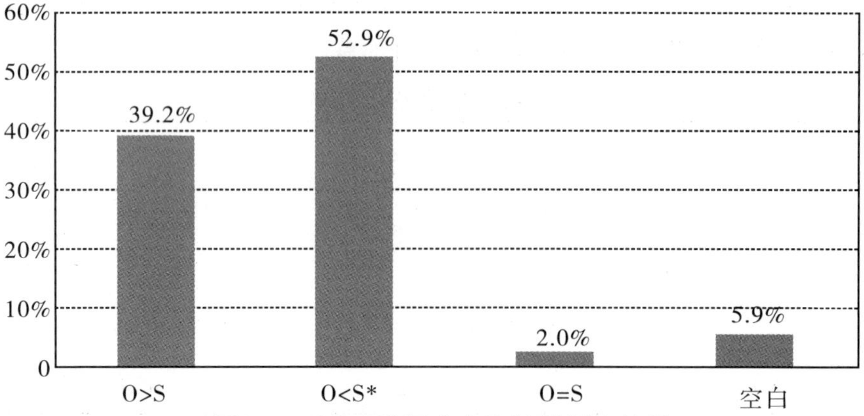

图4-4 O和S半径大小比较的调查结果

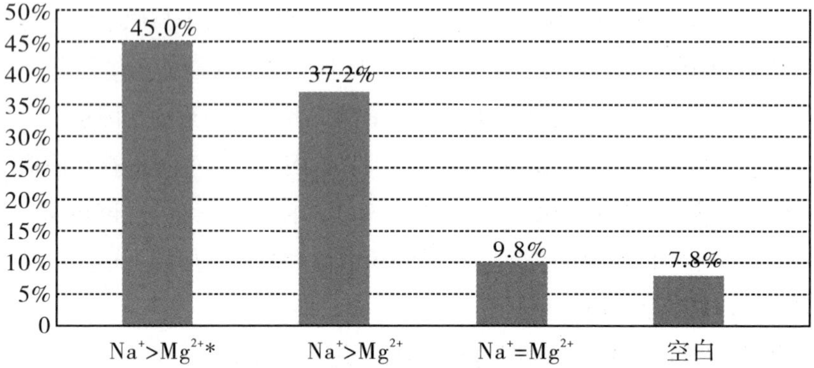

图4-5 Na^+和Mg^{2+}半径大小比较的调查结果

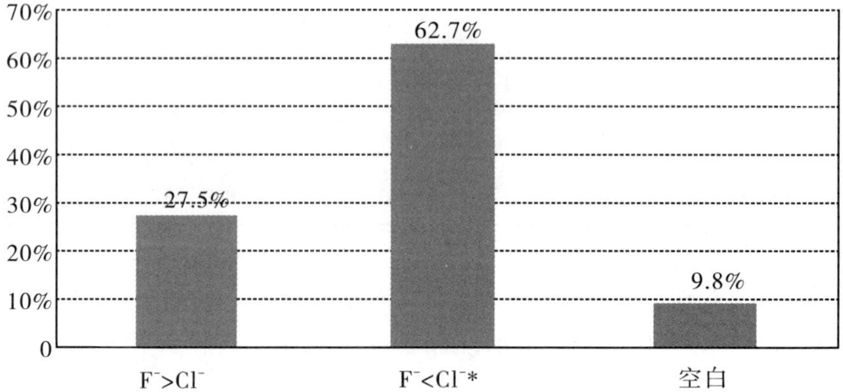

图 4-6 F^- 和 Cl^- 半径大小比较的调查结果

上述调查结果表明，对于常见微粒半径大小的比较，学生普遍存在前概念，大多数学生能够对常见微粒的半径大小做出正确的判断。通过访谈得知，在比较以上三组微粒半径大小时，一部分学生是利用已有知识，根据微粒结构来判断，其结果有正有误。如有学生认为 F^- 有两个电子层，而 Cl^- 有三个电子层，因此 F^- 半径小于 Cl^- 半径；有学生认为 Na^+ 和 Mg^{2+} 的核外电子数都为 10，因此两者半径大小相同……还有少数学生是根据元素在元素周期表中的位置来进行判断，说明学生可能通过课外学习对元素周期律有了一定的认识。

四、元素气态氢化物稳定性的前概念研究

问题 1-5：你认为 HCl 和 HF 谁更稳定？你判断的依据是什么？

将学生对于“HCl 和 HF 稳定性比较”的结果进行整理、统计，如表 4–10 所示。

表4–10　“HCl和HF稳定性比较”调查结果

答案	HCl>HF	HCl<HF*	空白
人数	11	17	23
比例	21.6%	33.3%	45.1%

注：“*”为正确答案。

将表 4–10 制成柱状图，如图 4–7 所示。

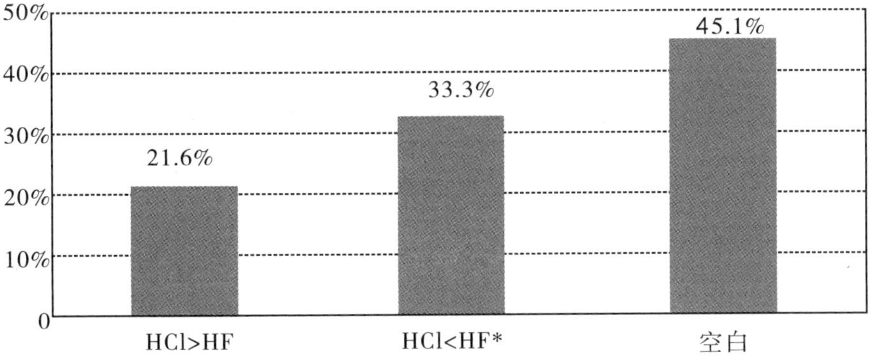

图 4–7　“HCl 和 HF 稳定性比较”调查结果

将学生判断 HCl 和 HF 稳定性强弱的依据进行整理、归纳，如表 4–11 所示。

表 4–11　HCl 和 HF 稳定性强弱判断依据

判断依据	人数
电子层数	2
Cl<F（非金属性）	1
F电负性最强	1
F元素的氧化性更强	1

续表

判断依据	人数
F比Cl更稳定	1
F^-得电子能力大于Cl^-	1
Cl^-的氧化性强于F^-	1
F^-不活泼	1
HCl更易挥发	3
元素周期表中的位置	2
老师讲过	2
空白	35

由表 4–11 可知，有 35 名（即 68.6%）学生没有写出判断 HCl 和 HF 稳定性强弱的依据；其余 16 名（即 31.4%）学生虽然写出了判断依据，但是内容五花八门，且多数是错误的。

上述调查结果表明，学生对于元素气态氢化物稳定性存在一定的前概念，但并不普遍。对参与问卷 1 问题 1–5 调查的部分学生进行访谈，分析总结学生在“元素气态氢化物稳定性比较”中存在的前概念及其成因，如表 4–12 所示。

表4–12　元素气态氢化物稳定性前概念及其成因

前概念	成因
前概念1：元素原子电子层数越少，气态氢化物越稳定 前概念2：元素电负性越强，气态氢化物越稳定 前概念3：元素氧化性越强，气态氢化物越稳定 前概念4：得电子能力越强，气态氢化物越稳定 前概念5：阴离子氧化性越强，气态氢化物越稳定 前概念6：阴离子越活泼，气态氢化物越稳定 前概念7：气态氢化物越易挥发，越不稳定 前概念8：元素周期表中同一列元素，排在越后，气态氢化物越稳定	（1）已有知识的影响 如学生通过之前对卤族元素性质的学习，已经知道卤族元素气态氢化物稳定性强弱，结合原子结构部分知识，形成前概念1 （2）概念不清、混淆 如学生对“氧化性”概念不甚理解，导致表述错误，形成前概念3；学生将物质的“挥发性”和“稳定性”概念混淆，形成前概念7 （3）直觉判断

五、元素最高价氧化物对应水化物的前概念研究

问题 1–6：你认为什么是元素最高价氧化物对应的水化物（举例说明）？

将学生对于问题 1-6 的回答情况进行整理、统计，如表 4-13 所示。

表4-13　问题1-6调查结果

答案	人数	比例
H_2CO_3	1	2.0%
H_2O_2	3	5.9%
H_2PO_4	1	2.0%
H_2SO_4	5	9.8%
$Al(OH)_3$	1	2.0%
H_2SO_4，$HClO_4$	1	2.0%
H_2CO_3，$Al(OH)_3$	1	2.0%
空白	38	74.5%

上述调查结果表明，大多数学生对于元素最高价氧化物对应的水化物不存在前概念。其余存在前概念的学生中，其认知既有正确的[如 H_2CO_3，H_2SO_4，$HClO_4$，$Al(OH)_3$]，也有错误的（如 H_2O_2，H_2PO_4），其中正确认知占多数。另外，从学生所举的例子中可以看出，相对于金属元素，对于元素最高价氧化物对应水化物的理解，学生更倾向于从非金属元素的角度进行思考。

通过访谈存在前概念的学生，发现他们的前概念主要来自对“元素最高价氧化物对应水化物”的字词的表面理解，如 C 元素的最高价氧化物为 CO_2，CO_2 与水反应生成 H_2CO_3，所以 C 元素最高价氧化物对应的水化物就是 H_2CO_3。

通过上述元素周期律相关知识前概念的研究发现，学生在“金属性、非金属性、金属活泼性”“微粒半径”“元素气态氢化物稳定性”“元素最高价氧化物对应水化物”等知识点上都存在前概念，说明在元素周期律学习过程中，学生的前概念是普遍存在的，其中既有与科学概念相一致的正确认知，也有与科学概念相悖的错误认知。对于同一科学概念，学生的前概念往往是多样化、片面化的：多样化体现在不同的学生具有不同的前概念，汇总得到的结果往往五花八门；片面化则体现在每个学生形成的前概念往往只与科学概念的某一方面相关，认识不全面。

通过上述研究，发现学生的前概念主要源于：（1）已有知识的影响；（2）对所学知识掌握不牢固，或概念不清、混淆；（3）主观臆测；（4）化学实验事实；（5）直觉思维。

第三节　元素周期律误概念的研究

本节探讨学生在学习了元素周期律相关知识之后，存在哪些错误认知及形成这些错误认知的原因。

选取某高校化学专业大学一年级学生共 50 名作为被试，回收有效问卷 39 份。

自编元素周期律相关知识的误概念调查问卷（简称问卷 2），包括填空题、简答题两种形式的题目，旨在了解学生学习元素周期律相关知识之后是否存在错误的认知，并探明这些错误认知的具体表现及其产生原因。本问卷考查知识点见表 4–14。

表4–14　元素周期律相关知识的误概念调查问卷考查内容

考查内容
微粒半径大小的比较
元素金属性、非金属性强弱的比较
金属活泼性强弱的比较
气态氢化物热稳定性的比较
最高价氧化物对应水化物酸碱性强弱的比较

一、微粒半径的误概念研究

问题 2–1：已知短周期元素的离子 A^{2+}，B^{+}，C^{2-}，D^{-} 具有相同的电子层结构。

（1）比较其离子半径的大小（按从大到小的顺序）：（2–1–1）。

请写出判断依据：（2–1–2）。

（2）比较其原子半径的大小（按从大到小的顺序）：（2–1–3）。

请写出判断依据：（2–1–4）。

1. 离子半径大小比较

将学生对离子半径大小比较的结果即空（2–1–1）的回答情况进行整理、统计，如表 4–15 所示。

表4-15　“离子半径大小比较”调查结果

编码	答案	人数	比例
Ⅰ	$C^{2-}>D^{-}>B^{+}>A^{2+}$*	30	76.9%
Ⅱ	$A^{2+}>B^{+}>C^{2-}>D^{-}$	1	2.6%
Ⅲ	$A^{2+}>B^{+}>D^{-}>C^{2-}$	1	2.6%
Ⅳ	$B^{+}>A^{2+}>C^{2-}>D^{-}$	1	2.6%
Ⅴ	$B^{+}>A^{2+}>D^{-}>C^{2-}$	1	2.6%
Ⅵ	$C^{2-}>D^{-}>A^{2+}>B^{+}$	2	5.1%
Ⅶ	$D^{-}>C^{2-}>B^{+}>A^{2+}$	2	5.1%
Ⅷ	空白	1	2.6%

注：“*”为正确答案。

为了更加直观地呈现调查结果，将表 4-15 制成柱状图，如图 4-8 所示。

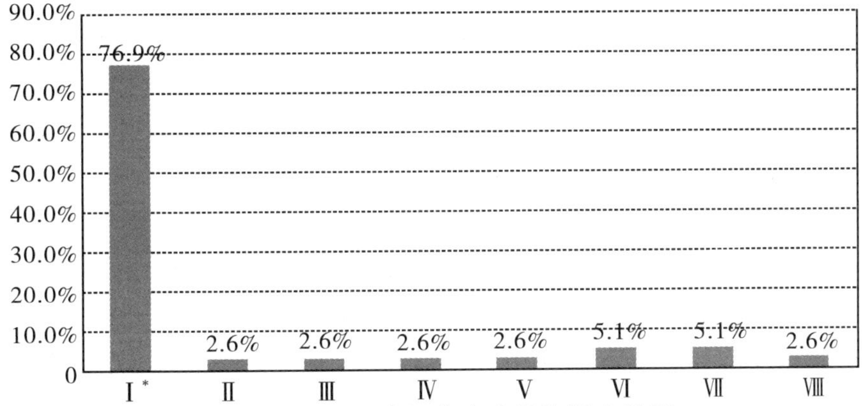

图 4-8　“离子半径大小比较”调查结果

将学生比较以上四种离子半径大小的依据即对空（2-1-2）回答的情况进行整理、统计，如表 4-16 所示。

表4-16　“离子半径大小比较的依据”调查结果

判断依据	人数	比例
电子层结构相同，核电荷数越多，微粒半径越小	18	46.2%
元素周期表中的位置	6	15.4%
空白	15	38.4%

将表 4–16 制成饼图，如图 4–9 所示。

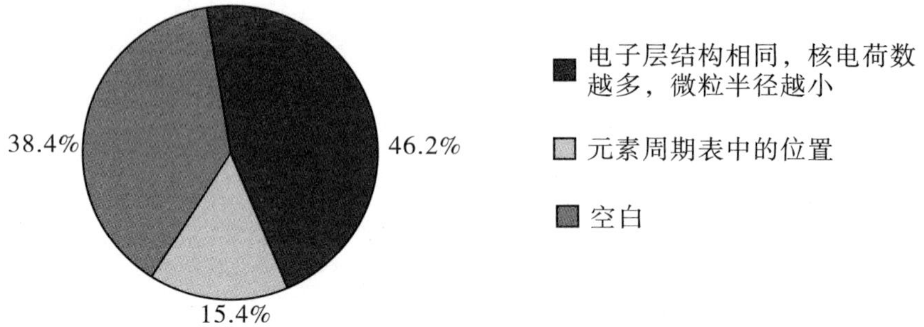

图 4–9 “离子半径大小比较的依据”调查结果

基于上述调查结果可知，超过三分之二的学生能够正确地比较不同离子的半径大小，说明大多数学生对于这部分知识掌握得较好，基本不存在错误认知。

对 8 名回答错误的学生的判断依据进行分析，发现其中有 5 名学生没有写出判断依据，说明这 5 名学生并没有掌握比较离子半径大小的方法。做出“$A^{2+} > B^{+} > C^{2-} > D^{-}$”这一错误判断的学生，其依据为“电子层结构相同，核电荷数越多，微粒半径越小”，该生的判断依据是正确的，但结果却出现了错误，说明该生只是单纯记住了这一比较离子半径大小的方法而没有真正理解内涵。做出“$C^{2-} > D^{-} > A^{2+} > B^{+}$”这一错误判断的学生，其依据为“元素周期表中的位置”，该生对元素在周期表中位置的判断出现了错误。根据以上分析可知，学生对于所学知识掌握不牢固是导致其在离子半径大小比较中出现错误的主要原因。

2. 原子半径大小比较

将学生对原子半径大小比较的结果即空（2–1–3）的回答情况进行整理、统计，如表 4–17 所示。

表4–17 “原子半径大小的比较”调查结果

编码	答案	人数	比例
Ⅰ	B>A>C>D*	29	74.4%
Ⅱ	B>A>D>C	3	7.7%
Ⅲ	A>B>C>D	2	5.1%
Ⅳ	A>B>D>C	1	2.6%
Ⅴ	空白	4	10.3%

注：“*”为正确答案。

为了更加直观地呈现学生的回答情况，将表 4–17 绘制成柱状图，如图 4–10 所示。

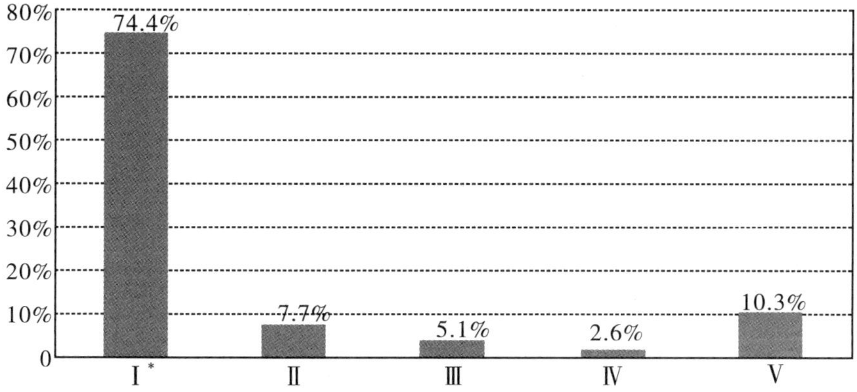

图 4–10　“原子半径大小的比较”调查结果

将学生判断原子半径大小的依据即空（2–1–4）的回答情况进行整理、统计，如表 4–18 所示。

表4–18　“原子半径大小比较的依据”调查结果

判断依据	人数	比例
元素周期表	20	51.3%
电子层数越多，半径越大；核电荷数越多，半径越小	7	17.9%
空白	12	30.8%

将“原子半径大小比较的依据”调查结果用饼图表示，如图 4–11 所示。

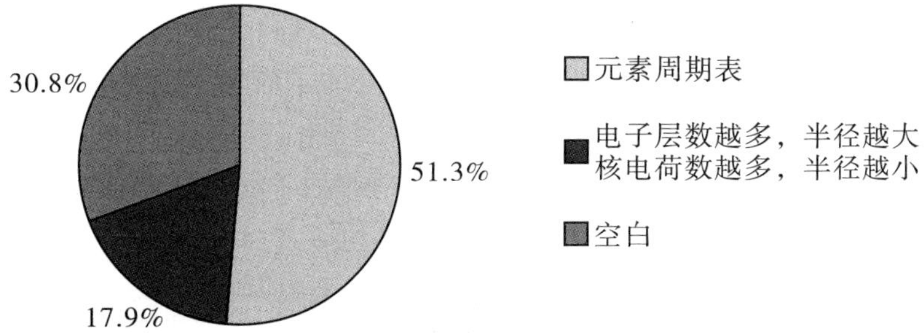

图 4–11　“原子半径大小比较的依据”调查结果

由上述图表可知，有 20 名（即 51.3%）学生是根据元素周期表中原子半径递变规律来比较上述四种原子的半径大小；有 7 名（即 17.9%）学生是从原子结构的角度，即“电子层数越多，半径越大；核电荷数越多，半径越小”来判断；其余 12 名（即 30.8%）学生没有写出判断依据。

基于上述调查结果可知，三分之二以上的学生能够正确判断原子半径的大小，说明大部分学生对原子半径大小的比较这一知识点掌握得较好。但仍有少数学生在比较原子半径大小时出现了错误，分析原因如下。

（1）对元素在周期表中的位置判断错误。

（2）审题不认真：有两名学生将"C^{2-}，D^{-}"错看成"C^{-}，D^{2-}"，导致形成"原子半径：B > A > D > C"的错误认知。

（3）未掌握所学知识：一名学生写不出判断依据，另一名学生则认为"同一周期，随着原子序数的递增，原子半径递增"。

二、金属性、非金属性的误概念研究

问题 2–2：现有部分短周期元素的性质如下表：

元素编号	元素性质或原子结构
T	无最高正化合价，最外层7个电子
X	短周期主族元素中原子半径最大
Y	第三周期元素的简单离子中半径最小
Z	原子半径在同主族最小，在气态氢化物中呈–3价

（1）Y 元素与 X 元素相比金属性较强的是（2–2–1）（用元素符号表示），写出能反映上述事实的化学方程式（2–2–2）。

（2）元素 T 与氯元素相比，非金属性较强的是（2–2–3），你的判断依据是（2–2–4）。

注：T、X、Y、Z 分别表示元素 F、Na、Al、N，下同。

1. 元素金属性强弱的比较

将学生对元素金属性强弱比较的结果即空（2–2–1）的回答情况进行整理、统计，如表 4–19 所示。

表4–19　"元素金属性强弱的比较"调查结果

答案	Na*	K	空白
人数	36	1	2
比例	92.3%	2.6%	5.1%

注："*"为正确答案。

将表 4–19 制成饼图，如图 4–12 所示。

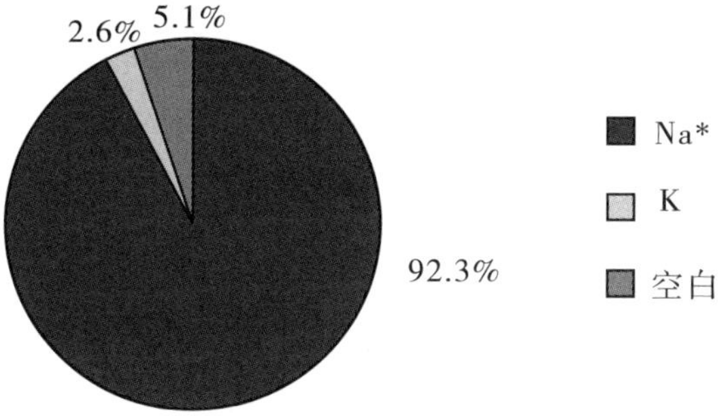

图 4-12　“元素金属性强弱比较”调查结果

从上述图表中可知，在比较 Na 元素和 Al 元素金属性强弱时，有 36 名（即 92.3%）学生做出了“Na 元素金属性强于 Al 元素”的正确判断；有 2 名（即 5.1%）学生没有做出判断；另有 1 名（即 2.6%）学生在空（2-2-1）处填的是“K”，这是由于该生对元素 X 判断错误所致。

将学生用以证明其判断正确的化学方程式即空（2-2-2）的回答情况进行整理、统计，如表 4-20 所示。

表4-20　“元素金属性强弱判断依据”调查结果

	答案	人数	比例	合计
与水反应的剧烈程度	$2Na+2H_2O=2NaOH+H_2\uparrow$	13	33.3%	33.3%
最高价氧化物对应水化物的碱性强弱	$NaOH+Al(OH)_3=NaAlO_2+2H_2O$	5	12.8%	33.3%
	$3NaOH+AlCl_3=Al(OH)_3\downarrow+3NaCl$	5	12.8%	
	$2NaOH+SiO_2=Na_2SiO_3+H_2O$	3	7.7%	
单质还原性强弱	$3Na+AlCl_3=3NaCl+Al$	1	2.6%	7.8%
	$2K+Na_2O=K_2O+2Na$	1	2.6%	
	$2Na+Cl_2=2NaCl$	1	2.6%	
未写出化学方程式	Na可以与水反应，而Al不行	2	5.1%	25.6%
	空白	8	20.5%	

由表 4-20 可知，可以将学生所写的化学方程式分为四类，将这四类化学方程式及其对应的人数比例绘制成柱状图，如图 4-13 所示。

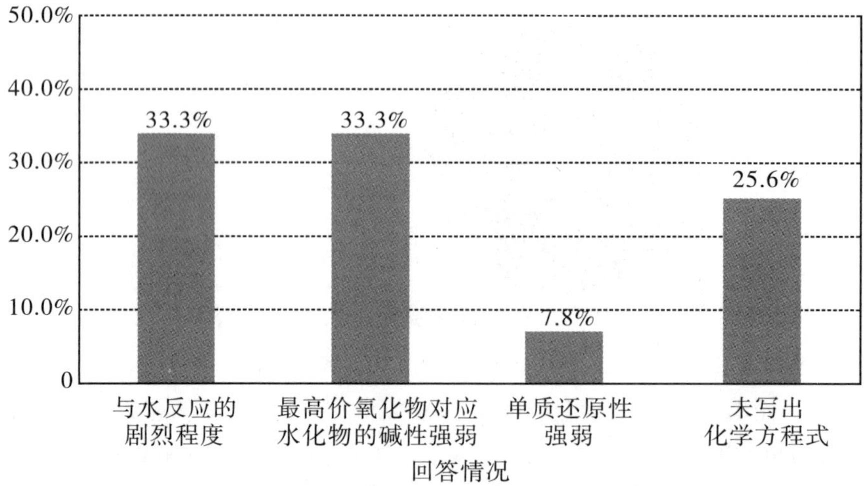

图4-13 学生所写化学方程式分类

从表 4–20 中可以看出，有 13 名（即 33.3%）学生是从“金属单质与水反应的剧烈程度”出发，写出了金属钠与水反应的化学方程式，但没有给出相应的文字说明，属于表述不清楚。有 13 名（即 33.3%）学生是从“元素最高价氧化物对应水化物的碱性强弱”的角度考虑，有 3 名（即 7.8%）学生认为是氧化还原反应，是从单质还原性强弱的角度考虑，只有 8 名（即 20.5%）学生对空（2–2–2）没有做出任何回答。

基于上述调查结果可知，绝大多数学生能够正确比较出元素金属性强弱，超过三分之二的学生掌握了根据化学实验事实来比较元素金属性强弱的方法。但在书写具体化学方程式时，部分学生由于对物质性质不够了解而出现错误，如化学方程式 $3Na+AlCl_3=3NaCl+Al$，该生欲用“金属钠能从金属铝的盐溶液中置换出铝单质”来说明钠的金属性强于铝。实际上，金属钠在金属盐溶液中是与水反应，置换出 H_2，并不能置换出金属单质。

2. 元素非金属性强弱比较

将学生对元素非金属性强弱比较的结果即空（2–2–3）的回答情况进行整理、统计，如表 4–21 所示。

表4–21 “元素非金属性强弱比较”调查结果

答案	F*	空白
人数	38	1
比例	97.4%	2.6%

注：“*”为正确答案。

将学生做出上述判断的依据即对空（2-2-4）回答的情况进行整理、统计，如表 4-22 所示。

表4-22　“元素非金属性强弱判断依据”调查结果

判断依据		人数	比例	
原子结构	原子半径	2	5.1%	30.8%
	得电子能力	3	7.7%	
	电负性	5	12.8%	
	极性	2	5.1%	
化学反应	非金属间的置换	4	10.3%	20.6%
	非金属单质与H_2化合的难易程度	4	10.3%	
元素周期表中非金属性递变规律		7	17.9%	
空白		12	30.8%	

基于上述调查结果可知，绝大多数学生能够正确判断元素非金属性强弱，只有极个别学生不知道如何比较元素非金属性强弱。通过分析学生判断元素非金属性强弱的依据，发现虽然学生从原子结构角度考虑的占多数，但多数学生只是单纯写出了判断依据，如“F 原子半径比 Cl 小”“电负性”等，没有进一步分析为什么原子半径小非金属性就强，如何根据电负性来判断元素非金属性等。因此大多数学生只是记住了这些规律，而没有深入理解其本质。

通过分析学生的判断依据发现有两名学生的回答为“极性强”。极性在化学中是指一个共价键或者是共价分子中电荷分布的不均匀性。一般来说，两种元素的电负性相差越大，形成的键的极性就越强。因此，极性本身并不能作为判断元素非金属性强弱的依据。学生之所以认为可以用极性来判断元素的非金属性强弱，可能是因为存在“电负性大，极性强”的错误认知。

三、金属活泼性的误概念研究

问题 2-3：请比较 Na 和 Al 的金属活泼性：Na____Al。

你的判断依据：____。

将学生对 Na 和 Al 金属活泼性比较的结果进行统计，如表 4-23 所示。

表4–23 “Na和Al金属活泼性的比较”调查结果

答案	Na＞Al*	Na=Al	Na＜Al
人数	39	0	0
比例	100%	0	0

注：“*”为正确答案。

由表 4–23 可知，对于“Na 和 Al 金属活泼性的比较”，学生的正确率为 100%。对学生的判断依据进行初步统计，发现 39 名学生中共有 14 名（即 35.9%）学生没有写出判断 Na 和 Al 金属活泼性强弱的依据。对其余（即 64.1%）学生所写的判断依据进行整理、统计，如表 4–24 所示。

表4–24 “金属活泼性强弱判断依据”调查结果

判断依据	依据出现的次数	比例
元素金属性强弱	7	15.6%
原子半径	1	2.2%
失电子能力	4	8.9%
电离能	3	6.7%
单质还原性	2	4.4%
与水（或酸）反应的剧烈程度	15	33.3%
最高价氧化物对应水化物的碱性强弱	6	13.3%
金属活动性顺序	4	8.9%
金属间的置换	2	4.4%
两种金属的保存方法	1	2.2%

由表 4–24 可知，学生主要根据金属与水（或酸）反应的剧烈程度，元素金属性强弱，元素最高价氧化物对应水化物的碱性强弱来判断金属活泼性强弱，也就是说，学生主要是从性质的角度思考。

由上述调查结果可知，学生在 Na 和 Al 金属活泼性孰强孰弱的问题上基本不存在错误的认知。有三分之一左右的学生没有写出比较依据但仍做出了正确的判断，这是由于学生在学习元素周期律之前对金属钠和铝的性质已经有了一定程度的了解，且教师在讲解金属活泼性递变规律时是以第三周期金属为例，其中就包括 Na 和 Al，因此学生即使不知道该如何判断金属活泼性强弱，也能够得出正确的结论。另外有三分之二左右的学生写出了比较金属活泼性强弱的依据，说明多数学生对于金属活泼性强弱的比较掌握得较好。对学生的判断依据进行分析，发现学生多是从宏观层面，也就是性质的角度，如金属与水（或酸）反应的剧烈程度、元素最高价氧化物对应水化物的碱性强弱等来判断，而从微观层面，如原子半径、失电子能力等判断的则较少，说明学生在学习元素周期律时更多的是对规律的识记而非深层次的理解。

从学生的判断依据中可知，有部分学生是根据电离能、元素金属性强弱来判断：电离能越小，元素金属性越强，则金属活泼性越强。这在通常情况下是可行的，但存在例外，例如，第一电离能 Li > Na，元素金属性 Li < Na，但是，金属活泼性 Li > Na。实际上，元素金属性强弱可以用电离能衡量，而金属活泼性除与电离能相关外还受其他诸多因素的影响，严格来讲，不能仅凭电离能大小来判断金属活泼性强弱。

基于上述分析，说明学生对于金属性、金属活泼性概念的区别理解得还不够透彻，容易将二者混淆。除学生的知识不全面等因素外，可能还与教师的讲解有关。教师在教授金属性概念时，并未将其与金属活泼性进行区分，而且在许多情况下，二者强弱的判断依据往往是一致的，这就导致学生容易将二者混淆。

四、元素气态氢化物稳定性的误概念研究

元素气态氢化物一般是指非金属元素形成的氢化物，是非金属以其最低化合价与氢结合的化合物，大多数非金属氢化物常温常压下通常为气态。

问题 2-4：请将 HF，H_2O，CH_4，SiH_4 四种气态氢化物按稳定性由弱到强排列：________________。请写出排列依据：________________。

将学生对上述四种气态氢化物稳定性按由弱到强排列的结果汇总至表 4-25。

表4-25 “气态氢化物稳定性比较”调查结果

编码	排列结果	人数	比例
Ⅰ	SiH_4<CH_4<H_2O<HF*	32	82.1%
Ⅱ	CH_4<SiH_4<H_2O<HF	1	2.6%
Ⅲ	SiH_4<CH_4<HF<H_2O	1	2.6%
Ⅳ	HF<H_2O<CH_4<SiH_4	2	5.1%
Ⅴ	HF<CH_4<SiH_4<H_2O	1	2.6%
Ⅵ	空白	2	5.1%

注：“*”为正确答案。

将表 4–25 绘制成柱状图，如图 4–14 所示。

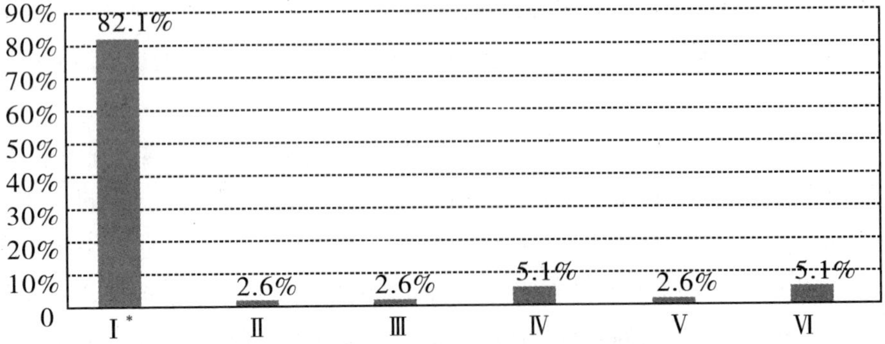

图4–14 “气态氢化物稳定性比较”调查结果

将学生形成上述排列结果的判断依据进行整理、统计，如表 4–26 所示。

表4–26 “气态氢化物稳定性强弱判断依据”调查结果

判断依据	人数	比例
电负性	4	10.3%
元素非金属性强弱	8	20.5%
气态氢化物稳定性递变规律	6	15.4%
极性强	1	2.6%
空白	20	51.3%

将学生的判断依据用柱状图呈现，如图 4–15 所示。

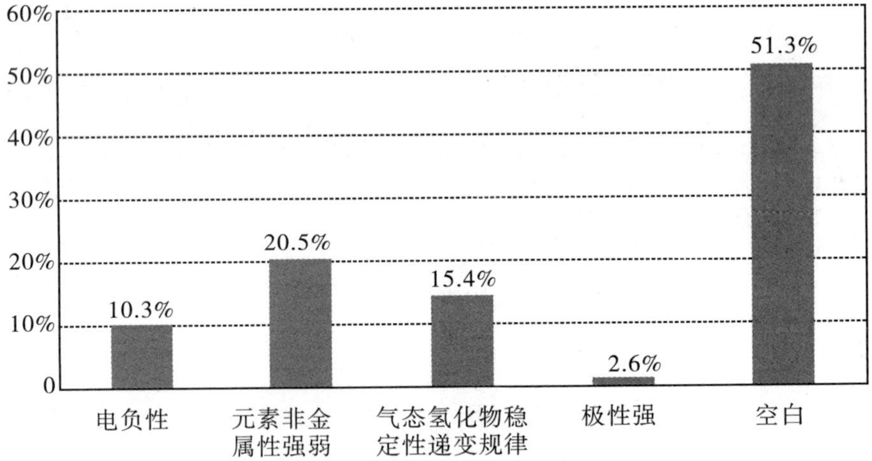

图4–15 “气态氢化物稳定性强弱判断依据”调查结果

基于上述调查结果可知，大多数学生对 HF、H_2O、CH_4、SiH_4 四种气态氢化物的稳定性强弱做出了正确的判断，但是超过半数的学生没有写出判断依据。说明部分学生并没有真正掌握判断元素气态氢化物稳定性强弱的方法，只是单纯地记住了某几种常见气态氢化物的稳定性强弱。

从原子结构的角度分析，在形成气态氢化物的过程中，非金属元素得电子。因此非金属元素的得电子能力越强，反应条件就越容易达到，形成的气态氢化物也就越稳定。由此可见，判断气态氢化物稳定性强弱，即为判断其对应元素的得电子能力强弱。但是通过判断依据可以看出，学生没有从原子结构的角度进行判断，而是通过电负性、非金属性等元素性质或者直接通过气态氢化物递变规律来判断。这和教师的教授方法存在一定关系：在教授元素周期律这部分内容时，一些教师往往过分强调规律，而忽略更加本质的原子结构，这在一定程度上弱化了学生“结构决定性质”的思想，使得学生在回答问题的过程中很少能够通过原子结构来思考物质的性质。

五、元素最高价氧化物对应水化物酸碱性的误概念研究

问题 2-5：现有部分短周期元素的性质如下表。

元素编号	元素性质或原子结构
T	无最高正化合价，最外层7个电子
X	短周期主族元素中原子半径最大
Y	第三周期元素的简单离子中半径最小
Z	原子半径在同主族最小，在气态氢化物中呈-3价

写出元素 Z 的最高价氧化物对应水化物的化学式（2-5-1），该水化物与其同主族下一个周期元素的最高价氧化物对应水化物相比（2-5-2）（酸 / 碱）性较弱的是（2-5-3）（写化学式），你的判断依据是（2-5-4）。

将学生对于元素最高价氧化物对应水化物化学式的书写结果即空（2-5-1）的填写情况汇总至表 4-27。

表4-27　空（2-5-1）调查结果

答案	HNO_3*	H_3AsO_4	空白
人数	37	1	1
比例	94.9%	2.6%	2.6%

注：“*”为正确答案，下同。

将学生对于元素最高价氧化物对应水化物酸性强弱的判断即空（2-5-3）的回

答情况进行整理、统计，如表 4–28 所示。

表 4–28 空（2–5–3）调查结果

答案	H_3PO_4*	H_3PO_3	HPO_3	H_3SbO_4	空白
人数	30	1	5	1	2
比例	76.9%	2.6%	12.8%	2.6%	5.1%

将表 4–28 中数据绘制成柱状图，如图 4–16 所示。

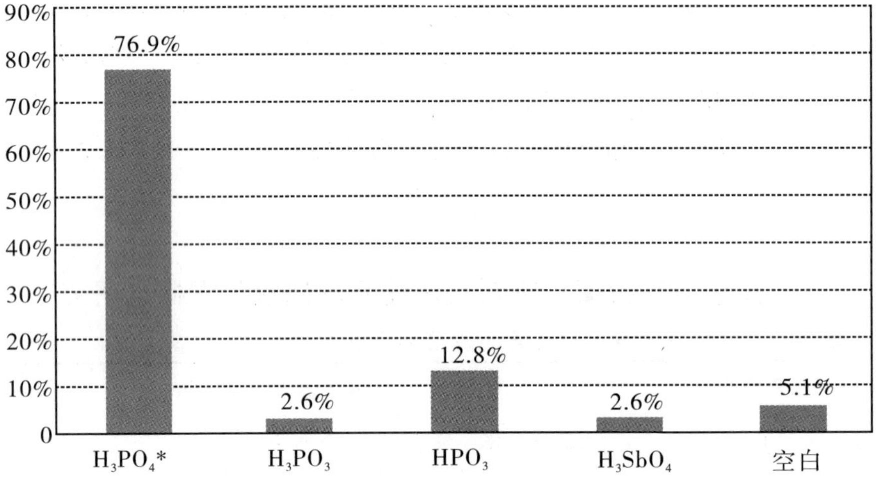

图4–16 空（2–5–3）调查结果

将学生做出上述判断的依据即空（2–5–4）的回答情况进行整理、归纳，如表 4–29 所示。

表4–29 空（2–5–4）调查结果

答案	人数	比例
离子半径	2	5.1%
元素氧化性	1	2.6%
电负性	2	5.1%
非金属性	11	28.2%
非羟基氧个数	2	5.1%
电离程度	2	5.1%
同主族元素最高价氧化物对应水化物酸性递变规律	6	15.4%
HNO_3是一元强酸，H_3PO_4是三元中强酸	2	5.1%
空白	11	28.2%

基于上述调查结果可知，绝大多数学生能够写出 N 元素最高价氧化物对应的水化物 HNO_3，对于同主族元素最高价氧化物对应水化物的酸性强弱也能够做出正确判断。但也有部分学生在元素最高价氧化物对应水化物化学式的书写上存在问题。如 P 元素最高价氧化物对应水化物应为 H_3PO_4，有 5 名（即 12.8%）学生写成了 HPO_3，有 1 名（即 2.6%）学生写成了 H_3PO_3。前者是由于学生将 P 元素类比 N 元素，而后者则可能是笔误。

对于如何判断元素最高价氧化物对应水化物酸性的强弱，有将近三分之一的学生没有写出判断依据，其余学生所写判断依据有正确的也有错误的。学生错误的认知有：（1）$r(P^{5+}) > r(N^{5+})$，所以酸性 $HNO_3 > H_3PO_4$；（2）元素氧化性越强，其最高价氧化物对应水化物的酸性越强。

学生产生上述错误认知的主要原因是由于对知识掌握不透彻，按照自己的理解想当然地对知识进行延伸和应用。

上述研究表明，学生在学习元素周期律相关知识过程中形成的误概念并不多，大多数学生对这部分知识掌握得较好。少数学生形成错误认知的原因有以下几点。

（1）对所学知识掌握不透彻

相当一部分学生在学习元素周期律时，对于知识仅仅停留在识记层面，没有深入理解其含义，知其然而不知其所以然，从而造成错误的认知。这是本研究中发现的学生产生误概念的最主要原因。

（2）进行不恰当的类比

如对于元素最高价氧化物对应水化物化学式的书写，有学生认为 N 和 P 处于同主族，性质相似，N 的最高价氧化物对应水化物为 HNO_3，因此 P 的最高价氧化物对应水化物为 HPO_3。对于第 VA 族元素而言，其最高价氧化物对应水化物的化学式通常可写为 H_3RO_4，只有 N 元素例外，因此不能将 N 元素作为类比对象。

（3）概念混淆不清

学生对概念的含义没有真正理解，从而导致与其他相似概念混淆，出现错误认知。如学生没有正确理解极性概念，认为“电负性大，极性强”，因此极性也可以用来判断元素非金属性强弱。

（4）教师教学内容、方法的影响

一些教师在教授元素周期律时，往往过于强调规律，而忽略了造成这些规律的本质原因即物质结构，这在一定程度上弱化了学生“结构决定性质”的学科思想，导致学生分析问题时难以从物质结构、微观层面入手，只能机械地运用诸如“同周期，从左到右，元素的金属性逐渐减弱；同主族，从上到下，元素的金属性逐渐增强”等规律性知识来思考问题。

第五章 氧化还原反应相关概念的认知研究

氧化还原反应（Oxidation-Reduction Reaction，也作 Redox Reaction）是化学反应前后，元素的氧化数有变化的一类反应。氧化还原反应的实质是电子的得失或共用电子对的偏移。氧化还原反应是化学反应中的三大基本反应之一，另外两个为（路易斯）酸碱反应与自由基反应[1]。自然界中的燃烧、呼吸作用、光合作用，生产生活中的化学电池、金属冶炼、火箭发射等都与氧化还原反应息息相关。氧化还原反应是化学学科知识体系中重要的核心内容之一。

18 世纪末，化学家在总结许多物质与氧的反应后，发现这类反应具有一些相似特征，提出了氧化还原反应的概念：与氧化合的反应，称为氧化反应；从含氧化合物中夺取氧的反应，称为还原反应。随着化学的发展，人们发现许多反应与经典定义上的氧化还原反应有类似特征，19 世纪随着化合价概念的提出，化合价升高的一类反应并入氧化反应，化合价降低的一类反应并入还原反应。20 世纪初，成键的电子理论被建立，于是又将失电子的反应称为氧化反应，得电子的反应称为还原反应。

1948 年，在价键理论和电负性的基础上，氧化数的概念被提出，1970 年国际纯粹与应用化学联合会对氧化数做出严格定义，氧化还原反应也得到了正式的定义：化学反应前后，

[1] 张祖德．无机化学［M］．修订版．合肥：中国科学技术大学出版社，2010.

元素的氧化数有变化的一类反应称作氧化还原反应。

本章着重探讨：

（1）学生学习氧化还原反应相关概念时存在的误概念有哪些？

（2）教学过程中进行氧化还原反应概念转变时可以使用哪些教学策略？

第一节 氧化还原反应概念的本体知识

化学概念是化学过程、化学现象的本质属性的反映，是化学思维的工具，化学学习者可以借助化学概念去理解和解释化学现象。中学化学中，凡涉及化学反应前后元素化合价变化的反应就是氧化还原反应，或者说有电子转移（得失或偏移）的反应就是氧化还原反应。

一、氧化还原反应相关概念概述

初中教材中讲述了四大基本反应，而这四大基本反应和氧化还原反应的分类方法不同，四大基本反应是利用原子在化学反应前后物质重新组合方式的不同来进行分类；而氧化还原反应则是利用化学变化过程中是否有电子转移（得失或偏移）来进行分类。后者更能揭示反应的本质。

18 世纪末，人们把与氧化合的反应叫作氧化反应，把从氧化物中夺取氧的反应叫作还原反应。19 世纪中期，出现了化合价的概念，人们把化合价升高的过程叫被氧化，化合价降低的过程叫被还原。到了 20 世纪初，建立了化合价的电子理论，人们把失电子的过程叫被氧化，得电子的过程叫被还原。总之，同一反应中，氧化和还原是同时进行的。

氧化还原反应包含诸多子概念，例如：化合价、氧化数、电子转移、氧化反应、还原反应、氧化还原反应、非氧化还原反应、被氧化、被还原、氧化剂、还原剂、氧化产物、还原产物等。

氧化还原反应前后，元素的氧化数发生变化。根据氧化数的升高或降低，可以将氧化还原反应拆分成两个半反应：氧化数升高的半反应，称为氧化反应；氧化数降低的半反应，称为还原反应。氧化反应与还原反应是相互依存的，不能独立存在，它们共同组成氧化还原反应。

氧化还原反应中，发生氧化反应的物质，称为还原剂，生成的产物称为氧化产物；发生还原反应的物质，称为氧化剂，生成的产物称为还原产物。氧化产物具有氧化性，但弱于氧化剂；还原产物具有还原性，但弱于还原剂。

国际纯粹与应用化学联合会（International Union of Pure and Applied Chemistry，简称 IUPAC）定义化合价：化合价（Valence，Valency Number）是一种元素的性质，它决定了该元素的一个原子与其他原子化合的能力，是某种元素的原子在形成化学键得失电子或生成共用电子对的数目。

国际纯粹与应用化学联合会（IUPAC）定义氧化数：氧化数（Oxidation Number）又叫氧化态（Oxidation State），氧化数是某元素一个原子的电荷数，这种电荷数由假设把每个键中的电子指定给电负性更大的原子而求得。定性规则如下：

（1）在离子化合物中，元素原子的氧化数就等于该原子的离子的电荷数。

（2）在共价化合物中，把两个原子共用电子对指定给电负性较大的原子后，而在两个原子中留下的电荷数，就是它们的氧化数。

（3）在单质中元素原子的氧化数等于零。

（4）在分子（离子）中各元素原子的氧化数（或所带的电荷数）之和等于零。

化合价和氧化数是不同的，主要区别有以下几点。

（1）含义不同。化合价反映出形成化学键的能力，而氧化数是化合物中某元素原子所带形式电荷的数值。

（2）所用的数字范围不同。化合价表示键数，因此只能是不为零的整数，取整数（1~7），如 Fe_3O_4 中 Fe 的化合价为 +2 和 +3，氧化数可以取零、分数或整数，如 Fe_3O_4 的氧化数为 +8/3。

（3）适用范围不同。氧化数可用于定义氧化剂、还原剂及氧化还原反应，配平氧化还原反应方程式，计算氧化还原物质的量；化合价的定义适用于分子间的相互作用研究、有机化合物研究、金属有机化合物研究、原子簇（硼、金属等）化合物研究、生物化学领域等。

中学阶段学习的化合价概念其本质就是氧化数概念的内涵。

在中学化学教材里，初中阶段是从“得氧失氧”的角度来学习氧化还原反应，定义为“凡是化学反应前后有元素得氧或失氧的反应就是氧化还原反应”，例如 $CuO+CO=Cu+CO_2$，在这个反应中 CO 得到氧，被氧化，发生了氧化反应，作还原剂；CuO 失去氧，被还原，发生了还原反应，作氧化剂。

高中阶段，先通过“化合价升降”的角度来学习氧化还原反应，定义为“凡是化学反应前后有元素化合价升降的反应就是氧化还原反应”，例如化学反应 $Fe+2HCl=FeCl_2+H_2\uparrow$ 没有得氧和失氧的情况，但它仍是一个氧化还原反应，突出初中氧化还原反应定义的局限性。再通过“电子转移”的角度来学习氧化还原反应，定义为“凡是化学反应前后有元素发生电子转移的反应就是氧化还原反应”。化学反应前后元素失去电子，化合价升高，被氧化，发生氧化反应，作还原剂，具有还原性，生成氧化产物;得到电子，化合价降低，被还原，发生还原反应，作氧化剂，具有氧化性，生成还原产物。相关概念的关系如图 5-1 所示。

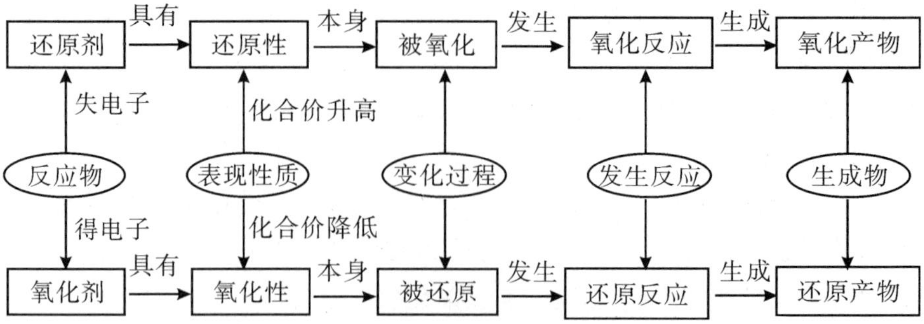

图 5–1　氧化还原反应相关概念关系图

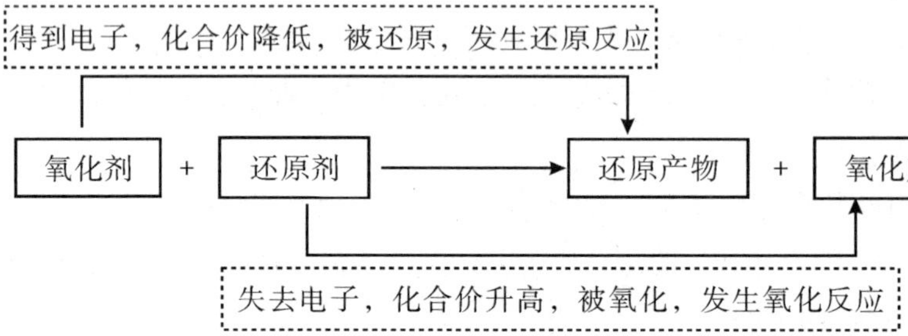

图 5–2　氧化还原反应本质

中学化学教材里对氧化还原反应相关概念的定义是从三个角度定义的，演变过程是：从得氧失氧的角度→从化合价升降的角度（特征）→从电子转移的角度（本质）。如表 5–1 所示。

表 5–1　“氧化还原反应”相关概念的演变

概念	从得氧失氧的角度	从化合价升降的角度	从电子转移的角度
氧化还原反应	凡是化学反应前后有元素得氧或失氧的反应	凡是化学反应前后有元素化合价升降的反应	凡是化学反应前后有元素发生电子转移的反应
氧化反应	得到氧的反应	化合价升高的反应	失去电子的反应
还原反应	失去氧的反应	化合价降低的反应	得到电子的反应
被氧化	得到氧的过程	化合价升高的过程	失去电子的过程
被还原	失去氧的过程	化合价降低的过程	得到电子的过程
氧化剂	失去氧的反应物	化合价降低的反应物	得到电子的反应物
还原剂	得到氧的反应物	化合价升高的反应物	失去电子的反应物

二、基于误概念的教学研究

氧化还原反应贯穿整个初、高中阶段的化学课程，它虽然没有以一个固定的专题体现在教材中，但是氧化还原反应的知识却渗透在整套教材中。从初中阶段从得氧失氧角度认识氧化还原反应，到高中阶段从化合价变化和电子转移角度理解氧化还原反应的本质，再到结合金属的性质设计对氧化还原反应的巩固，在高二年级又从有机化学接触到氧化还原反应，选修教材电化学部分，原电池和电解池的化学反应本质也涉及氧化还原反应。这部分内容对于刚开始学习的学生而言是比较抽象和难以理解的化学概念知识，学生在学习的过程中会产生很多错误的概念。所以就有一些研究者去探究学生头脑中有关氧化还原反应的误概念。在这方面丁伟等[1]采用自编氧化还原概念测试对高一年级学生进行宏观问卷调查，并结合个别访谈进行分析，发现学生主要在以下方面产生误概念。

（1）氧化还原反应的本质特征。

（2）参加氧化还原反应的物质种类。

（3）氧化还原反应中元素化合价判定。

（4）氧化性和还原性强弱判定。

化学教学中利用误概念来建构学科知识，是一种很有价值的教学资源，也是一种行之有效的教学途径。

波斯纳（G. J. Posner）等[2]提出的概念转变模型，在科学教育领域产生了很大的影响。他们认为，学生原有的概念要发生转变必须满足四个条件：一是对原有概念的不满意，当学生发现自己的前概念发生了错误，他们将改变原有概念，转向新概念；二是新概念的可理解性，学生需要真正理解新概念，才能将新概念的片段联系起来；三是新概念的合理性，新概念需要合理，才能被学生长久地接纳；四是新概念的有效性，只有新概念有价值，能解决原有概念无法解决的问题，才能被学生更好地保留。

丁伟等[3]以氧化还原反应作为一个代表性内容研究学生化学概念的认知发展情况，自编工具考查不同性别和学业水平的学生对高中化学概念的认知差异，寻找概念形成过程中的认知特点，分析和探讨产生认知差异的原因。研究得出，促进教师在教育实践中进行有效教学的几个关键行为有：清晰授课、多样化教学、引导学生自主学习和引导学生投入任务学习过程。

丁伟[4]通过氧化还原反应相关概念的内部表征的研究，得出氧化还原反应相关

[1] 丁伟，李秀滋，王祖浩．氧化还原反应误概念研究［J］．化学教学，2006（10）：16-19.

[2] POSNER G J, STRIKE K A, HEWSON P W, et al．Accommodation of a scientific conception：toward a theory of conceptual change［J］．Science Education，1982，66（2）：211-227.

[3] 丁伟，王祖浩．高中化学概念学习的认知研究［J］．上海教育科研，2007（4）：88-90.

[4] 丁伟．氧化还原反应相关概念内部表征的研究［D］．上海：华东师范大学，2008.

概念内部表征的形式有语言符号（语言描述、命题网络和隐喻）表征和知觉符号（表象、图表、原型和样例）表征；理解氧化还原反应相关概念的实质是概念多重内部表征的建立，是概念多重表征形式捆绑式长期记忆。

氧化还原反应相关概念易混淆，要想真正理解概念，还需要后期不断地运用氧化还原反应理论知识来解决实际问题，需要反复地利用习题、讨论交流来巩固相关概念，从而深化对概念的理解。

第二节　氧化还原反应误概念的研究

一、研究的问题与方案

基于文献研究，采用调查问卷、访谈、个案研究等研究方法，探讨学生学习氧化还原反应相关概念过程中存在哪些误概念。

具体的研究方案设计如下。

1. 调查工具

自编氧化还原反应概念测验，旨在探查学生头脑中氧化还原反应相关概念的误概念。

基于高中一年级第一学期《化学》(试用本)(上海科学技术出版社，2007)和《上海市中学化学课程标准(试行稿)》，自编了氧化还原反应概念测验调查问卷，再请专家讨论修改，形成最终可行的氧化还原反应概念测验作为误概念的调查问卷。

问卷涉及的题目包含的知识点有：氧化还原反应特征，氧化还原反应与四大反应间的关系，氧化性和还原性强弱比较，同一种物质可以表现出多种性质，氧化还原反应概念间的关系，氧化还原反应中电子守恒，用单线桥法表示氧化还原反应等7项。考查的氧化还原反应核心概念有：氧化还原反应、氧化剂、还原剂、氧化性、还原性、被氧化、被还原和化合价。如图5–3所示。

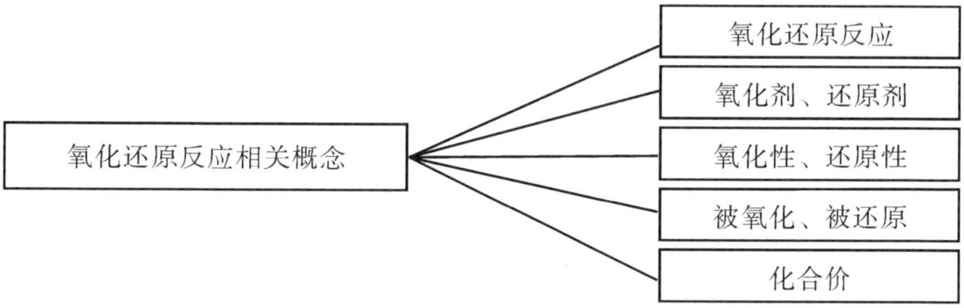

图5–3　问卷调查的概念

问卷中每道题目以二段式呈现，其中第一段是问题，第二段是请学生陈述其回答该问题的原因或详细过程。

2. 调查过程

在高一年级第一学期学习了第二单元“开发海水中的卤素资源”的第三节“从海水中提取溴和碘”(含氧化还原反应)知识之后，用自编氧化还原反应概念测验对高一年级学生按照统一要求进行测试，时间为 30 分钟。

3. 样本与数据处理

选择某高中一年级学生 80 人为研究对象，获得有效问卷 80 份。

对 80 份问卷进行逐一评估，并对数据进行统计处理和分析。

4. 个别访谈

根据测试的结果，选择通过率（$通过率=\frac{回答正确人数}{总人数}\times 100\%$）小于 80% 的测试题目，对回答错误的学生进行个别访谈研究，深度了解学生的误概念。

5. 误概念成因分析

根据提取出来的氧化还原反应误概念，探究和分析误概念的形成原因。

二、误概念的研究

1. 氧化还原反应误概念研究

（1）在“氧化还原反应特征”上产生的误概念

题目 1–1 下列化学反应属于氧化还原反应的是（　　）。

A. $K_2SO_3+H_2SO_4=K_2SO_4+SO_2\uparrow+H_2O$

B. $2O_3=3O_2$

C. $NH_4HSO_3=NH_3\uparrow+SO_2\uparrow+H_2O$

D. $NH_4NO_3=N_2O\uparrow+2H_2O$

题目 1–2 请给出你的理由____________________________________。

学生在该题目上的通过率是 65%（选项 D 正确），即有 35% 的学生回答错误，其中 14% 选择 A，18% 选择 B，3% 选择 C。如图 5–4 所示。（注：“*”表示该选项为正确答案，下同。）

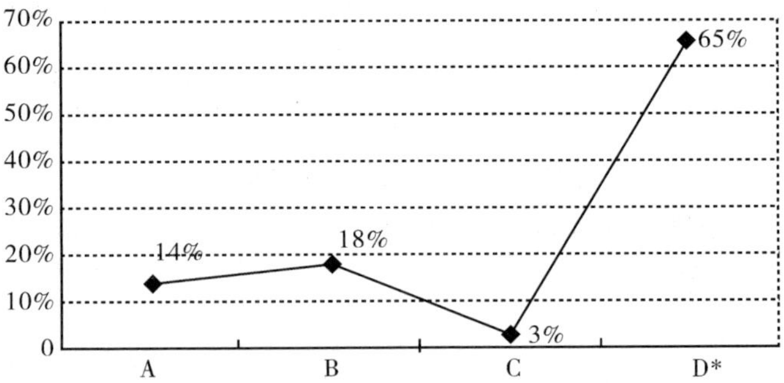

图 5–4 测验题目 1–1 的 4 个选项的选择百分率

回答错误的学生认为：A 中产物有 SO_2，说明反应物中 H_2SO_4 是浓硫酸，浓 H_2SO_4 具有强氧化性，它参加反应时肯定是强氧化剂，发生的是氧化还原反应，也有学生认为 S 元素在反应物 H_2SO_4 中是 +6 价，在生成物 SO_2 中是 +4 价，同种元素化合价发生了变化，故是氧化还原反应；B 中反应物和生成物都有单质，有单质参加或单质生成的反应一定是氧化还原反应；D 中反应物只有一种，氧化还原反应中既要有氧化剂，又要有还原剂，那么最少要有两种反应物。

误概念 1：只要有氧化性物质参加的化学反应就是氧化还原反应。

科学概念：有氧化性物质参加的化学反应不一定是氧化还原反应。

误概念 2：有单质参加或单质生成的化学反应一定是氧化还原反应。

科学概念：有单质参加的化合反应或者有单质生成的分解反应一定是氧化还原反应。

误概念 3：氧化还原反应的反应物至少要有两种。

科学概念：氧化还原反应的反应物至少有一种。

关于误概念 1，学生在学习浓硫酸的化学性质时，记住了浓硫酸具有强氧化性，发生反应时一般会被还原成 SO_2，所以不假思索就选了这个选项，没有注意到浓硫酸在写化学式时要加上“浓”字，否则就认为是稀硫酸。同时，反应物有SO_3^{2-}，也会产生 SO_2。这反映了学生死记硬背，不会灵活应用知识的缺点。另外学生没有真正明白氧化还原反应的特征——反应前后有元素化合价变化。反应物 H_2SO_4 中 +6 价 S 的化合价在反应前后并没有变化，只是与 K^+ 结合，生成了 K_2SO_4；而生成物 SO_2 中 +4 价的 S 来自反应物 K_2SO_3，这就是一个复分解反应，不存在化合价变化。

关于误概念 2，学生认为有单质参加或生成的化学反应就一定是氧化还原反应，忘记了前提是“有单质参加的化合反应或者有单质生成的分解反应”。另外我们判断一个化学反应是否是氧化还原反应的依据是同种元素反应前后化合价是否变化，而不是有没有单质。

关于误概念 3，虽然学生似乎记住了“得到电子，化合价降低，作氧化剂；失去电子，化合价升高，作还原剂”和氧化还原反应一般反应特点——氧化剂 + 还原剂→还原产物 + 氧化产物，但是并没透彻理解其含义，误以为氧化剂是一种物质，还原剂是另一种物质，同一物质只能作氧化剂或还原剂的一种。

总之，学生是没有完全理解氧化还原反应的特征，没有真正学会利用“同种元素反应前后化合价是否变化”来作为氧化还原反应的判断依据，没有将其纳入自己的知识结构。

（2）在氧化还原反应与四大基本反应间的关系上产生的误概念

题目 2–1　下列说法正确的是（　　）。

A. 分解反应属于氧化还原反应

B. 化合反应一定是氧化还原反应

C. 没有化合价变化的反应不一定是复分解反应

D. 有化合价变化的反应一定是置换反应

题目 2–2　请给出你的理由＿＿＿＿＿＿＿＿＿＿＿＿＿＿＿＿＿＿。

学生在该题目上的通过率是 74%（C 项正确），即有 26% 的学生回答错误，其中 14% 选择 A，9% 选择 B，3% 选择 D。如图 5–5 所示。

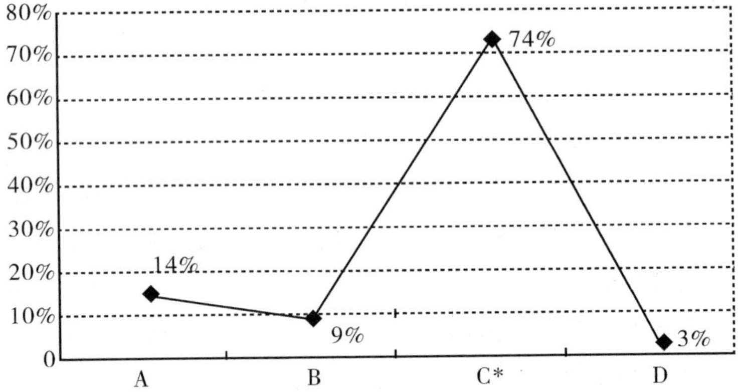

图 5–5　测验题目 2–1 的 4 个选项的选择百分率

在随后的访谈调查中，学生说初中学到的 $KClO_3$、H_2O_2 等分解反应都是氧化还原反应，所以就选择了 A；初三学到的化合反应一般都是与氧气的反应，而且与氧气的反应都是氧化反应，所以就选择 B；复分解反应 $Na_2SO_3+H_2SO_4 \rightarrow Na_2SO_4+SO_2\uparrow+H_2O$，S 的化合价在 H_2SO_4 中是 +6 价，而在 SO_2 中是 +4 价，有元素化合价发生了变化，所以认为 C 不正确。

误概念 4：化合反应一定是氧化还原反应。

科学概念：化合反应不一定是氧化还原反应。

误概念 5：分解反应一定是氧化还原反应。

科学概念：分解反应不一定是氧化还原反应。

误概念 6：复分解反应有可能是氧化还原反应。

科学概念：复分解反应一定不是氧化还原反应。

学生在辨析氧化还原反应与四大基本反应间的关系时，严重受到初三化学知识的禁锢，列举化学反应方程式时没有考虑全面，例如化合反应 $CaO+H_2O=Ca(OH)_2$，

分解反应 $CaCO_3$=CaO+CO_2↑，它们就不是氧化还原反应，复分解反应也叫离子交换反应，仅仅是交换并没有化合价变化。这些问题实质在于学生对知识的理解具有局限性。

2. 氧化性和还原性误概念研究

题目 3–1　下列物质氧化性最强的是（　　）。

A. HCl　　B. HClO　　C. $HClO_3$　　D. $HClO_4$

题目 3–2　请给出你的理由________________。

题目 4–1　下列化学反应（未配平）书写正确的是（　　）。

［已知氧化性强弱关系：$Cl_2 > Br_2 > Fe^{3+} > I_2$；$H_2SO_4$（浓）> SO_2］

A. H_2SO_4（浓）+S → SO_2↑+H_2S↑　　B. Fe+Cl_2 → $FeCl_3$

C. Fe+Br_2 → $FeBr_2$　　D. Fe+I_2 → FeI_3

题目 4–2　请给出你的理由________________。

题目 5　"Na 在反应中容易失去一个 e^-，而 Al 在反应中会失去 $3e^-$，所以 Al 的还原性比钠的强"，这句话的说法对吗？"S 在反应中得 $2e^-$ 后变成 S^{2-}，而 Cl 原子得 e^- 变成 Cl^-，所以 S 的氧化性强于 Cl_2"，这句话的说法对吗？为什么？

学生在题目 3 上的通过率是 34%（选项 B 正确），即有 66% 的学生回答错误，其中 46% 的学生选择 D。

学生在题目 4 上的通过率是 56%（选项 D 正确），即有 44% 的学生回答错误，其中 30% 的学生选择 A，8% 选择 C，6% 选择 B。

学生在题目 5 上的通过率为 79%，即有 21% 的学生不能完全正确地回答该问题，测试结果显示学生不能解释原因。

在随后的访谈过程中，得知学生学习并记得"化合价越高，氧化性越强"，所以在题目 3 中，Cl 元素的化合价依次是 –1、+1、+5、+7，所以选择 D。题目 4，已知氧化性强弱关系为 $Cl_2 > Br_2 > Fe^{3+} > I_2$ 和 H_2SO_4（浓）> SO_2，又根据氧化剂氧化性大于氧化产物氧化性，H_2SO_4（浓）具有氧化性，S 具有还原性，所以选择 A。也有学生觉得四个选项都是正确的，反应物都是氧化性物质和还原性物质，故都能发生氧化还原反应，只好胡乱猜测一个答案。题目 5，有的学生就认为失去电子越多，说明该物质还原性越强，得到电子越多，说明氧化性越强，只是常规训练中题目练习久了，会知道一般思考类问题处理的规律，即所给的答案都是不对，所以就答不对，但是为什么，自己也不知道。

误概念 7：同种元素化合价越高，物质氧化性一定越强。

科学概念：同种元素化合价越高，物质氧化性不一定越强。

误概念 8：氧化性物质和还原性物质放在一起，肯定能发生氧化还原反应。

科学概念：氧化性物质和还原性物质放在一起，不一定能发生氧化还原反应。

误概念 9：某一元素的原子在反应中得到电子越多，其氧化性就越强；失去电子越多，其还原性就越强。

科学概念：某一元素的原子在反应中越容易得到电子，其氧化性越强；越容易失去电子，其还原性越强。

学生在比较物质氧化性和还原性强弱方面，显得很薄弱，不能正确获取题目上的信息，甚至被题目信息的提示干扰；不能够进行正确的递推式思考，没有形成正确的思维程序来思考这类问题。

学生处理题目 3 时，常常被化学中的一般规律禁锢，没有想到特殊情况。通常老师会说一般元素化合价越高，其氧化性越强，但是 Cl 元素由于自身结构的特殊性，氧化性强弱的顺序是 $HClO > HClO_3 > HClO_4$。学生犯错完全是照搬老师讲的"普遍规律"。

题目 4 应该按照"氧化剂的氧化性＞氧化产物的氧化性，还原剂的还原性＞还原产物的还原性"进行处理。例如，$2FeCl_3+2KI=2FeCl_2+2KCl+I_2$，则氧化性，$Fe^{3+} > I_2$；还原性，$I^- > Fe^{2+}$。另外 H_2SO_4（浓）和 S 作为反应物，属于同种元素间的氧化还原反应，二者要发生化学反应，必须存在中间价态，即 H_2SO_4（浓）中 +6 价的 S 元素和 0 价的单质硫发生化学反应，产物 S 的价态只能在 0 价和 +6 价之间，不能超出范围，即同种元素间氧化还原反应：氧化剂元素化合价降低的价态＞还原剂该元素的价态；还原剂元素化合价升高的价态＜氧化剂该元素的价态。化合价不能交叉，故$H_2\overset{+6}{S}O_4$（浓）$+\overset{0}{S} \rightarrow \overset{+4}{S}O_2\uparrow +H_2O$。

题目 5，学生认为氧化性和还原性强弱与得失电子的数目有关，应该是将得失电子的难易程度与得失电子的数目混淆，我们说"越容易得到电子，氧化性越强；越容易失去电子，还原性越强"。

总之，学生没有准确掌握氧化性和还原性的判断标准知识，没有形成运用知识来推理的能力。

3. 被氧化和被还原误概念研究

题目 6–1 化学反应 $KMnO_4+HBr \rightarrow Br_2+MnBr_2+KBr+H_2O$，若消耗 0.1mol 氧化剂，被氧化的还原剂的物质的量是______mol。

题目 6–2 请给出你的计算过程______________________________。

学生在题目 6 上的通过率是 72%，即有 28% 的学生不能正确完成该题目。测试结果显示，学生能够判断出 HBr 是还原剂，但是他们把被氧化的 HBr 的物质的量算成了参加反应的 HBr 的物质的量。

在随后的个别访谈过程中，得知学生是将氧化还原反应 $2KMnO_4+16HBr=5Br_2+2MnBr_2+2KBr+8H_2O$ 配平后，根据各物质的计量关系，直接列出关系式 $\frac{2}{0.1}=\frac{16}{x}$，计算出 x。这部分学生误认为参加反应的 HBr 全部被还原。

误概念 10：氧化还原反应中反应物全部被还原或是被氧化。

科学概念：氧化还原反应中反应物可以一部分被还原或是被氧化，另一部分充当酸性介质。

在氧化还原反应中，有些反应物不仅表现出氧化性或是还原性，还可能会表现出酸性。在题目 6 的氧化还原反应中，HBr 一部分表现还原性，一部分作为酸性介质。除 HBr 外，浓硫酸也会有这样的性质，例如 $2H_2SO_4$（浓）$+Cu=CuSO_4+2H_2O+SO_2\uparrow$ 中，浓硫酸既表现出氧化性，又表现出酸性。学生在做这类题目时，就只看到氧化性或是还原性，没有注意到它还表现出酸性，误认为在氧化还原反应中，反应物一定是会全部被还原或者是被氧化。

4. 氧化剂和还原剂误概念研究

题目 7　分析 $3S+6KOH=2K_2S+K_2SO_3+3H_2O$ 氧化还原反应，标出氧化剂、还原剂、氧化产物、还原产物，并用单线桥表示电子转移数目和方向。请给出你的解题过程______________________________。

学生在题目 7 上的通过率是 64%，即有 36% 的学生不能正确完成该题目。测试结果显示，学生无法辨别反应中的氧化剂和还原剂。

在随后的访谈过程中，很多学生反映题目 7 本身有问题。在氧化还原反应中的反应物不是氧化剂就是还原剂，根据化合价变化能够找到氧化剂和还原剂，但是题目 7 中的氧化剂和还原剂竟然就是同一种物质，同一种元素，那电子要怎么转移，自己把电子给自己吗？ KOH 在这里起到什么作用？

误概念 11：在氧化还原反应中，反应物不是氧化剂就是还原剂。

科学概念：在氧化还原反应中，反应物可以不作氧化剂或还原剂。

回答题目 7 时，学生虽然知道氧化还原反应的特征是化合价变化，根据化合价变化找出氧化剂和还原剂，再根据氧化剂→还原产物，还原剂→氧化产物，找出氧化产物和还原产物，但是氧化剂和还原剂是同一种物质，那么反应物中的另一种物质的作用是什么呢？并且还要标出电子转移，学生束手无策。而且学生被思维定式所禁锢，自认为在氧化还原反应中的反应物不是氧化剂就是还原剂。

5. 化合价误概念研究

分析下列氧化还原反应，标出氧化剂、还原剂、氧化产物、还原产物，并用单线桥表示电子转移数目和方向。

题目 8–1 $4FeS_2+11O_2=2Fe_2O_3+8SO_2$

题目 8–2 请给出你的解题过程________________________________。

题目 9–1 $2AsH_3+12AgNO_3+3H_2O=As_2O_3+12Ag+12HNO_3$

题目 9–2 请给出你的解题过程________________________________。

学生在题目 8 上的通过率是 56%，即有 44% 的学生不能正确完成该题目。测试结果显示，学生不能准确找出反应前后化合价变化的元素。

学生在题目 9 上的通过率是 67%，即有 33% 的学生不能正确完成该题目。测试结果显示，学生把该化学反应电子转移的方向和数目标错。

在随后的访谈过程中，很多学生反映题目 8 有问题，化合价变化的元素竟然有 3 种，他们只见过 2 种或者 1 种的，3 种要怎么标电子转移，无法应对，只好胡乱标出。

在题目 9 中，学生不知道 As 元素的化合价，以为化合物中金属元素的化合价都是正化合价，变价的元素是 H 和 Ag；也有些学生认为分子式中左侧元素都表现为正化合价，右侧元素都表现为负化合价，变价的元素是 H 和 Ag。从而把该化学反应电子转移的方向和数目标错。

误概念 12：氧化还原反应中最多只有两种元素的化合价改变。

科学概念：氧化还原反应中可以有多种元素化合价改变。

误概念 13：化合物中金属元素的化合价都是正化合价。

科学概念：化合物中金属元素的化合价不都是正化合价。

误概念 14：分子式中左侧元素都表现为正价态，右侧元素都表现为负价态。

科学概念：分子式中左侧元素不都表现为正价态，右侧元素也不都表现为负价态。

题目 8，学生虽然找到了化合价发生变化的元素，但是出现了 3 种化合价变化的元素，标出哪两种，怎么标？学生自认为氧化还原反应中最多只有两种元素的化合价改变。

题目 9，学生根据以往的经验，即化合物中金属元素的化合价都是正化合价，分子式中左侧元素都表现为正价态，右侧元素都表现为负价态，进行判断，把 AsH_3 中的 As 误以为是 +3 价，从而认为变价的元素是 H 和 Ag，找错了变价的元素，自然电子转移数目和方向也就出错。

总之，这些学生在学习概念的时候多是死记硬背，没有灵活应用，不能进行迁移。

三、结论

基于对氧化还原反应误概念的调查，采用问卷调查、访谈等研究方法，总结出14条学生在理解氧化还原反应、氧化性、还原性、氧化剂、还原剂、被氧化、被还原和化合价等概念时存在的误概念。

（1）只要有氧化性物质参加的化学反应就是氧化还原反应。

（2）有单质参加或单质生成的化学反应一定是氧化还原反应。

（3）氧化还原反应的反应物至少要有两种。

（4）化合反应一定是氧化还原反应。

（5）分解反应一定是氧化还原反应。

（6）复分解反应有可能是氧化还原反应。

（7）同种元素化合价越高，物质氧化性一定越强。

（8）氧化性物质和还原性物质放在一起，肯定能发生氧化还原反应。

（9）某一元素的原子在反应中得到电子越多，其氧化性就越强;失去电子越多，其还原性就越强。

（10）氧化还原反应中反应物全部被还原或是被氧化。

（11）在氧化还原反应中，反应物不是氧化剂就是还原剂。

（12）氧化还原反应中最多只有两种元素的化合价改变。

（13）化合物中金属元素的化合价都是正化合价。

（14）分子式中左侧元素都表现为正价态，右侧元素都表现为负价态。

学生在学习氧化还原反应相关概念的过程中，还有很多误概念有待探究。研究表明，这些误概念形成的主要原因有：学生没有理解概念的内涵；学生无法建立概念间的联系；教师对概念的理解不充分，讲授不全面。

第三节　氧化还原反应概念转变的研究

针对误概念的调查结果，怎样进行概念转变呢？本节基于专家咨询、调查访谈和课堂观察等研究方法，探讨有关氧化还原反应误概念的有效转变策略。

自编氧化还原反应概念转变访谈提纲，据此研究氧化还原反应相关概念的优秀教学课例，并咨询访谈大学化学专业教师，旨在探讨如何做好氧化还原反应相关概念转变，得出氧化还原反应相关误概念转变为科学概念的教学策略。

一、概念转变的类比策略

基于误概念 1 “只要有氧化性物质参加的化学反应就是氧化还原反应”，误概念 13 “化合物中金属元素的化合价都是正化合价”，误概念 14 “分子式中左侧元素都表现为正价态，右侧元素都表现为负价态”，研究了一个有效促进学生概念转变的教学片段。

“氧化还原反应习题课”教学片段

【教师】我们已经学习了氧化还原反应相关概念的理论知识，接下来完成下面的练习。

【问题1】下列哪些反应属于氧化还原反应?

（1）$K_2SO_3+H_2SO_4=K_2SO_4+SO_2\uparrow+H_2O$

（2）$2NaCl(s)+H_2SO_4$(浓)$=Na_2SO_4+2HCl\uparrow$

（3）$C+2H_2SO_4$(浓)$=CO_2\uparrow+2SO_2\uparrow+2H_2O$

（4）$Cu+2H_2SO_4$(浓)$=CuSO_4+SO_2\uparrow+2H_2O$

【学生】（1）是复分解反应，（2)(3)(4）都是氧化还原反应。

【教师】上述题目，体现出硫酸具有怎样的性质?

【学生】（1）体现的是稀硫酸的酸性；（2）体现的是浓硫酸的酸性；（3）体现的是浓硫酸的氧化性；（4）既体现出浓硫酸的氧化性又体现出浓硫酸的酸性。

【教师】从以上4道题中可以得出浓硫酸具有氧化性，但是有它参与的反应不一定就是氧化还原反应。接下来完成问题2。

【问题2】指出下列氧化还原反应的氧化剂、还原剂、氧化产物和还原产物。

（1）$4NH_3+5O_2=4NO+6H_2O$

（2）$2AsH_3+12AgNO_3+3H_2O=As_2O_3+12Ag+12HNO_3$

【教师】对于AsH_3，大家不是很熟悉，可以通过NH_3中各元素的化合价类推AsH_3中各元素的化合价。
【学生】（1）氧化剂是O_2，还原剂是NH_3，氧化产物是NO，发生还原反应的是H_2O和NO；（2）氧化剂是$AgNO_3$，还原剂是AsH_3，氧化产物是As_2O_3，发生还原反应的是Ag。
【教师】说明化合物中金属元素的化合价不都是正化合价；分子式中左侧元素不都表现为正价态，右侧元素也不都表现为负价态。接下来完成问题3。
【问题3】一定条件下，碘单质与砹单质以等物质的量进行反应可得AtI，它与Zn、NH_3都能发生反应，化学方程式分别如下：$2AtI+2Zn=ZnI_2+ZnAt_2$，$AtI+2NH_3(l)=NH_4I+NH_2At$。则下列说法正确的是（　　）。
A. ZnI_2既是氧化产物，又是还原产物
B. $ZnAt_2$既是氧化产物，又是还原产物
C. AtI与液氨反应，AtI既是氧化产物，又是还原产物
D. AtI与液氨反应，是自身氧化还原反应
【教师】NH_2At中At显+1价，AtI与液氨反应可类比IBr与H_2O的反应$IBr+H_2O=HBr+HIO$，还可以类比Cl_2与H_2O的反应$Cl_2+H_2O=HCl+HClO$。

基于上述教学片段，访谈了一些听课学生，下面是部分学生的看法。

学生 A：“学习了浓硫酸的性质后，本以为只要看见生成物中有SO_2，那么就可判断浓硫酸表现出氧化性。但是在问题 1 中发现浓硫酸参加反应时，不一定就是氧化还原反应，这道题目还涉及稀硫酸，硫酸在书写时如果没有标出‘浓’就认为是稀硫酸，稀硫酸不具有氧化性。这种题型可以清晰地将稀硫酸和浓硫酸的性质区分开。”

学生 B：“AsH_3是没有接触过的物质，很难判断其元素化合价，但是把它和NH_3放在一起学习，就很容易判断出各元素的化合价，而且知道金属元素也可能显负价态。”

学生 C：“AtI 这种物质也是我们不熟悉的，在已知的反应 $2AtI+2Zn=ZnI_2+ZnAt_2$ 和 $AtI+2NH_3(l)=NH_4I+NH_2At$ 中知道化学式左边的元素也可以显示负价态。”

通过稀硫酸的性质去类比浓硫酸的性质，虽然浓硫酸具有稀硫酸的酸性，但是浓硫酸又有其特殊的氧化性。在化学反应中浓硫酸既可以表现酸性，也可以表现氧化性，所以并不是只要有氧化性物质参加的化学反应就是氧化还原反应。

大多数物质的书写习惯是分子式中左侧元素都表现为正价态，右侧元素都表现为负价态，一般化合物中金属元素的化合价都是正化合价，但是并不是所有的物质都符合这一规则。在讲述AsH_3各元素化合价时，就可以类比第五主族的其他

元素的氢化物，如 NH_3、PH_3 等，左侧元素都表现为负价态，另外还有 CH_4、SiH_4、CCl_4 也有此书写习惯。这些化合物中左侧元素都是负价态，让学生认识到某些化合物的书写规则存在特例。这种从熟悉的元素类推到不熟悉的元素的策略，对今后学习元素周期律的知识具有很大帮助。

研究分析认为，该教学片段主要利用了类比的教学策略。类比是抓住题目所给信息，展开联想，根据“此”对象在形式和内容上的特征，想象出与“此”关联的“彼”对象。类比常常具有启发思路、提供线索、以旧带新、触类旁通的作用。在实际解题中类比可将表面上看起来不相干的事物联系起来，进而产生新信息、新思路，发现新规律，最终解决问题。

类比，是将两种物质进行比较，在比较的基础上类推，把某种物质的有关性质类推到另一种物质中。在这一过程中物质间可能会出现矛盾，与以往的认知结构产生冲突。教师要充分利用冲突，讲述特殊情况，将学生产生的错误理解加以纠正，转变为科学概念。

对于概念转变的类比策略，一般可采取的思路如图 5–6 所示。

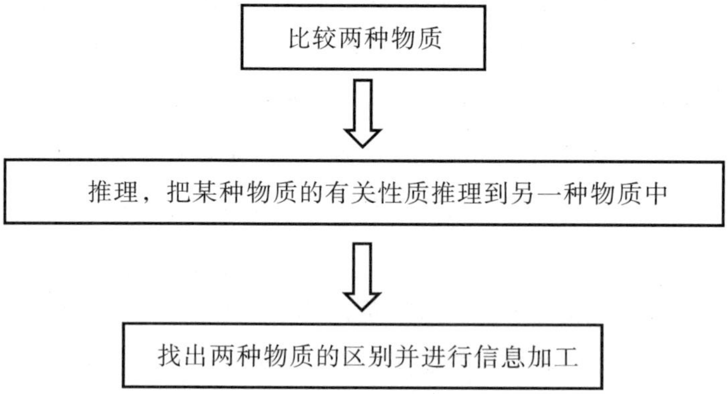

图 5–6　类比策略的一般思路

二、概念转变的样例策略

基于误概念 2“有单质参加或单质生成的化学反应一定是氧化还原反应”，误概念 3“氧化还原反应的反应物至少要有两种”，误概念 10“氧化还原反应中反应物全部被还原或是被氧化”和误概念 12“氧化还原反应中最多只有两种元素的化合价改变”，研究了一些有效的概念转变的教学案例。选取其中一个教学案例的片段进行分析，该片段的教学核心内容是氧化剂、还原剂、氧化产物、还原产物的判断，单线桥法表示氧化还原反应的电子转移和计算氧化还原反应中反应物被还原或是被氧化的物质的量。

“氧化还原反应相关概念物质判断及其计算”教学片段

【教师】我们上节课已经学完了氧化还原反应的相关概念，还学习了利用单线桥法表示氧化还原反应中电子转移的方向和数目，那么接下来先讲一部分例题，再让大家做习题。

例1　指出下列氧化还原反应中的氧化剂、还原剂、氧化产物、还原产物。

（1）$2KClO_3 \xlongequal{\triangle} 2KCl+3O_2\uparrow$

（2）$2KMnO_4+5H_2C_2O_4+3H_2SO_4=2MnSO_4+K_2SO_4+10CO_2\uparrow+8H_2O$

【讲述】（1）反应物只有一种的反应$2KClO_3 \xlongequal{\triangle} 2KCl+3O_2\uparrow$，氧化剂和还原剂都是$KClO_3$，氧化产物是$O_2$，还原产物是KCl。

（2）反应物有三种的反应$2KMnO_4+5H_2C_2O_4+3H_2SO_4=2MnSO_4+K_2SO_4+10CO_2\uparrow+8H_2O$，氧化剂是$KMnO_4$，还原剂是$H_2C_2O_4$。

以上例题说明氧化还原反应的反应物可以是一种，也可以是多种。

例2　指出下列氧化还原反应中的氧化剂、还原剂，配平并标出电子转移的数目和方向。

（1）$FeS_2+O_2 \xrightarrow{高温} Fe_2O_3+SO_2$

（2）$AgNO_4 \xrightarrow{\triangle} Ag+NO_2\uparrow+O_2\uparrow$

【讲述】（1）先找出$FeS_2+O_2 \xrightarrow{高温} Fe_2O_3+SO_2$反应前后化合价变化的元素是Fe，S，O。

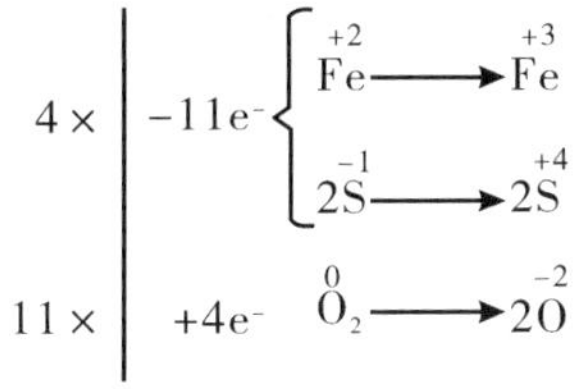

故配平后为：$4FeS_2+11O_2 \xlongequal{高温} 2Fe_2O_3+8SO_2$。氧化剂是$O_2$，还原剂是$FeS_2$，然后单线桥标出电子转移的数目和方向。

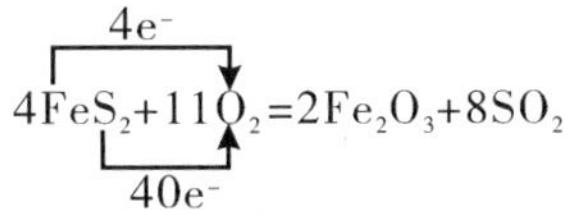

（2）先找出$AgNO_3 \xrightarrow{\triangle} Ag+NO_2\uparrow+O_2\uparrow$反应前后化合价变化的元素是Ag，N，O。

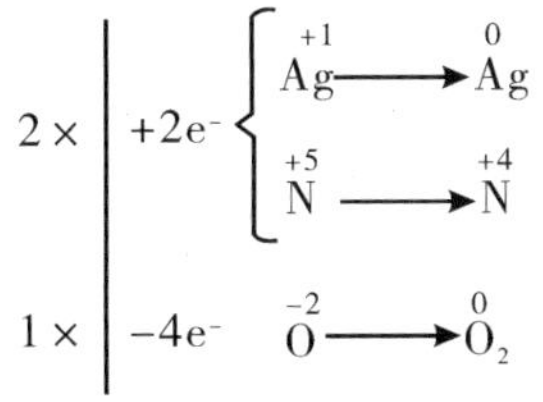

故配平后为：$2AgNO_3 \xlongequal{\triangle} 2Ag+2NO_2\uparrow+O_2\uparrow$。氧化剂是$AgNO_3$，还原剂是$AgNO_3$，然后单线桥标出电子转移的数目和方向。

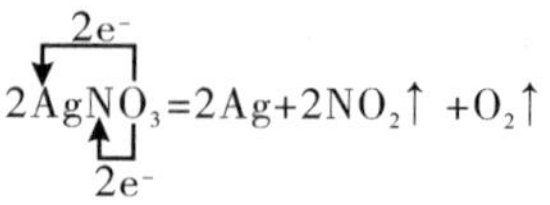

上述例题说明氧化还原反应中可以是多种元素的化合价发生变化，只要我们按照上面的思路，那么利用单线桥去表示氧化还原反应就很容易了。

接下来请大家完成下列习题。

【学生活动】

变式训练1　找出下列氧化还原反应中的氧化剂、还原剂、氧化产物、还原产物。

（1）$3S+6KOH=2K_2S+K_2SO_3+3H_2O$

（2）$KClO_3+6HCl$（浓）$=KCl+3Cl_2\uparrow+3H_2O$

（3）$3Zn+8HNO_3=3Zn(NO_3)_2+2NO\uparrow+4H_2O$

（4）$3Cl_2+6KOH \xlongequal{\triangle} 5KCl+KClO_3+3H_2O$

变式训练2　找出下列氧化还原反应中的氧化剂、还原剂，并标出电子转移的数目和方向。

（1）$2AsH_3+12AgNO_3+3H_2O=As_2O_3+12Ag+12HNO_3$

（2）$HgS+O_2 \xlongequal{\triangle} Hg+SO_2$

（3）$Pb_3O_4+8HCl=3PbCl_2+Cl_2\uparrow+4H_2O$

（4）$K_2Cr_2O_7+6KI+7H_2SO_4=4K_2SO_4+3I_2+Cr_2(SO_4)_3+7H_2O$

变式训练3　若$KMnO_4+HBr \rightarrow Br_2+MnBr_2+KBr+H_2O$消耗0.1mol氧化剂，被氧化的还原剂的物质的量是______mol。

基于上述教学片段，访谈了一些听课学生，下面是某学生的看法：

“老师这样先讲述多种类型的例题，然后再让我们做练习，我们可以将老师讲授的方法运用到练习中，巩固课堂老师所讲的知识，还可以达到举一反三的效果，不管遇见多复杂的反应，再让我们判断氧化剂、还原剂和标电子转移数目都能轻松应对。”

研究分析认为，上述的教学片段，应用了样例策略。样例就是具有典型或者代表性属性特征的事物或现象的具体实例。在教学过程中讲述氧化还原反应的特征是反应前后是否有元素化合价发生变化时，先讲解多种类型的例题，然后再让学生去做变式练习，可以达到举一反三的效果，帮助学生建立概念间的联系，真正理解氧化还原反应的特征和氧化还原反应的实质。这样学生就可以轻松发现氧化剂和还原剂可以是同一种物质，反应物可以是多种；化学反应中有单质参与并不一定是氧化还原反应；氧化还原反应前后不仅可以是一种元素的化合价改变，也可以是多种元素的化合价改变；氧化还原反应的反应物可以表现出酸性，也可以表现出氧化性或是还原性。之前的误概念也就转变成了科学概念。

三、概念转变的图式策略

基于误概念 4“化合反应一定是氧化还原反应”，误概念 5“分解反应一定是氧化还原反应”，误概念 6“复分解反应有可能是氧化还原反应”，在讲述氧化还原反应与四大基本反应间关系的教学中，为了避免学生产生误概念，笔者研究了一个有效的概念转变的教学片段。

“氧化还原反应与四大基本反应关系”教学片段

【教师】初中阶段我们已经学习了四大基本反应，这节课又学习了氧化还原反应，接下来请大家利用文字、表格或图形表示出氧化还原反应与四大基本反应的关系。

【学生】列举四大基本反应相应的化学反应方程式。

$CaO+H_2O=Ca(OH)_2$；$H_2+O_2 \xlongequal{点燃} 2H_2O$

$CaCO_3 \xlongequal{高温} CaO+CO_2\uparrow$；$2H_2O \xlongequal{通电} 2H_2\uparrow+O_2\uparrow$

$Fe+H_2SO_4=FeSO_4+H_2\uparrow$

$HCl+NaOH=NaCl+H_2O$

学生A：化合反应和分解反应部分属于氧化还原反应，置换反应全部都是氧化还原反应，复分解反应不属于氧化还原反应。

学生B：四大基本反应与氧化还原反应的关系图如图5-7表示。

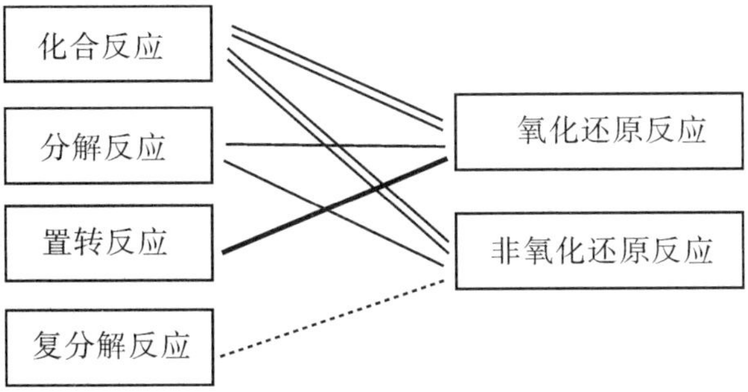

图 5-7 氧化还原反应与四大基本反应的关系图

学生C：氧化还原反应与四大基本反应的关系可以用一个可爱的“笑脸”绘制出来，如图5-8。

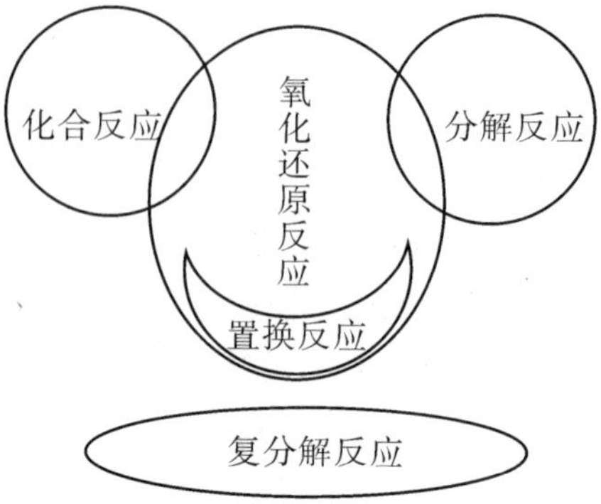

图 5-8 氧化还原反应与四大基本反应的关系

基于误概念 7“同种元素化合价越高，物质氧化性一定越强”，误概念 8“氧化性物质和还原性物质放在一起，肯定能发生氧化还原反应”，误概念 9“某一元素的原子在反应中得到电子越多，其氧化性就越强；失去电子越多，其还原性就越强”，笔者研究了一个有效的概念转变的教学片段，教学核心内容是氧化性和还原性强弱的比较。

“氧化性和还原性强弱比较”教学片段

【问题】已知：$2FeCl_3+2KI=2FeCl_2+2KCl+I_2$；$2FeCl_2+Cl_2=2FeCl_3$。判断下列物质的氧化还原能力，由大到小的顺序是（　　）。

A．$Fe^{3+}>Cl_2>I_2$　　B．$Cl_2>Fe^{3+}>I_2$

C．$I_2>Cl_2>Fe^{3+}$　　D．$Cl_2>I_2>Fe^{3+}$

【讲述】利用概念图：氧化剂的氧化性＞氧化产物的氧化性，还原剂的还原性＞还原产物的还原性。如图5-9。

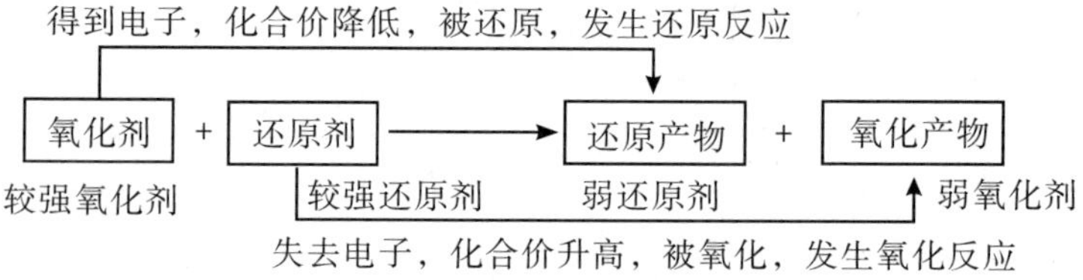

图5-9 氧化性、还原性强弱概念图

进行递推，得出结果：

$2FeCl_3+2KI=2FeCl_2+2KCl+I_2$，则氧化性$Fe^{3+}>I_2$，还原性$I^->Fe^{2+}$；

$2FeCl_2+Cl_2=2FeCl_3$，则氧化性$Cl_2>Fe^{3+}$，还原性$Fe^{2+}>Cl^-$；

故氧化性$Cl_2>Fe^{3+}>I_2$，还原性$I^->Fe^{2+}>Cl^-$，选择B。

基于上述教学片段，访谈了一些听课学生，下面是部分学生的看法。

学生 A："通过文字、表格、图形相结合的方式来归纳氧化还原反应与四大基本反应间的关系，思路很清晰，很容易就记住。"

学生 B："判断氧化还原反应中氧化性和还原性强弱，利用概念图的方法很容易找出哪种物质的氧化性或还原性更强。"

研究分析认为，上述教学片段采用了图式策略。图式就是结合图形、表格、文字、概念图等多种教学手段，在一定的情境（如实验、多媒体、实物模型）中表征相关概念。这种方式比纯文字的教学更吸引人、更有趣，可以清晰地总结出氧化还原反应与四大基本反应间的关系。判断反应中氧化性和还原性强弱时，对于有多种化合价价态的元素，一般"显低价态时具有还原性，高价态具有氧化性，处于中间价态的既有氧化性又有还原性，化合价越高氧化性越强"，但是这些规律只适用于一般的物质，特殊的物质需要特殊记忆，例如 Cl 元素，$HClO_4$ 的氧化性比 HClO 弱，而 $KMnO_4$ 的氧化性就比 MnO_2 强，$KMnO_4$ 在酸性介质中的氧化性又比在碱性中的氧化性强，所以氧化性还会受浓度、酸度等因素的影响，不能死记硬背。化学反应中需要比较氧化性和还原性强弱时，利用概念图可以清晰地判断出来。

这种利用图形、表格、文字、概念图等图式来表征氧化还原反应相关概念的策略，可以探查学生头脑中以往的认知结构和知识体系，找出误概念错误的位置和缘由，帮助学生理解科学概念，为其概念转变提供新的思路。

四、概念转变的隐喻策略

误概念 11"在氧化还原反应中，反应物不是氧化剂就是还原剂"出现的原因是学生没有真正理解氧化还原反应的实质是电子转移，从而不能正确判断出反应中的氧化剂和还原剂。那么怎样才能帮助学生理解氧化还原反应的实质是电子转移呢？下面研究了一个有关氧化还原反应本质的教学片段。

"氧化还原反应本质"教学片段

教师活动 【提问】在之前的学习中，我们已经知道了氧化还原反应的特征是反应前后元素化合价变化，那么化合价为什么会发生变化呢？ 【讲述】下面我们就以 $2Na+Cl_2 \xlongequal{点燃} 2NaCl$ 为例进行探究。NaCl的形成过程中化合价变化的原因是得失电子。 【过渡】NaCl这种金属与非金属化合过程中元素化合价变化的原因是得失电子，得电子，化合价降低，失电子，化合价升高。如何去记忆和理解呢？我们借助物理学上的滑轮来形象地展示得失电子的过程。

【动画描述】

Na和Cl_2在点燃条件形成NaCl的过程中，刚开始单质Na和单质Cl_2化合价都是0价，就像定滑轮刚开始左右质量相等，绳索两端长度一样。反应过程中Na失去电子，如定滑轮左端质量减少，绳索就会上升，则Na元素化合价就会升高；Cl元素得到电子，如定滑轮右端质量增加，绳索就会下降，则Cl元素化合价就会下降，如图5-10。滑轮模型形象地将化合价变化实质中得失电子的过程描绘出来，隐喻实际上得失电子的过程，以辅助大家理解和记忆化合价变化与得失电子的关系。

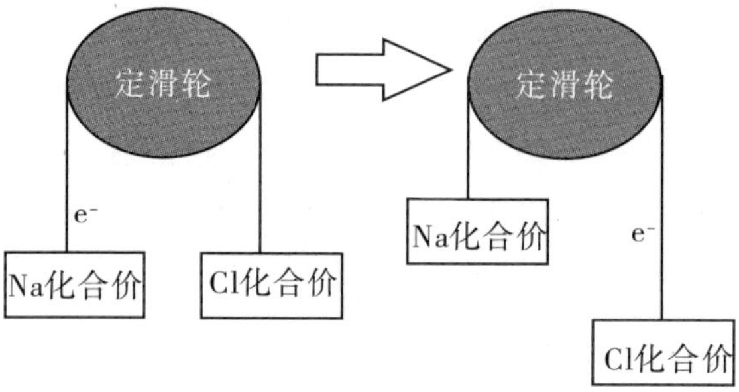

图 5-10 氧化还原反应的本质——“得失电子”滑轮模型

【提问】化合价变化的原因除得失电子外，还有其他原因吗？

【讲述】化合物除了可由金属和非金属化合而成，非金属和非金属也可化合，以$H_2+Cl_2 \xlongequal{点燃} 2HCl$为例。HCl的形成过程化合价变化的原因是共用电子对的偏移。

【过渡】HCl这种非金属与非金属的化合过程化合价变化的原因是共用电子对的偏移，共用电子对偏向，化合价降低，共用电子对偏离，化合价升高。如何去记忆和理解呢？同样我们借助物理学上的杠杆来形象地展示共用电子对偏移的过程。

【动画描述】

H_2和Cl_2在点燃条件形成HCl的过程中，刚开始单质H_2和单质Cl_2的化合价都是0价，如杠杆左右质量相等，图中小三角代表杠杆支点，支点两端的距离相等。反应过程中，这两种元素的原子，形成的共用电子对偏向Cl元素，如图5-11杠杆右端质量增加，绳索下降，Cl元素的化合价降低；反应过程中，这两种元素的原子，形成的共用电子对偏离H元素，如图5-11杠杆左端质量减少，绳索上升，H元素化合价升高。杠杆模型形象地将化合价变化实质中共用电子对偏移的过程描绘出来，隐喻实际上共用电子对偏移的过程，以辅助大家理解和记忆化合价变化与共用电子对偏移间的关系。

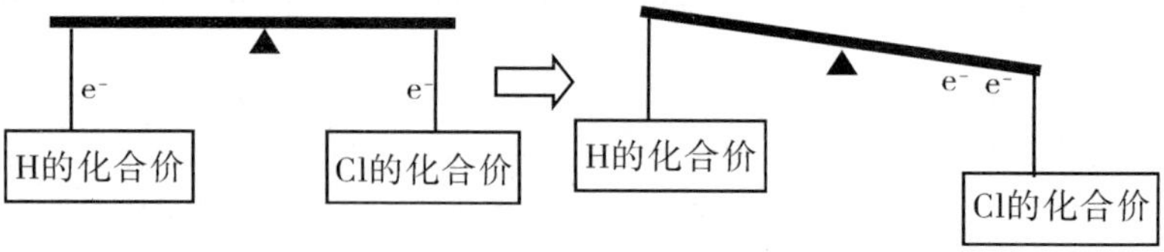

图 5-11 氧化还原反应的本质——“共用电子对”杠杆模型

有同学可能会有疑问，为什么共用的电子对会偏向Cl元素，而不是H元素？因为Cl元素吸引电子的能力强，就像胖子和瘦子一样，如图5-12，胖子和瘦子共同争夺共用电子对的时候，胖子比瘦子的力气大，那么共用电子对就会离胖子近，离瘦子远。

图 5-12　共用电子对偏移——"胖子和瘦子"模型

基于上述教学片段，访谈了一些听课学生，下面是部分学生的看法。

学生 A："这种利用滑轮和杠杆来帮助我们理解和记忆化合价变化的实质的方式，很形象，也很有趣。"

学生 B："这堂课将物理和化学结合在一起教学，很有意思。"

学生 C："如果课堂上都用这种方法上课，那化学就一点也不难啦。"

研究分析认为，上述教学片段采用了隐喻策略。隐喻就是通过另一件事情来理解当前事情，是打比方的一种方式，把一些抽象概念比喻成形象化的事物。在氧化还原反应相关概念的学习过程中，以"化学反应前后元素化合价是否变化"来进行氧化还原反应的判定，根据"得电子→化合价降低→被还原→发生还原反应→作氧化剂；失电子→化合价升高→被氧化→发生氧化反应→作还原剂"来解决相关问题。在这部分知识中，学生很难理解氧化还原反应的本质是电子转移。这时就可以通过联想，把新概念的属性或特征与已有的知识、熟悉的事物或现象进行联系，把微观得失电子、共用电子对偏移的过程比喻成宏观物理学上滑轮、杠杆模型运作的过程，把共用电子对偏向和偏离比作胖子和瘦子。隐喻策略将抽象概念形象化，加深学生的记忆和理解。

五、概念转变的表象策略

有关氧化还原反应的误概念 1"只要有氧化性物质参加的化学反应就是氧化还原反应"和误概念 2"有单质参加或单质生成的化学反应一定是氧化还原反应"，说明学生没有理解氧化还原反应的特征和本质。研究者记录研究了氧化还原反应本质的教学案例片段，以 NaCl 形成过程为例，讲述氧化还原反应的得失电子本质。

表5-7 “氧化还原反应本质中得失电子”教学片段

教师活动

【讲述】$2Na+Cl_2 \overset{点燃}{=\!=\!=} 2NaCl$的反应是氧化还原反应，因为反应前后元素化合价发生变化，那么接下来我们从微观原子结构的角度分析化合价变化的原因。

钠原子最外层电子数是1，氯原子最外层电子数是7，对于钠原子来说，想要达到8电子稳定结构，它就倾向于失去1个电子，对于氯原子来说，想要达到8电子稳定结构，它就倾向于得到1个电子。

接下来，请大家先看一段氯化钠形成过程的动画。

【动画内容简要描述】

当钠原子和氯原子这两个小朋友见面的时候，钠原子说：“电子电子你走开，我要形成相对稳定的结构。”氯原子赶快接住钠原子丢的电子，并说：“我需要电子，电子电子快过来，我需要形成相对稳定的结构。”然后钠原子失去了1个电子成了钠离子，氯原子得到了1个电子成了氯离子，最后钠离子和氯离子手拉着手成了好朋友。如图5-13。

图 5-13 氯化钠形成过程

【总结】钠原子最外层原来是 1 个电子，失去 1 个电子后形成 8 电子稳定结构的钠离子，氯原子最外层原来是 7 个电子，得到 1 个电子后也形成 8 电子稳定结构的氯离子，阴阳离子结合成氯化钠，如图 5-14。

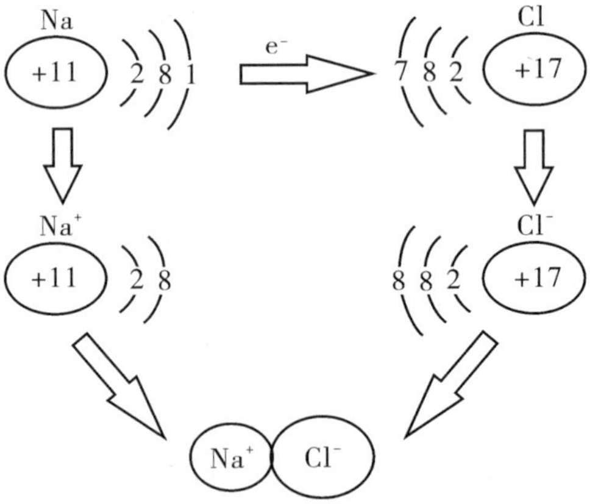

图 5-14 氯化钠形成示意图

从氯化钠的形成过程我们可以得出，钠元素的化合价由单质钠中的0价，到化合物氯化钠中的+1价，是因为失去了1个电子，而氯元素的化合价由单质氯气中的0价，到化合物氯化钠中的-1价，是因为得到了1个电子。那么像氯化钠这类化合物形成过程中元素化合价变化的原因就是电子得失。

基于上述教学片段，访谈了一些听课学生，下面是部分学生的看法。

学生 A："很好理解，也很生动形象，肯定不会忘记的。"

学生 B："学习起来很轻松，像看动画片一样，既能看动画，还能够学到东西，要是每节课都这样该多好啊。"

研究分析认为，上述教学片段采用了表象策略。表象是以图像、动画等方式来呈现知识，它的特征是视觉记忆，生动形象，可以达到由浅入深的效果。通过学生的课后评价，发现像氧化还原反应这样抽象的化学概念，尤其适用表象策略。动画播放、图片展示的方式可以有效地帮助学生理解氧化还原反应的电子转移（得失或偏移）本质，将微观抽象的概念形象化，加深学生的理解，并建立持久的记忆。当学生理解了氧化还原反应的本质，再用化合价是否变化就可以准确地判断一个反应是否为氧化还原反应了。

基于课堂观察的研究，进行了专家咨询和访谈，记录如下。

氧化还原反应概念转变访谈记录

问：在氧化还原反应概念教学上，对学生产生的误概念，教师可以采取哪些方式来转变学生的误概念?

答：例如说在氧化还原反应特征判断上，教师可以采取对比、隐喻等方法，帮助学生理解氧化还原反应的特征是化合价变化，实质是电子转移。

问：学生在判定氧化还原反应和四大基本反应的关系上，经常出错，您有什么建议呢?

答：可以采用图形、表格、文字等多策略结合，让学生先自己总结出关系，教师评价补充，然后利用图形或者表格呈现出来。

问：在比较氧化性和还原性强弱顺序上，教师该如何转变学生的误概念呢?

答:其实这方面可以根据课堂上呈现的氧化剂的氧化性大于氧化产物的氧化性，还原剂的还原性大于还原产物的还原性，通过概念图式的教学，帮助学生有逻辑性地印刻成为能够有效提取的知识网络。

问：在氧化还原反应中有些反应物既可以有氧化性或还原性，又可以有酸性，在计算题上学生经常会忽略酸性那部分，怎样才能引起学生的注意呢?

答:变式训练，变式是变换多种情境而内涵和本质特征保持不变。多做变式题，然后小组讨论，让他们自己发现错误，印象就深刻了。

问：在氧化剂、还原剂判断和单线桥表示氧化还原反应上面，学生也会经常出错，怎么转变这些误概念呢?

答：这个其实是学生没有从根本上理解氧化还原反应的实质，建议采用表象策略表征概念，即采用把抽象的内涵形象化地表现出来的方法进行教学。

问：准确学习科学概念有哪些方法，请您总结一下。

答：①提供概念范例

范例指能够代表概念的典型事例，提供适当范例有助于学习者掌握概念的主要特征。范例既可以有概念原型，以便告诉学习者这个概念是什么，也可以有反例，让学习者了解这个概念不是什么。一般来讲，最好的范例就是那些定义性特征很明显或学习者最熟悉的原型。当某一概念很容易与其他概念混淆时，反例非常重要。

提供范例的方法可以有两种：一种是例–规法；另一种是规–例法。

②利用概念间的联系构图

概念之间是有联系的，利用学习者已有概念组成“概念地图”，把新概念置于其中，在这样的“地图”中，概念与概念间的上下级关系得以明确显露，概念被赋予了更多的含义，有利于学习者通过已知概念来掌握新概念。

③消除误概念

学习者很容易由日常生活经验而形成不科学的错误概念，而且这种不科学的错误概念一旦形成，又难以消除或改变。对于这类问题，可以强调概念的定义性特征，直接指出学习者的错误所在。

④在实践中运用概念

学习者每使用一次概念或在新的丰富的情境中遇到同一概念，也就是概念的每一次具体化，都会使概念进一步丰富和深化，学习者对要领的理解就更完全、更深刻，尤其是模糊要领的教学更是如此。而运用概念于实际就是这种概念具体化的过程。

在氧化还原反应相关概念转变上可以应用的策略主要有：类比、样例、图式、隐喻、表象等。其实这些策略是概念表征的一种形式，表征的过程就是认知的过程。心理学家安德森（J. R. Anderson）认为“知识如何应用的前提是理解它如何在人脑中表征的”，对化学概念的理解就是学生对概念形成了心理表征。调查研究表明，概念转变其实是一个由一般到特殊、具体到抽象、现象到本质的过程，是学生由误概念转向科学概念的过程，也是认知冲突的引发和解决的过程。学生只有意识到科学概念与误概念的不一致，才会激发自身有意识地重新探究和理解概念，即深入理解概念的过程，将原有认知结构上理解的概念与新学习的知识联系在一起，借助认知冲突，转向科学概念。

第六章 电化学相关概念的认知研究

电化学的研究对象主要是电能和化学能之间的相互转化以及转化过程中的有关规律。它从化学的角度促使学生了解电能与化学能是可以转化的，引导学生认识电化学现象的本质。电化学是中学化学学科基本结构中非常重要的一部分，也是大学物理化学重要的组成部分。

因为电化学与氧化还原反应的紧密联系，很多国外的教科书，常常将电化学电池（原电池与电解池）与氧化还原反应都作为电化学的一部分。而本章内容中介绍的电化学概念只涉及电化学电池的相关知识，不包括氧化还原反应。原电池与电解池所涉及的概念有：原电池与电解池的概念，构成原电池及电解池的条件，电流产生的原因，正负极与阴阳极的判断，电解质溶液的变化，电极反应与电池反应。这些概念理解得是否准确，掌握得是否熟练，应用得是否灵活，对学好电化学这部分内容起着决定性作用。

本章重点阐述：

（1）学生关于电化学知识的误概念有哪些?

（2）学生对于电化学知识的表征水平。

（3）电化学的教学策略的具体要求。

（4）电化学概念的主要研究方法。

第一节　电化学误概念的研究

误概念（Misconception）指的是学生头脑中与科学概念不一致的部分，既包括对科学概念完全错误的理解，也包括片面的、不精确的理解，是学生在学习过程中出现思维障碍，导致教学低效率的主要原因之一。

电化学知识是化学课程的重点、难点内容。在高中阶段，电化学知识主要包括原电池和电解池的原理及其应用，还涉及溶液的导电性、电解质的电离、氧化还原反应等相关知识。由于这方面知识内容的抽象性和动态性，学习者们都认为其在理解上有一定的困难。实践表明，学生在学习电化学知识时经常出现不同的误概念。本章通过文献研究阐述学生关于电化学知识的误概念，分析其产生原因，并提出帮助学生进行概念转变的方法。

一、电化学的误概念

电化学知识既涉及如电解、导电等宏观现象，又与离子、电子等微观粒子运动有关，既有对阴极和阳极氧化还原反应的定性描述，又有关于电极电位的定量计算。概念的复杂性和知识背景的多样性给学生的认知带来了一定困难，使得很多学生不能准确理解电化学的相关概念。近年来，国内外有很多关于学生电化学知识误概念的研究。研究显示，学生在理解电化学的相关概念以及应用概念解决问题方面都存在很多误区。本节就从概念性困难和过程性困难两方面加以阐释。

（一）概念性困难

1. 有关溶液导电性的误概念

溶液之所以能够导电，是由于其中存在能自由移动的阳离子和阴离子。研究发现相当一部分学生认为溶液能导电是因为其中存在自由电子。国内外相关研究中学生产生的有关溶液导电性的误概念见表 6–1。

表6–1　有关溶液导电性的误概念

序号	误概念
1	电子在水溶液中能自由移动而不需要离子的协助
2	在溶液中离子的协助下，电子能从阴极移向阳极

续表

序号	误概念
3	电子以跳跃的形式从一个离子移动到另一个离子
4	盐桥提供电子以形成完整的电路，或者帮助电流（电子）流动，因为盐桥中的阳离子将电子从电池的一半吸引到了另一半
5	溶液中存在自由移动的电子，电子的流动形成了电流
6	阴离子的流动形成了电流

从表中可以看出，相当一部分学生不能理解溶液之所以能导电是因为存在可以自由移动的阴阳离子，而错误地认为与金属、电池等导电的原理一样，溶液中也存在定向移动的电子，从而产生了电流。

2. 有关电解质中离子的误概念

大量的研究证明，学生对电解质中的离子存在很多误概念。这些误概念主要集中在两方面：一是学生时常忽略电解液要时刻保持电中性，而认为阴阳离子可以彼此分离、独立存在;二是学生普遍认为，在电解的过程中，是电流使得电解质分解，从而产生了阴阳离子。

M. J. Sanger 和 T. J. Greenbowe[1] 在研究时发现，学生会忽略电解液需要时刻保持电中性这一性质。例如，学生认为一个半电池可以只有阳离子，带正电，而另外一个半电池可以只有阴离子而带负电,这样,整个电池是电中性的。P. J. Garnett 和 D. F. Treagust[2] 的研究表明，学生不理解因为阴离子和阳离子浓度相等，所以原电池保持电中性。例如，学生认为阴离子和阳离子会一直移动，直到它们的浓度在两个半电池上都相同。

N. A. Ogude 和 J. D. Bradley 在 1996 年的研究中发现,学生普遍认为,电解过程中,电流使得电解质分解，从而形成阳离子和阴离子。2004 年，Hans，Annette 和 Allan 等的研究也说明了这一问题。他们调查了德国 11 至 13 年级学生对一般水平的电化学知识的学习情况。结果表明，许多学生认为，在电解过程中，电流使得电解质分解成离子。另外，T. M. Yang 等在通过交互性电脑软件来减少学生的电化学相关误概念的实验中也发现了类似的问题。

[1] SANGER M J，GREENBOWE T J. Common student misconception in electrochemistry：Galvanic，electrolytic，and concentration cells [J]. Journal of Research in Science Teaching，1997，34（4）：377-398.

[2] GARNETT P J，TREAGUST D F. Conceptual difficulties experienced by senior high school students of electrochemistry：Electric circuits and oxidation-reduction equations [J]. Journal of Reasearch in Science Teaching，1992，29（2）：121-142.

由此可见，学生在理解电解质的阴阳离子时同样存在困难，这说明很多学生不能很好地理解和应用化学反应的基本概念和原理，只是凭直觉做出“理所当然”的判断，很少考虑其科学性。

3. 有关标准电极的误概念

原电池是由两个相对独立的半电池组成，每一个半电池相当于一个电极，分别进行氧化和还原反应。由于到目前为止，还不能从实验上测定或从理论上计算单个电极的电极电势，而只能测得由两个电极所组成的电池的总电势，因此，按照1953年国际纯粹与应用化学联合会（IUPAC）的建议，采用标准氢电极作为标准电极，其他电极与之比较得出相对的电动势。因此，在电化学知识体系中，标准电极有着十分重要的地位和作用，它是其他电极电动势的基准。但是研究显示，很多学生认为标准电极并不必要，或者认为其性质是绝对的，而不是人为规定的。

在对该领域令人理解困难的概念的研究中，P. J. Garnett 和 D. F. Treagust[1] 报告了下面的概念。标准半电池 H_2（1atm）/H^+（1mol/L）的 E^0 值是零，但是这个值不是随意定的，因为它在某种程度上是基于 H^+ 和 H_2 这两种化学物质的。其他的学生认为标准半电池是不必要的。M. J. Sanger 和 T. J. Greenbowe[2] 也发现学生存在这样的想法，就是半电池的电势在性质上是绝对的，可以用来预测半电池的自发性。

上述调查结果反映了一些学生不了解标准电极以及电极电动势等概念的来源，导致了学生忽视标准电极的必要性，以致产生上述的误概念。

（二）过程性困难

1. 识别正、负极和阴、阳极

无论是在原电池还是电解池中，总是把电势较低的极称为负极，把电势较高的极称为正极。电流总是由正极流向负极。另外，总是把在其上发生氧化反应的电极称为阳极（Anode），发生还原反应的电极称为阴极（Cathode）。在电解池中，与外加电源负极相接的电极接受电子，电势较低，发生还原反应，所以该电极是负极也是阴极。同理，电解池中的正极也是阳极。而在原电池中，情况则不同。以丹尼尔电池为例，锌极发生氧化反应是阳极，但它输出多余的电子，电势较低，所以锌极

[1] GARNETT P J，TREAGUST D F. Conceptual difficulties experienced by senior high school students of electrochemistry：Electric circuits and oxidation-reduction equations [J]. Journal of Reasearch in Science Teaching，1992，29（2）：121-142.

[2] SANGER M J，GREENBOWE T J. Common student misconception in electrochemistry：Galvanic，electrolytic，and concentration cells [J]. Journal of Research in Science Teaching，1997，34（4）：377-398.

也是负极，而铜极既是阴极也是正极。研究显示，相当多的学生在识别原电池和电解池中的正极和负极、阴极和阳极时存在很大困难。

考虑到原电池，P. J. Garnett 和 D. F. Treagust[1] 指出，学生认为正极就是标准电极电势表中 E^0 值高的部分。此外，学生认为表中的金属是按照活动性递减的顺序从上到下排列的。M. J. Sanger 和 T. J. Greenbowe[2] 发现，学生会在画好的电池图中，依据物理位置判断正极和负极。

考虑到电解池，P. J. Garnett 和 D. F. Treagust 指出，学生认为应用电压对于反应或者正负极的位置没有影响。另外一种想法是如果使用惰性电极，就没有反应发生。M. J. Sanger 和 T. J. Greenbowe 的研究显示，许多学生相信当电池的两端连同样的电极时，在两个电极上会发生相同的反应。

T. M. Yang 等在 2004 年的实验中发现，许多学生认为电池的正负极带电荷。因为正极带正电荷，所以会吸引电子。Hens 等在 2004 年的研究中也得到了类似的结论。Hens 等的研究还发现，很多学生不是通过发生氧化反应或者还原反应来确定某一电极是阳极或是阴极，也没有区分原电池和电解池，而是笼统地认为阴极总是负极，阳极总是正极。

由此可见，学生在识别正、负极和阴、阳极方面存在相当大的困难，并形成了很多误概念。相当多的学生并没有从本质上理解正、负极和阴、阳极是如何定义的，而是依靠简单的方法来识别电极，如依据物理位置判断，固定地认为阴极就是负极，阳极就是正极等，这些方法都会导致很多误概念的产生。

2. 预测原电池、电解池的产物和电势差

在研究学生关于原电池、电解池的误概念时，研究者们发现学生在预测原电池和电解池的产物、电势差时都存在一定困难，并由此引发了很多误概念。

当预测原电池的产物时，M. J. Sanger 和 T. J. Greenbowe 的研究发现，许多学生认为电流的方向不依赖于离子的相关浓度。而当预测这些电池的电势差时，许多学生都认为电势差与离子的相对浓度无关。

当要求学生预测电解池的产物时，P. J. Garnett 和 D. F. Treagust 发现了一些误概念，如在溶液的电解中，水不参加反应。M. J. Sanger 和 T. J. Greenbowe 的研究又

[1] GARNETT P J, TREAGUST D F. Conceptual difficulties experienced by senior high school students of electrochemistry: Electric circuits and oxidation-reduction equations [J]. Journal of Reasearch in Science Teaching, 1992, 29 (2): 121-142.

[2] SANGER M J, GREENBOWE T J. Common student misconception in electrochemistry: Galvanic, electrolytic, and concentration cells [J]. Journal of Research in Science Teaching, 1997, 34 (4): 377-398.

增加了一些误概念，例如，当两个或更多的氧化或还原半反应都可能发生时，没有办法确定究竟会发生哪个反应。当预测电极电势差的必要应用时，P. J. Garnett 和 D. F. Treagust[1] 报道了学生的如下想法：在电解池中计算电势差可能是正的，计算得出的电势差与外加电压的量值无关。

由此可见，学生在理解原电池、电解池的反应过程方面存在一定偏差，在应用能斯特方程预测电势差时也存在很大困难，由此引发了很多误概念。

国内外有很多关于电化学概念的研究。其中，国外的研究主要侧重于电化学误概念的探查，以及如何促进概念转化，而国内的研究主要集中在电化学教学方面。大部分研究都设计了科学的研究方法，从被试的选择，到工具的设计，再到测试的实施，都尽量将不可测变量的影响降到最小，充分保证了研究的准确性。

在本节中，我们将介绍国内外关于电化学概念的几种典型研究方法，这些方法涵盖了探查误概念、促进概念转化等方面。我们将具体了解这些研究是如何选择样本、设计工具并实施测试的，并分析这些过程如何保证研究结果的准确可靠。

二、概念研究方法

（一）电化学误概念的研究

近年来，国外很多研究者都对学生“电化学”的误概念很感兴趣，并对其开展了多项研究。在研究的过程中，多采用测试等研究方法，结合访谈，分析学生的误概念以及产生的原因。

为了研究中学生在电化学知识上的困难以及误概念，H. J. Schmidt 等[2] 在德国中学开展了调查研究。调查覆盖了电解、电荷在电解液中的传导、正极和负极、阴极和阳极等四个方面，以找出高中学生持有哪些关于电化学的误概念以及每个误概念出现的次数，并了解学生如何尝试着去理解电化学方面的概念。

1. 研究对象

（1）研究对象的选择

该研究选择德国中学 11 至 13 年级（16~17 岁）的学生作为研究对象。在 11 年级里，化学是必修课程，这些学生都已经学习了 2 到 3 年的化学课程，12 和 13 年级的学生可以选择是否继续学习化学。研究选择的 12 和 13 年级的学生选修基础

[1] GARNETT P J，TREAGUST D F. Conceptual difficulties experienced by senior high school students of electrochemistry：Electric circuits and oxidation-reduction equations [J]. Journal of Reasearch in Science Teaching，1992，29（2）：121-142.

[2] SCHMIDT H J，MAROHN A，HARRISON A G. Factors that prevent learning in electrochemistry [J]. Journal of Research in Science Teaching，2007，44（2）：258-283.

化学或者选修扩展化学，选修基础化学的学生一周有 3 节化学课，选修扩展化学的学生一周有 6 节化学课。为了收集到足够多的学生反馈，每个测试周期大约需要 3000 名学生。

（2）抽样方法

共有五轮测试，因此研究要选择五组同类水平的学生作为被试。为了达到这个目的，研究人员收集了一系列化学教师的信息，并储存在电脑里。这些教师包括德国化学社教育机构的成员、学校老师以及教师培训课程中的老师。每轮测试开始时，研究人员就从信息库中随机抽取教师，并对他们的学生进行测试。

在第一至第四轮的测试中，每位学生都进行 6 道题目的测试；在第五轮中，每人 4 道题目。这些分开的 6 道和 4 道的题目称为一个测试包。电脑随机抽取测试包发送给各位老师，这样每个班的学生收到的都是不同的测试。

2. 研究过程

（1）测试工具

题库中有大量的化学题目，其中既包括研究需要的电化学特质性题目，也包括其他专题的化学题目。少数与该研究相关的特定的电化学题目被穿插在大量其他化学题目中，以满足随机分配的要求。

首先选择美国和英国考试委员会试题中的多项选择题，并分析这些考试中学生出现的一些错误。然后，将这些题目引进德国的中学，作为开放性题目进行预测试，要求学生作答并给出解释，收集学生的答案。接下来，研究者将开放性题目编制成多项选择题，并且保证这些题目具有如下特点：只有正确的推理方式才能推导出正确的答案；错误的推理方式一定会得到错误的答案；那些有着错误概念或者倾向于犯这些错误的学生将会被诱导选择错误的选项。

按照上面的程序并遵循以上三个原则，研究者共编制了 29 道多项选择题并在五个考试周期中进行了测试。最后，研究者选择了其中被认为最能说明题目编制的严谨性或者是最具效度的 11 道题目，作为探讨结果的依据。这 11 道题目覆盖了研究者希望涉及的四个领域：电解、电荷在电解液中的传导、阴极和阳极、正极和负极。

（2）数据收集

为避免同一个班的同学相互影响，题目是随机分布的并且是平均分配的，班级里的每个学生都只收到一道关于这次研究的特定电化学题目。为达到这种效果，在第一至第四轮测试里，要从题库中抽取 120 道题来使用；在第五轮测试中，要从题库中抽取 80 道题来使用，这些题也包含了其他化学专题的题目。

另一个指导题目分配的原则是各个特殊的电化学题目出现在各测试包的概率应该是一样的。电脑程序也是从题库中选择出 120 或 80 道题目并随机地将它们分配到各个考卷袋中，随机地出现在考卷的某个位置上。

按照前面介绍的抽样方法,研究者们在五个考试周期的时间里进行了数据收集。具体的数据收集信息见表 6–2。

表6–2 数据收集信息

轮次	学年	学生数目	每题学生数	题目编号
1	1995—1996	3770	189	7
2	1996—1997第一学期	2967	148	1，2
3	1996—1997第二学期	3025	151	4，5，10，11
4	1997—1998	2935	147	6，8，9
5	1998—1999	3074	154	3

（3）数据处理

研究统计了不同考试周期中不同年级学生对于不同题目的回答情况。按照学生水平（11 年级，12、13 年级基础化学，12、13 年级扩展化学）分组，统计了每个题目学生选择每个选项以及不作答的百分率。在数据分析中，研究者对比了不同年份测试的答案，比较了三种水平学生答题的方式。

在分析学生对于答案的解释时，请一位有资质的专家来仔细核对。通过分析学生对于答案的解释，找出学生潜在的误概念以及可能的推理方式。

3. 研究评述

可以看出，在该研究中，研究人员精心设计了研究方法，以保证调查结果的有效性。该研究的有效性体现在以下四个方面。

（1）当测试一个确定的方面，总是有一套可供使用的选择题。

（2）数据收集在不同的考试周期中进行。就是说，研究对象通常是来自不同的样本。

（3）研究中同时使用了选择题和解释性题目。多项选择题给学生一个机会用正确的答案和不正确的答案进行对比并要求学生对他们的选择做出解释。

（4）研究者发现，各个组（11 年级基础班到 13 年级扩展班）在答题方式和内容上没有任何的不同。因此，可以认为研究者在学生的解释中发现的概念模式是真实的，而不是他们研究设计的产物。

分析认为，该研究方法的精妙主要体现在两个方面：首先，在数据收集的过程中，研究者采用随机抽样的方法，选取了大量的样本，这样选取的样本具有普遍性，几乎可以代表德国高中生的总体水平；其次，研究者将测试题融入平时测验当中，每套试题中只有一道该研究的特质性测试题，由此保证了研究的准确性。

（二）电化学概念转变的研究

如何促进学生电化学概念的转变也是国外学者们热衷的研究之一。新的概念是建立在先前已有概念的基础之上的，概念转变包括对现有的概念进行重组或替换来适应新的观点。在电化学概念转变的研究中，A. R. Özkaya 等[1]提出了教学导向策略，并通过将概念转变型教学方式和传统的教学方式进行对比，研究这种教学策略对学生原电池概念转变的效力。

1．研究对象

研究的对象为 74 名大学一年级的学生。对照组和实验组的学生总数分别为 41 名和 42 名，没有到课超过三次的学生被从样本中剔除。这样，对照组的 4 名学生以及实验组的 5 名学生被剔除了。

以 2001—2002 级的学生作为对照组，2002—2003 级的学生作为实验组。这些学生都没有接触过这段课程，并且他们的入学考试成绩很接近。入学考试是每年的 6 月份由教育部组织的。考试包括词汇和科学两个部分，后者测试学生的数学和科学水平。考试成绩将学生划分为不同的等级，这意味着进入同一个大学同一个专业的学生有着相似的知识水平，马尔马拉大学（Marmara University）化学系学生的科学问题得分都很相近。更为重要的是，在高中课程中，教师只是很肤浅地介绍过电化学知识，因此学生们都不会回答概念任务中的问题。所以，可以认为这两组学生在实验前是一样的。两组学生都由同一位老师授课。每个组的课程都是两周半的时间，每周有 4 次 45 分钟的课程。

2．研究过程

（1）教学实验

在对照组的教学过程中，教师口述课程的主要内容，然后用幻灯片总结出原电池基本概念。教师若不组织课堂讨论，可以鼓励学生对有疑问的地方进行提问。在这种传统的教学方法中，教师侧重于培养学生解决问题的能力。

在实验组中，原电池的内容被分为 8 个主题（如表 6-3）。之后，研究者构建

[1] ÖZKAYA A R，ÜCE M，SARICAYIR H，et al. Effectiveness of a conceptual change-oriented teaching strategy to improve students’ understanding of galvanic cells [J]. Journal of Chemical Education，2006，83（11）：1719-1723.

一个概念性的任务，其中包括概念性的解释以及每个主题相关的概念问题。在教学过程中，教师通过幻灯片呈现这些任务，将其作为课堂教学中的补充教学材料。在每次讲解之前，都及时地给实验组的学生提供相关材料，这样保证了所有的学生都能轻松地跟上任务。更为重要的是，实验组的学生在教学过程中了解到了电化学的误概念，而对照组的学生则没有。

表6-3 实验组原电池内容主题

序号	主题
1	电解液和插入其中的电极之间的内部作用
2	半电池电势以及需要参比电极以测量这些电势
3	测量电极电势需要的工具
4	标准氢电极和标准还原电极电势
5	原电池中的电极带的电荷以及电极符号
6	原电池中的电荷转移和化学反应
7	原电池中电化学反应与化学平衡之间的关系和不同
8	辨别阴极和阳极

大多数的概念性问题都是双重多项选择或者多重选择以及判断对错，这类问题比单项选择更好，因为它们可以提供更多的关于学生想法的信息，使教师了解到学生学习的难点并以此计划教学。概念性的问题使学生们可以在教室内进行讨论，学生可以测试自己的错误概念，而不是被简单地告知错误的概念。

一旦学生努力去回答概念性的问题，接下来的任务就是教师的了。教师的工作包括准备课上的小组讨论，在给予正确的答案之前，教师要搞清楚学生的错误想法并引导他们正确认识概念。

（2）后测实施

为了比较学生对概念的理解情况，研究者设计了 18 个后测问题，其中包含了常见的概念误解。这个测验中有判断推理题以及一系列正误选择题构成的多重选择题，也包含了经典的多项选择题以及是非判断题。研究者还编制了由 9 个问题构成的多重选择题，以比较学生解决实际问题的能力。这些测验在实验组和对照组同时进行。将两组学生的后测成绩用 SPSS 软件进行分析，实验中获得的数据用 *t*–test 进行分析。结果显示实验组的学生相比对照组的学生，在问题解决能力上有显著的增强。

在该研究方法中，研究人员首先谨慎地选择了被试，保证了实验组和对照组有相近的知识水平。结果分析时剔除了缺席超过三次的被试，同时，在实验实施过程中，由同一位教师授课，课时相同，授课周期较长，也尽量排除了无关因素的干扰，确保了干预的有效性。

第二节 电化学误概念的成因

研究表明，很多原因都会导致学生形成电化学知识的误概念。其中，模糊的前概念，教材中对有关知识的模糊讲解，教师的不精确表述，物理概念的干扰等都是导致学生产生误概念的主要原因。

一、前概念的影响

概念的形成往往是一个内涵不断丰富和外延不断发展的过程，学生常常会受到原有概念的局限而产生不全面的甚至是错误的概念。学习电化学知识时，必须研究所发生的化学反应。原电池和电解池的电极上发生的均为氧化还原反应。所以学习电化学之前，学生必须全面地认识氧化还原反应概念。

Valanides 和 Nicos 等的研究表明，学生在学习氧化还原反应和燃烧反应等概念时，产生了相当多的误概念。有些学生在学习氧化还原反应之后，虽能够做一些相关的习题，但却不能描述氧化还原的微观本质，这导致他们在联系宏观现象和微观本质时遇到很多困难。许多学生不能解释得失氧、化合价升降、得失电子这几个概念之间的相互关系。

由于不能从本质上理解氧化还原反应，很多学生在学习电化学知识时就不能透彻地理解电子的转移和传递，造成认知困难。同时，关于氧化还原反应的很多误概念也会被带入电化学学习中，使学生产生新的误概念。

二、物理学概念的干扰

有不少研究者认为，早期物理学家和化学家在定义一些物理学和化学概念时倾向于从现象本身来定义，缺乏对现象背后本质的理解。这样的物理学和化学定义沿用至今。学生缺乏对科学发展历史的认识，不能正确地理解概念的本质，从而影响了学生电化学概念的形成。

A. J. Ihdel 指出，“电解”这一概念本身就可能对学生的思维产生误导，从而产生一些误概念。A. J. Ihdel 解释说，Faraday 在创造电解这一概念时，认为电解是一个用电流使得物质分解的过程。类似的概念还有水解、热解等。由于 Faraday 选择“电解”这个词时，只从现象上来定义物质，所以将与之相关的概念“电解质”运用到粒子领域时，很多学生就遇到了麻烦，以至于认为“电解质只有在电流存在的情况下才会电离成离子”[1]。

D. F. Treagust 指出学生在电化学学习过程中产生的许多概念认知困难是受物理学概念的显著影响导致的。例如学生倾向把盐桥看作像电线一样连接电路，认为电子可以穿过盐桥进入到电解液；并且他们无法正确判断电子或是离子的运动方向；部分学生判断阴阳极时也会受到物理中判断正负极的干扰。

电化学知识是物理、化学学科的交叉内容，其中很多概念来自物理学，缺乏物理学中相关概念背景、本质的理解，或者完全按照物理学中的方法机械地类比电化学反应，都会导致学生形成误概念。

三、教材不明确的定义

教材是学生认识和理解电化学概念的窗口，如果教材中对电化学概念定义不明确，将很难引导学生对概念形成正确的理解。而研究表明，很多教材对于电化学相关概念的定义表述都不够明确，容易引起学生的误解。

M. J. Sanger 和 T. J. Greenbowe 的研究显示，学生在辨别正负极时出现的困难与大学化学教材中的误导和错误介绍有关，这些教材导言的误导或错误介绍大部分是为了试图简化图表和证据[2]。Marohn 曾对教材中有关电极的定义做了研究。教材中通常将发生氧化反应的电极定义为阳极，发生还原反应的电极定义为阴极，却没有指明电子从哪儿来，到哪儿去。Marohn 建议应更明确地定义电极，如发生氧化反应的电极为阳极，粒子在该电极上失去电子；发生还原反应的电极为阴极，粒子从该电极上获得电子。

教材的不明确定义使得本来就抽象的电化学知识变得更加模糊难懂，学生也因此产生了很多的误概念。

四、教师不精确的表述

电化学的知识比较抽象难懂，因此在这部分内容的学习中，教师的作用是十分重要的。教师的讲解是否清晰，表述是否准确，直接关系到学生能否准确理解电化学的相关知识。但是，一些教师不精确的表述，不恰当的举例，常常加深了学生对该部分内容的误解，产生误概念。

[1] IHED A J. The development of moder chemistry [M]. New York: Dover Publications, 1984.
[2] SANGER M J, GREENBOWE T J. An analysis of college chemistry textbooks as sources of misconceptions and errors in electrochemistry [J]. Journal of Chemical Education, 1999, 76 (6): 853-860.

有研究指出，一些教师习惯将化学电池中的电子回路比喻成水的循环。但循环的意思是物质向某个方向流动，以形成一个闭合的回路，而化学电池中的回路包括电子流动和正负电荷移动两部分，并且阴阳离子是向两个不同的方向移动的。所以这样的类比容易使学生产生误概念。

而 O. D. Jong 和 J. Acampo 的研究报告说，教师在黑板上写出能斯特方程，然后给出一系列计算的例子，在例子中会应用能斯特方程，但是没有包含测量电势差的原电池实验。这种教学策略的结果是，学生不能理解结论或者答案。学生不清楚能斯特方程，也不清楚通过方程计算电极电势的方法，对于他们来说，这些都是一种单调的化学代数。

可见，教师对于知识的不精确表述和不恰当的类比的确会使学生产生误概念，导致学习困难。因此，教师在对这一部分知识进行讲解时，需要做到讲解清楚、表述准确、举例恰当，尽量减少学生因教师不恰当的讲解而产生的误解。

第三节　电化学的概念转变

基于之前的研究，得知学生对于电化学知识存在相当多的误概念，很多学生对于电化学基本概念的表征仍停留在较浅层次，不能从本质上理解这些概念，在应用概念解决问题时也存在很多过程性困难。

概念是学生在学校学习中获得的一项重要的学习结果，是进行其他认知活动的基础,概念教学在学校教育中处于重要地位。正如 Klausmeier 所说:“在所有课程中，几乎大部分时间都在进行概念教学。像这种体现人类思维方式发生深刻变革的关键性概念，怎样被个体所认识？个体的认知过程遵循怎样的发展模式？个体形成这些概念的水平是否可以作为其思维水平的指标？换言之，个体形成了这些概念后是否也能够引发其思维水平质的飞跃？我们的化学教学,在遵循思维发展规律的前提下,在概念的形成发展方面起了怎样的作用，还有哪些问题和不足，如何加以改进以缩短这种发展的进程，如何更有效地提高化学的思维水平等等都有待于进一步的研究和探讨。”

研究表明，概念教学的策略和手段是影响学生概念学习的重要原因之一。学生学习概念的一般模式是什么？怎样通过教学促进学生的概念学习，使学生形成良好的认知结构？具体到电化学概念学习,怎样帮助学生从本质上理解电化学相关概念,促进其误概念的转化？本节研究将对以上问题做出详细的探讨。

我国目前的教学状况是，学生的学习往往是进行大量的试题训练，然后反复操练，进而达到熟练的程度。教师很少对科学概念的教学进行研究，对于学生如何理解概念,学习时遇到什么困难以及学生学习概念的心理机制如何等方面都知之甚少。在这种情况下，教师只能是一味地让学生读概念，背概念，然后就是大量习题训练。学生在训练之后，碰到类似的题目却不会做，以前的难点依然是难点。很显然，这种低效率的教学方式并不利于学生认知水平的发展和专业素养的提高。

要对学生进行科学概念教学，首先必须了解学生概念建构的模式，认识其学习的心理机制。只有遵循学生学习的心理特征，科学而有规律地开展教学工作，才能达到事半功倍的效果。

一、学生概念建构的模式

如果对化学概念没有清晰的认识，就谈不上形成化学的思维方法和掌握有效的化学学习方法。中学阶段较难的知识点容易导致学生对概念理解不深刻，概念应用时水平较低。奥苏伯尔从认知结构的完善或成熟程度的角度来研究错误概念产生的原因。他认为，在学生的认知尚不成熟，心理准备尚未充分的情况下，强迫学生进行概念学习，必然会使学生产生错误的概念。

建构主义学习理论认为，学生并不能通过简单的记忆和背诵获得概念，学生要获得概念必须执行认知的全过程，经历自身对概念的建构，构建起概念中各要素之间的联系。其一般的过程是：学生获得一定量的信息，对信息进行质疑、抗争，而后通过已经具有的知识整合，从而获得新知识，形成新理解，最后，通过应用而得到巩固。归结起来，学生学习化学概念的一般过程是概念构建，辨析、理解，应用巩固，组织精化四个阶段。谢祥林等[1]认为概念建构是化学概念学习的最重要的阶段，学生学习过程中概念建构阶段的一般模式如图 6-1 所示。

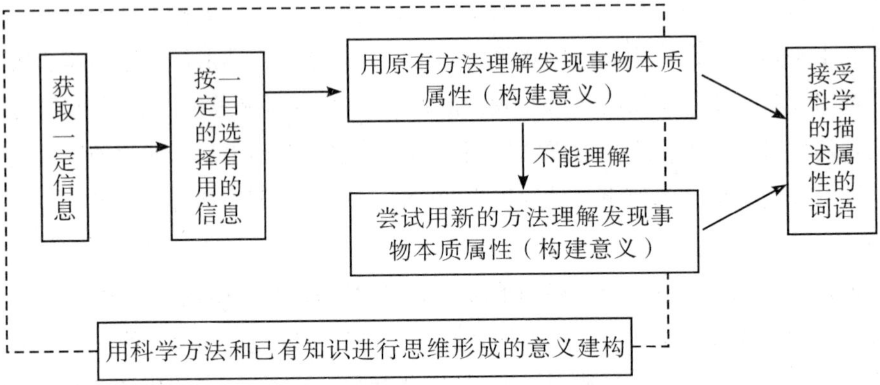

图 6-1　学生概念建构的一般模式

概念建构过程的一般模式表明，学生形成化学概念，首先要对概念进行构建。概念的形成并不能无中生有，学生必须通过一系列观察获得信息，必须拥有一定的事实材料。事实材料的多少、获得的顺序以及组合的方式都会直接影响学生对概念的构建。获得的事实材料有多方面的属性，从事实材料中得到的信息可能是十分庞杂的，有些对概念的形成是无用的，这要求学生按一定的方向选择对概念形成有用的事实材料的属性。

对事实材料的属性选择以后，学生就要用一定的科学思维方法处理信息。这时学生可能会用已有的思维方式对所选取的材料进行概括，这个过程也可以说是同化。然而，当学生用原有的思维方式建构概念遇到困难时，就必须尝试用新的思维方式

[1] 谢祥林，邓喜红. 化学基本概念学与教的一般方法原理 [J]. 中学化学教学参考，2006（10）：12–14.

去处理信息（即顺应学习），此时学生应能对所选择的信息形成概括，应能用自己的语言进行概述或接受科学描述的语言以形成概念，从而完成概念的建构过程。在概念的建构过程中学生会认识到同一事物可以从不同的角度进行认识，这时学生的思维能力会得到相应的发展，学生学到的不仅是概念知识，还有新的思维方法。从学生能力发展的角度来看，真正能促进学生发展的不是知识，而是获得知识的过程和方法。

概念的建构只是概念学习的第一步,然而这一步又是概念学习中最关键的一步。如果学生只能背诵概念，那么他实际上并没有掌握概念，其思维能力也没有得到应有的发展，在后续的学习中，他只能接受性、记忆性地学习。这就是我们常见的学习现象——背概念。用这种单纯的背诵方式学习概念，会导致学生在问题的条件发生变化时，不能灵活地应用概念解决问题。

二、化学概念转变的教学策略

很多学生不能理解一些化学的关键性概念，如物质的量、电化学、化学平衡等。研究表明，造成这种学习困难的主要原因有两个：概念的抽象性，术语的新颖性。在教学过程中，教师应针对这两个主要原因，有的放矢地进行概念教学。

概念教学中首先要注意的是对抽象概念的识别和传授要得心应手。这要求教师不仅把事实看作重要的基础性知识，而且要视其为一种手段，用于促进对关键性概念和概念性思想的更深层次理解。教师要能够不断地、反复地实践，从而识别从具体主题中产生的核心概念、深层内容和原则，来帮助学生进行超越事实的思维。对于那些已习惯于事实知识而不是观点学习的学生，这种思维转换有一定的难度。这需要教师具备足够的耐心和孜孜不倦的努力。只要教师坚持不懈，学生们就会逐渐理解事实与重要思想的相关性。

此外，化学概念教学还要抓住学生学习的心理特点，恰当运用各种方法，将抽象知识具体化、形象化，以促进学生的理解。何景申提出要理解内涵、熟悉外延、抓住综合典型例子来学习化学概念，适当地对比记忆，在应用中学习概念的要点。王涛在归类理论指导下，认为化学概念学习既要运用生动直观的形象以获得概念的各种属性，又要分析化学概念的关键属性，以将有关的信息具体化、形象化；既要掌握概念，又要学会迁移、应用，以逐渐形成网络化的概念结构。张竹云认为化学概念学习要充分应用奥苏伯尔的有意义学习理论，即要让学生在学概念时主动、积极地与以前头脑中的知识建立联系（上位的、下位的、并列的），从而不断充实、完善其化学知识结构。

学习电化学知识时，学生存在相当多的误概念，这造成了学生在概念认知以及问题解决上的困难。那么，如何促进学生误概念的转变，使学生透彻地理解电化学知识呢？研究认为利用概念图、微观过程模拟（通过图片和计算机）、概念转化文本等方法可以促进误概念的转变。

1. 运用概念图

R. White 和 R. Gunstone 等的研究表明，概念图能够有效地帮助学生减少误概念。因为概念图将相关的概念联系起来，显示出概念之间的关系。而且概念图还能将学生新学的概念融入已有的认知结构中，最终形成较为完整的概念系统。

2001 年，Ludo 等人选取比利时高中阶段最后一学年的学生作为研究对象，进行电化学 6 个课时（每个课时 50 分钟）的教学研究。研究中将学生分为实验组和控制组，实验组用概念图对学生进行电化学教学，而控制组用常规方法教学。在实验组的教学中，教师提供概念图的框架和概念间的一些连接词，让学生画出简单的概念图。学习了一段时间之后，再用同样的方法要求学生画出一些较为复杂的概念图。研究结果表明，实验组的学习效果要明显好于控制组。Ludo 认为，如果对学生进行更长时间的有关概念图的训练，实验组和控制组在学习复杂概念时的差异将会更加显著。

概念图可以增强知识的结构化程度，有效地帮助学生学习复杂概念，减少学生在学习中产生的误概念，是一种促进误概念转变的有效手段。

2. 利用概念转化文本

概念转化文本是通过将科学概念以例子、问题或解释的方式与学生的错误概念对照，提醒学生常见的错误概念，帮助学生建构各知识点之间的联系，帮助学生形成科学观点。许多研究表明，概念转化文本对学生理解科学概念有帮助。

2005 年，A. R. Özkaya 等选取 74 名大一年级学生作为研究对象，进行原电池教学研究。他们将原电池的相关知识分为 8 个领域，并确定每个领域的概念理解任务，以问题形式呈现（即概念转化文本的制作），作为实验组学生的补充材料。概念转化文本让学生在系统学习之前先进行交流讨论，与其前概念产生认知冲突，并通过科学解释告知学生常见的电化学错误概念。经过一段时间学习后，利用研究者编制的概念测试题和问题解决能力测试来评估实验组和对照组的差异。结果表明，实验组的学生无论在概念测试题中还是问题解决测试中都有较好的成绩。

概念转化文本可以引发学生的认知冲突，诊断学生的前概念，让学生通过阅读指导材料将所学知识在大脑中进行初步连接，帮助知识系统化，有助于学生误概念的转变。

3. 模拟微观过程

造成学生理解困难的一个很重要的原因就是，学生对化学微观过程的抽象认识能力有限。学生在表征化学知识的时候，通常局限于宏观水平。有不少学者提出可以利用现代信息技术手段来模拟、揭示化学微观过程，使学生从微观水平上认识化学。

2004 年，T. M. Yang 等选取中东的大学生进行有关研究。研究素材是学生熟悉的内部装有两节干电池的手电筒。在实验组的教学中，计算机生动地将干电池的每一部分及其作用的原理展示出来，并且与化学电池每个对应的部分相比较。然后再利用计算机向学生展示预先设计好的手电筒内部工作过程的模拟动画：当我们打开手电筒时，电子是如何移动以形成一个完整的电路从而使小灯泡变亮。学生只要点击一下某个电极，计算机就会显示出在电极上是如何得失电子的，相应的化学反应方程式也会显示出来。这样的图像信息和简短的描述以及化学方程式将同时用来帮助学生学习概念。研究表明，实验组学生对于有关电化学的知识有了更好的认识，获得了更多细节化的知识，深化了对电化学知识的理解，促进了误概念的转变。

事实证明，用现代技术手段模拟微观原理，可以将微观的过程宏观化，有助于学生了解更多细节化的知识，深化对于知识的理解。

三、电化学概念教学的建议

由于概念的抽象性和多变性，电化学概念教学一直是教学工作中的难点。学生对于原电池、氧化还原半反应、电解质导电等知识的理解都存在困难。通过对国内外研究的分析，我们发现，要促进学生对于电化学概念的理解，并不是通过改变某一教学环节就可以实现的，而是要从知识结构的安排、教材内容的呈现、教学策略的设计等方面进行系统的改进。

1．知识结构的安排

前概念的存在会对学生学习新的概念产生影响。在进行电化学概念教学时，应尽量将其与学生头脑中的前知识联系起来,这样可以帮助学生更加有效地理解概念。电化学概念的选择和顺序安排应该更符合学生的认知结构，电化学知识结构的安排应该是建立在能够更好地教和学的基础上的。

研究人员建议，按照学生的认知发展水平及认知特点调整电化学的知识结构。这种调整包括调整一些概念的先后顺序，也包括将一些知识由中学阶段转移到大学阶段介绍。

对于教师在电化学概念教学的问题的研究中，J. Acampo[1]建议了一种电化学的知识结构。这种结构将电极反应的概念作为电化学的开端，因为这可以与学生的化学反应的前概念联系起来。接下来介绍电极的概念，因为这加入了电极反应的位置特点。再接下来应该介绍电解的概念。在介绍了这三个现象的概念后，介绍三个粒子性的概念，即电子转移、电子流动和离子流动。接下来是符号的概念、电势差的测量值以及它与浓度的关系。在教学的最后，应该介绍电势差的计算概念以及标准电极电势表中的数值。

O. D. Jong 等[2]认为，将能斯特方程放在中学电化学中是不恰当的，因为据之前的报道，这个方程会引起学生很多的误概念和过程性困难。他们建议将能斯特方程从高中的教学大纲和教材中转移到高等教育中，这样有助于学生学习测量不同浓度分布下的电势差（标准曲线）。作为一种测量值和与浓度相关的值，电势差的概念可以得到进一步发展和应用。

合理的、符合学生认知特点的知识结构安排可以帮助学生更加有效地理解概念。因此，教师在教学时，可以对教材中的概念顺序做出适当的调整，按照学生的认知规律讲解概念，帮助学生完成概念的顺应和同化过程，使其更好地理解概念。

2. 教材内容的呈现

电化学概念抽象复杂，而其中微观的电子传递过程更是学生学习和理解的难点。教材内容如何呈现这些抽象、微观的概念和过程，会直接影响到学生对概念的理解程度。直观、清晰的过程展示更能帮助学生理解电化学反应的原理。因此，教材内容在呈现的过程中，应考虑学生的认知特点，尽量清晰、直观地展现内容，让学生对于该部分的知识形成感性认识，加深对知识的理解。

在我们的高中化学教材中，大多是经典的电池图示，这些图大多没有描绘电子转移或阴阳离子移动的微观过程，这会给学生理解电流的产生、电子的转移、阴阳离子的移动带来一定的障碍。C. Raymond[3]在 *Chemistry* 中结合图片，将电池的微观过程做了清晰的描述。他在书中指出化学电池是利用自发氧化还原反应而产生电流

[1] ACAMPO J. Teaching electrochemical cells: A study of teachers' conceptions and teaching problems in secondary education [M]. Utrecht: CDB-Press, 1997.

[2] JONG O D, TREAGUST D F. The teaching and learning of electrochemistry [M] //GILBERT J K, JONG O D, JUSTI R, et al. Chemical education: Towards research-based practice. Dordrecht: Kluwer Academic Publishers, 2002: 317-337.

[3] RAYMOND C. Chemistry [M]. Boston: McGraw-Hill, 2002: 675-678.

的实验装置。发生氧化反应的电极叫负极，发生还原反应的电极叫正极。通过展示微观过程的示意图，学生可以从感官上理解原电池反应中电子传递的过程。直观的图示结合文字的介绍，使学生清楚地认识了原电池、正极和负极，教学更加有效。由此建议教师在选择教学内容时，应尽量给出能模拟微观过程的图示或动画，将抽象的过程具体化，帮助学生理解电化学概念。

3．教学策略的设计

教师的教学策略是影响教学效果的重要环节。在课堂教学中，教师如何呈现概念，如何引导学生去思考、理解概念，都将影响学生学习概念的效果。因此，教师应设计合理的教学策略，在教学过程中逐步引导学生，帮助他们把书本上的知识内化为自己的知识。

帮助学生内化知识的教学策略有很多，如概念图、多层次表征等。在多种有效的教学策略中，这里具体介绍一种，即以问题为导向的整体教学策略。这种策略以心理学的方法——出声思考与问题解决（Thinking Aloud Pair Problem Solving，简称TAPPS）作为教学手段。Williamson 等的研究表明，出声思考与问题解决（TAPPS）相对于传统方法能更有效地提高学生问题解决的能力，而且对概念的学习有良好的效果。学生可以向老师提问或回答不同层次的问题，这样可使学生以新的方式来思考学习材料，因为他们必须对所学的内容说出自己的真正想法，阐明自己的观点。这个过程使学生对自己的观点加以澄清并调和冲突之处，从而实现概念的转变，重新建构或重组自己对概念的认识。

在最初学习原电池概念时，学生会对丹尼尔电池产生一定的困惑，因为这种电池看起来并不像电池。Barral 等给出了一个教学策略。在学生实验中，一片打磨过的锌片放在盛有硫酸溶液的烧杯中，干净的铜片放在另一个盛有同样硫酸溶液的烧杯中。学生对于这两个实验都很熟悉。随后，重新清洗两片金属，用金属导线相连，放入第三个盛有硫酸溶液的烧杯中。不到一分钟，金属锌片不断溶解，金属铜片上可以观察到气泡。这时教师不要向学生解释这是因为锌失去电子，氢离子在铜上得到电子；也不用指出有电流通过，也就是形成了原电池。教师要求学生写下他们观察到的现象，自己解释气泡产生的原因。在班级讨论了学生的解释后，在电路中放一个电流表，以验证有电流通过导线。在完成了关于实验的讨论后，J. Acampo 根据实验提出问题：为了尽可能多地提供电流，应该怎样改变电池？这就开始介绍两个带溶液的烧杯，两个烧杯间用“联系物”连接在一起。学生会尝试找出哪种物质是最好的，以及试图解释为什么是这样的。这样，就介绍了半电池的概念。在这一系列实验的最后，学生就不会再认为丹尼尔电池是一种奇怪的装置了。

在上面这个案例中，教师先创设学生熟悉的情境，激发出学生的前概念，再逐步引导学生，帮助他们将前概念与目前所学概念建立联系。之后利用以问题为导向的教学策略，让学生讨论、解释现象，并尝试提出一些解决问题的想法。在这个过程中，学生跟随教师的引导，积极思索，引发了概念的冲突，重组了对于概念的认识。

第四节　电化学概念的表征

表征作为现代认知心理学的一个核心概念，有其重要的意义。著名的认知心理学家安德森认为，“通过多种方式应用从自己的经验中获得知识，认知才得以进步。理解知识如何应用的前提是理解它如何在人脑中表征的”。西蒙也曾指出，“表征是问题解决的一个中心环节，它说明问题在头脑中是如何呈现的、如何表现出来的”。在化学教育领域中，对化学概念表征的研究成为研究化学概念认知的基础。

研究表明，学生对于化学问题有不同层次的表征：文字表征、具体表征、抽象表征、形象表征和数字表征等。学生化学概念理解水平显著影响其问题解决时的表征程度（包括表征时间的长短和表征正确率的高低）。化学概念掌握好的学生，不仅表征时间短，而且表征正确率高；化学概念掌握差的学生，不仅表征时间长，而且表征错误率高。可见概念的表征可以反映学生的概念理解水平。

国内外对于电化学的研究主要集中在电化学的误概念以及教学研究上，对于不同阶段的学生电化学概念表征深度的研究仍然较少。方婷、王祖浩研究学生电化学概念的认知发展时，探查了学生对于电化学基本概念的表征水平，并分析了不同年级学生进行概念表征时存在的差异。本节主要以该研究为例，介绍学生关于电化学概念的表征。

一、电化学概念表征的研究

电化学概念是电化学现象、化学过程的本质属性的反映。学生对电化学基本概念的理解有什么特点？方婷、王祖浩通过实证研究，探讨了学生对电化学概念的表征。

电化学概念系统包括原电池、电解池、正极、负极、阳极、阴极、电极、电极电性、电解、电解液、电极电势等概念。根据这些概念在电化学知识系统中的作用，分析认为电化学中原电池、电解池、正极、负极、阴极、阳极是电化学的基本概念，在电化学知识系统中占主导作用。由于这六个概念有一定的依存关系，因此将其分为三组，分别为电解池与原电池，正极与负极，阴极与阳极。下面将分别介绍学生对这三组概念的表征情况。

1. 原电池与电解池概念的表征

不同教材对原电池与电解池的定义不同。华彤文等主编的《普通化学原理》一书中指出："利用自发氧化还原反应产生电流的装置叫原电池；利用电流促使非自发氧化还原反应的装置叫电解池。"[1]中学教材则大多是从能量转换的角度进行定义的。研究发现学生对这两个概念的描述形式有很多，具体见表 6–4。

表6–4 学生关于原电池与电解池概念的表征

学生表述选录
原电池就是可以发电的装置，电解池是可以充电的装置
原电池是利用自发的氧化还原反应形成电流的装置
电解池中有电解液，有阴阳极，还有电源
原电池是将化学能转化为电能，电解池是将电能转化为化学能

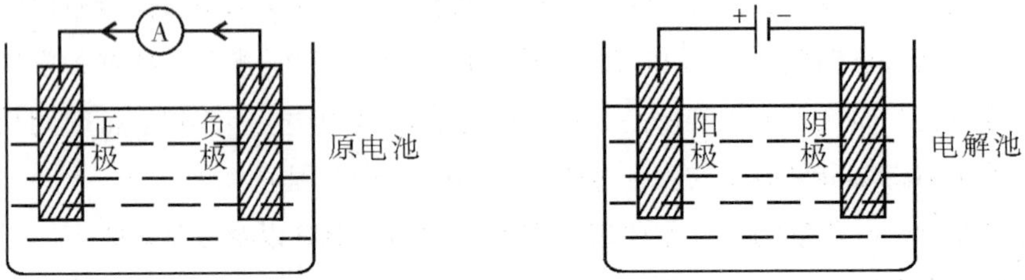

从中可以看出，学生对原电池与电解池的两个概念的表征形式有文字表征、图形表征等。在进行文字表征时，学生主要从电池组成、氧化还原反应、能量转化等方面对原电池和电解池进行描述。

2. 正极与负极概念的表征

通常情况下，原电池的两极分为正负极。而学生对于正负极的理解程度会影响学生对电极的判定、电极反应的书写、电子流向的判定、电极产物的判断等相关问题的解决。对正负极的定义，不同的大学教材或是中学教材也不尽相同，如傅献彩等主编的《物理化学》中把电势较低的电极称为负极，把电势较高的电极称为正极[2]。学生关于正负极的表征形式也多种多样，如"正极是较不活泼的电极或不能和电解质溶液反应的电极""发生还原反应的是正极"等。具体的表征形式见表 6–5。

[1] 华彤文，杨骏英，陈景祖，等. 普通化学原理［M］. 第2版. 北京：北京大学出版社，2003：188.

[2] 傅献彩，沈文霞，姚天扬. 物理化学［M］. 第4版. 北京：高等教育出版社，2005：507.

表6-5　学生关于正负极的表征

学生表述选录
正极是较不活泼的电极或不能和电解质溶液反应的电极
发生还原反应的是正极，发生氧化反应的是负极
得到电子，化合价降低的是正极，失电子的是负极
电流流出的是正极，电流流入的是负极
电势高的电极称为正极，电势低的电极称为负极
用“+”“-”表示正极、负极

可见，学生对于正负极的表征形式主要有文字表征、符号表征、图形表征等方式，从电极的活泼性、电子转移、氧化还原反应、电势高低等方面对正负极进行描述。其中很多学生只是单纯地记忆原电池的正负极，认为“负极发生氧化反应，正极发生还原反应”，而没有从本质上理解正负极的概念。

3. 阴极与阳极概念的表征

在电化学中，将在电极表面发生氧化反应的电极称为阳极，发生还原反应的电极称为阴极。中学化学电解池中常涉及阴极、阳极。从学生对阴阳极的描述来看，发现不同年级学生的描述有一定的倾向性，表征形式多样，见表 6-6。

表6-6　学生关于阴阳极的表征

学生表述选录
与外部电源正极相连的是阳极，与负极相连的是阴极
阳极一般由活泼性较强的金属组成
阳极是失去电子的一极，阴极是得到电子的一极
阴极是发生还原反应的电极，阳极发生氧化反应，化合价升高
阳极带正电，阴极带负电
阴极：$Cu^{2+}+2e=Cu$　　阳极：$Cu-2e=Cu^{2+}$

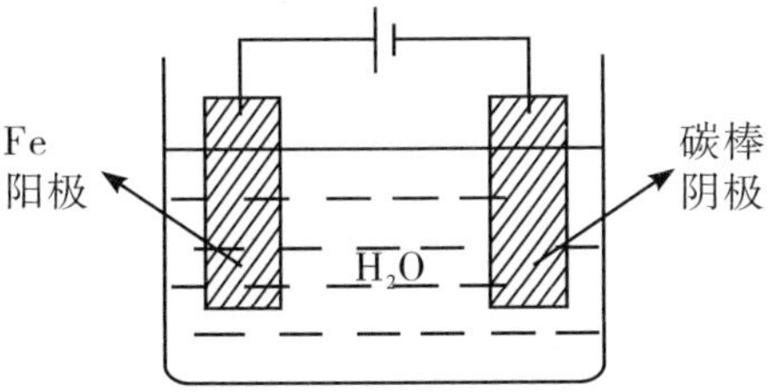

可见，学生关于阴阳极的表征形式丰富，主要有文字表征、符号表征、图形表征等。其中符号和图形表征都是列举出具体实例进行描述，而不能进行概念的原型表征。文字表征中，学生主要对电源连接方式、电极构成、电子得失等方面进行描述，呈现出不同的表征水平。

二、不同年级学生表征层次的差异

表征水平有高低之分，邵瑞珍等认为表征分为两个层次：一是字词表层表征，指问题解决者逐字逐句读懂描述问题的每一个句子；另一个是深层表征，指在表层理解的基础上，进一步把问题的每一个陈述综合成条件、目标统一的心理表征。[1]为了进一步分析不同年级学生头脑中存在的错误概念及三组基本概念的表征层次的差异，按照学生的理解程度，将学生对电化学基本概念的表征分为浅、中、深三个表征层次。

浅层次表征，指对概念的外在特征进行的表征，它属于例证性表征，如有学生认为“负极是锌”；中等层次表征，指部分例题总结出的规律性表征，如有学生认为“负极指活泼金属”；深层次表征，指对概念本质、内在特征的表征，如有学生认为“失去电子的电极是负极”。在下面的内容中，将详细探讨不同年级层次的学生对于三对电化学基本概念表征的差异。

1. 原电池与电解池概念表征的差异

在对学生进行测试并分析结果后发现，高三和大一年级学生主要从能量转换、画图和电池组成三个角度对原电池与电解池进行表征，其中高三年级学生采取画图表示原电池与电解池的人数比例最大，大一年级学生从能量转换和画图两种形式表述的人数最多，大四年级学生主要从能否发生自发氧化还原反应和能量转换的角度来描述原电池和电解池。

为了进一步分析学生概念认知的特点，研究将学生对原电池与电解池的表征进行了分类，将从电池的组成等方面描述的定义为浅层次表征，从电池的功能角度描述的定义为中等层次表征，从能量转化的角度和能否发生自发的氧化还原反应角度描述的定义为深层次表征，并对不同年级三种层次的表征进行了统计分析，具体的统计见表 6–7。

[1] 邵瑞珍．教育心理学［M］．修订本．上海：上海教育出版社，1997：73–74.

表6-7　不同年级学生对原电池与电解池概念的表征层次的分布

	高三	大一	大四
浅层次表征	29.1%	20.2%	14.5%
中等层次表征	38.9%	24.2%	10.0%
深层次表征	32%	55.6%	75.5%

从学生的回答中，研究者发现，低年级的学生倾向于从电池的构成和化学电池作用的角度阐述对原电池和电解池的理解，属于浅层次表征。而学完大学物理化学的大四年级学生从氧化还原反应自发性的角度来理解原电池和电解池的比例最高，属于深层次表征。

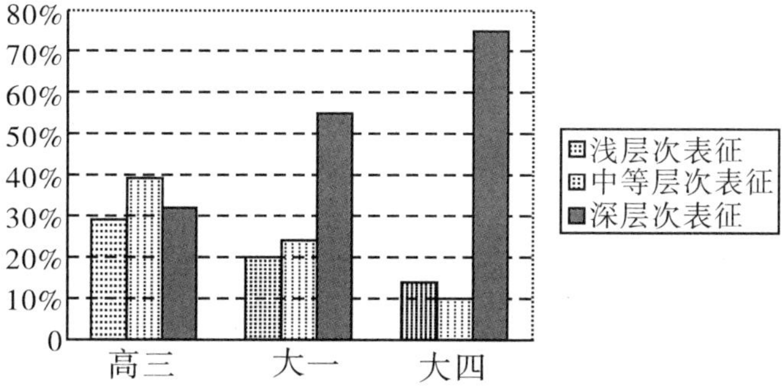

图 6-2　三组学生对原电池与电解池概念表征分布情况

从图 6-2 可以看出，随着年级的增长，学生对原电池和电解池的深层次表征所占的比例增高，浅层次表征所占的比例降低；大四年级学生低、中等层次表征所占比例明显减少。这说明低年级学生对原电池与电解池的表征比较分散，没有形成稳定的概念认知结构；而高年级学生对它们的理解相对比较深刻。

2. 正极与负极概念表征的差异

按照与上面相似的方法，根据外部特征描述的定义为浅层次表征，从金属电极活泼性的角度来进行描述的定义为中等层次表征，从电极反应类型和电子得失角度描述的定义为深层次表征。以此为依据,将不同年级三个层次的表征进行分析统计，结果见表 6-8。

表6-8　不同年级学生对正负极概念的表征层次的分布

	高三	大一	大四
浅层次表征	35.5%	25.0%	10.0%
中等层次表征	25.5%	10.9%	7.5%
深层次表征	39.0%	64.1%	82.5%

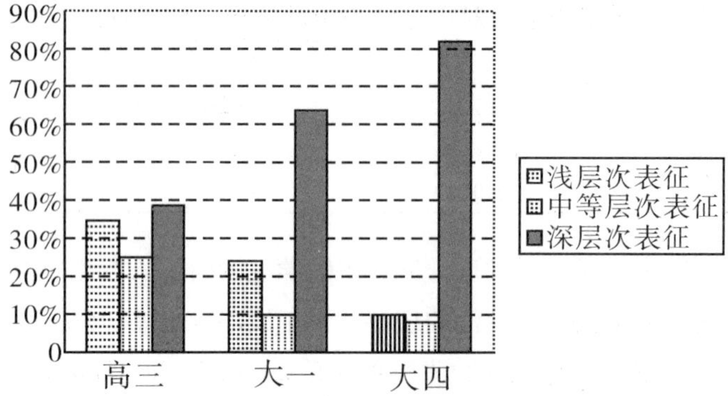

图 6–3 三组学生对正负极概念的表征分布情况

从图 6–3 中可以看出，随着年级的增长，浅层次表征的学生人数比例逐渐减小，深层次表征的学生人数比例逐渐增加；大四年级学生中进行深层次表征的比例最小。这说明低年级学生对正负极的概念的理解大多停留在表面层次，而经过高三复习之后的大一年级学生和学习了电化学的大四年级学生对正负极的表征相对深刻。高三年级学生刚刚学习电化学，他们表征知识主要以形象生动的图形和记忆书本上的概念为主。经过系统复习后的大一和大四年级学生以深层次表征为主。如果学生仅仅停留在了解概念的定义，建立机械的概念联系的阶段，而忽略概念内在蕴含的逻辑关系，就会影响知识的提取，从而导致学生在问题解决的推演过程中显得力不从心。

3. 阴极与阳极概念的表征差异

按照学生表征揭示本质的不同，将学生对于阴阳极概念的表征也分为三个层次：从外部特征描述的定义为浅层次表征，如电极与外部电源的连接方式；从金属电极活泼性变化角度描述的定义为中等层次表征；从电极反应类型和电子得失角度描述的定义为深层次表征。对不同年级三种层次的表征统计见表 6–9。

表6–9 不同年级学生对阴阳极概念的表征层次的分布

	高三	大一	大四
浅层次表征	27.9%	25.0%	22.0%
中等层次表征	26.6%	15.9%	8%
深层次表征	45.5%	59.1%	69.5%

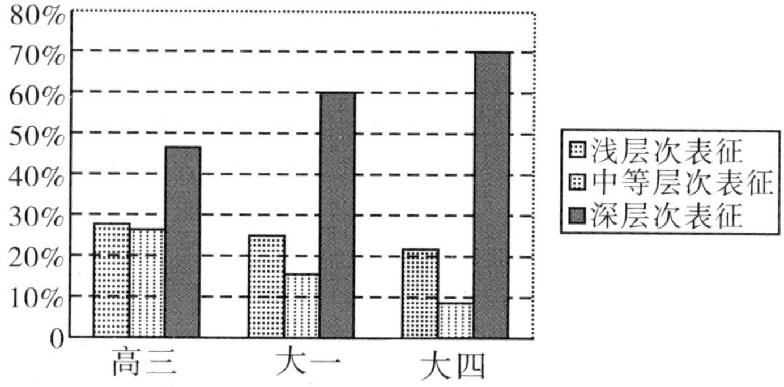

图 6-4　三组学生对阴阳极概念的表征分布情况

可以看出，随着年级升高，学生浅层次表征所占比例越来越小，中等层次表征三个年级都比较低，也就是说高三年级和大一年级学生规律性表征的人数比大四年级学生多，深层次表征表现出随年级升高所占比例变高的现象。不同年级学生对阴阳极概念的理解程度不一样，低年级学生较多地从与外部电源的连接方式、电极的活泼性等角度表征，而高年级学生较多地从电子得失的角度进行深层表征。

三、电化学概念表征的特点

通过对电化学概念表征研究的分析认为，电化学概念表征具有一定特征，主要表现为：概念表征方式的多样化，概念表征水平的差异性以及概念认知影响因素的复杂性。

1. 概念表征方式的多样化

研究表明，学生的电化学概念表征形式是多种多样的，既有文字表征，又有符号表征、图形表征；既有描述外部特征的浅层次表征，总结规律的中等层次表征，又有揭示本质的深层次表征。

除了正确的表征，学生也会形成很多不准确的表征，低年级学生尤为明显。当单独使用一套电极系统时，学生很少出现错误，而当两套电极名称同时采用时，很多学生就会产生概念上的混淆。这多是因为学生并没有理解这两套电极概念的本质，只是机械地记忆电极的位置或对应关系。这种机械记忆可以帮助学生暂时解决比较简单的问题，当概念系统的复杂性增加时，他们的理解就会出现困难。

2. 概念表征水平的差异性

研究发现，虽然年龄差异不显著，但经过大量练习的大一年级学生对电化学基本概念的认识比较全面，从规律性角度表征的较多。与大一年级学生相比较，初学电化学的高三年级学生表征的层次低，浅层次表征的人数比例较大，表现出对概念之间的联系认识不足。学过大学物理化学的大四年级学生表征层次比较深刻，能抓住概念的本质特征。

不同年级学生化学概念的认知结构不完善。从认知心理学的角度看，低年级学生在化学概念的学习过程中，因为在头脑中没有形成正确的电化学概念的图式，没有形成完整的图式或者图式间彼此相互抑制、相互矛盾，所以在理解化学概念或运用化学概念的时候，会不可避免地出现两种情况：一是受到前概念导致的定式思维的影响。问题信息进入大脑后，调动了原有的图式去同化、顺应，但是这些原有的认知图式根深蒂固，因而头脑中很难出现其他图式。二是思维肤浅导致错误。原因在于学生头脑中某些图式占据了支配地位，在学习概念的过程中，没有形成正确的图式，并且图式间发生了相互的矛盾和抑制。

3. 概念认知影响因素的复杂性

化学概念的形成是在感知活动、观察实验、经验事实的基础上进行的，它与学生的心理活动规律和认知结构特点有着重要联系，电化学基本概念也不例外。影响电化学概念形成的因素主要涉及学生日常经验、认知能力、概念的有关特征和无关特征、变式、定义等方面。

（1）生活经验的影响

生活经验或日常经验对学生形成电化学概念有着重要影响。这种影响可能是积极的，也可能是消极的，它取决于日常概念的含义与化学概念的内涵是否一致。当日常概念的含义与化学概念的内涵一致时，对学习产生积极作用；反之，当二者不一致时，就会产生消极作用。如日常“电”的概念对学习“电离”概念会产生干扰作用，使学生误以为电解质的电离是在电流作用下发生的。因此，教学中应在比较相关概念的基础上重点强调概念的内涵，从学生知识水平出发，尽量提供丰富的感性材料，引导学生科学、全面地观察、分析、运用直观获得的新经验来排除日常经验的干扰。

（2）变式的影响

变式是由同一事物变换呈现的不同形式，但万变不离其宗，事物虽有不同的表现形式，但其本质特征却可能是相同的。电化学概念的本质特征往往比较隐蔽、抽象，不易直接观察，难以把握。

在教学中提供合理、恰当的变式，对学生灵活准确地掌握化学概念的本质特征是非常重要的。为此，教学中应当充分运用变式，从不同角度和不同方面组织感性材料，使概念的非本质特征变异，本质特征突出，促进学生准确地把握概念的内涵和外延。

第七章 化学键相关概念的认知研究

化学键（Chemical Bond）是纯净物分子内或晶体内相邻的两个或多个原子（或离子）间强烈的相互作用力。使离子相结合或原子相结合的作用力通称为化学键。离子键、共价键、金属键都是化学键。

离子键（Ionic Bond）是通过原子间电子转移，形成正负离子，由静电作用形成的。静电作用包括阴、阳离子间的静电吸引作用和电子与电子之间、原子核与原子核之间的静电排斥作用。两个原子间的电负性相差较大时，例如氯和钠会以离子键结合成氯化钠，电负性大的氯原子会从电负性小的钠原子上抢走一个电子，以符合八隅体；之后氯会以 −1 价的方式存在，而钠则以 +1 价的方式存在，两者因正负相吸的库仑静电力结合在一起。

共价键（Covalent Bond）是原子间通过共用电子对（电子云重叠）而形成的相互作用。形成重叠电子云的电子在所有成键的原子周围运动。一个原子有几个未成对电子，便可以和几个自旋方向相反的电子配对成键。共价键饱和性的产生是由于电子云重叠（电子配对）时仍然遵循泡利不相容原理。电子云重叠只能在一定的方向上发生重叠，而不能随意发生重叠。共价键方向性的产生是由于形成共价键时，电子云重叠的区域越大，形成的共价键越稳定，所以，形成共价键时总是沿着电子云重叠程度最大的方向形成（这就是最大重叠原理）。共价键有饱和性和方向性。共价键的成因较为复杂，路易斯理论认为，共价键是通过原子间共用一对或多对电子形成的，其他的解释还有价键理论、价层电子互斥理论、分子轨道理论和杂化轨道理论等。

金属键（Metallic Bond）是由多个原子共用一些自由流动的电子及排列成晶格状的金属离子之间的静电吸引力结合而成。在金属晶体中，自由电子做穿梭运动，它不专属于某个金属原子而为整个金属晶体所共有。由于金属只有少数价电子能用于成键，因此金属在形成晶体时，倾向于构成紧密的结构，使每个原子都有尽可能多的相邻原子。一般金属的熔点、沸点随金属键的强度增大而升高。

在高中阶段，有关化学键概念的学习，学生存在一定程度的想象力障碍和理解困难，其原因主要在于化学键概念涉及微观粒子之间的作用，具有抽象性和复杂性，由此导致学生的认识与科学概念有所不符，而且很难矫正。

本章着重探讨：

（1）如何诊断学生在化学键认识上存在的误概念?

（2）化学键误概念的形成缘由有哪些?

（3）怎样更好地促进学生理解化学键概念?

第一节　化学键误概念的诊断

一、化学键的误概念

1．共价键的误概念

学生有很多关于共价键的误概念，主要涉及键的极性、分子形状、分子的极性、八隅体规则和晶格等方面。学生关于共价键的误概念呈现于表 7–1。

表7–1　学生关于共价键的误概念

分类	误概念
键的极性	等性共用电子对出现在所有的共价键中 键的极性是由键中每个原子所含的价电子数量决定的 离子电荷决定了共价键的极性
分子形状	分子的形状取决于键之间的排斥力 分子的形状取决于非键合的电子对之间的排斥力 键的极性决定了分子的形状
分子的极性	只有当分子有相近的电负性时，非极性分子才能形成 键的极性由每个原子键中价电子的数量决定 非键电子对影响共用电子对的位置和确定键的极性 分子有极性键时，分子一定是极性的 像OF_2类型的分子是极性的，因为氧中的非键电子形成正、负电荷
八隅体规则	N原子在键中可以共享5个电子
晶格	分子固体的高黏性取决于共价晶格中的强作用力

上述的学生关于共价键的误概念与 R. Peterson, D. F. Treagust 和 P. Garnett [1], R.

[1] PETERSON R, TREAGUST D F, GARNETT P. Identification of secondary students' misconceptions of covalent bonding and structure concepts using a diagnostic instrument [J]. Research in Science Education, 1986, 16 (1): 40–48.

F. Peterson 和 D. F. Treagust[1]，H. Özmen[2]等研究中总结的误概念相似。

例如“等性共用电子对出现在所有的共价键中”就是一个常见的误概念。在要求学生预测 HF 分子中共用电子对的位置并给出相应预测的理由时，经常会出现错误。“等性共用电子对出现在所有的共价键中”这一误概念的出现，意味着学生们忽视了电负性对共价键的影响，没有考虑生成非等性共用电子对的可能性。此外，一些学生似乎相信共价键的极性由每个原子中价电子的数量决定，或者认为非成键电子对决定键的极性。在 R. Peterson 等[3]的研究中也说明了类似的误概念。一些学生认为原子价电子越多，就能吸引更多电子，而这些电子确定了键的极性。因此，为了防止出现这一误概念，就需要强调说明共价键中原子电负性对共用电子对的影响，并试图让学生了解等性和非等性共用电子对如何出现在共价键中——当电子被强烈吸引到键的一边时，就规定键是极性的，这是由原子本身的电负性决定的。

另一类型的化学键误概念是有关分子形状的。学生似乎都认为键之间的排斥力、键的极性和非键电子对之间的排斥力这三者是分子形状的成因。举例而言，要求预测 N_2Cl_4 分子形状时，许多学生选择的答案就证明了这点。这些学生没有考虑氮原子中成键电子对和非成键电子对对分子形状的影响。另一例，要求预测 SCl_2 分子形状时，学生一般认为 SCl_2 是线性分子，这是因为学生只考虑到两个 S—Cl 键之间的排斥力而形成的错误的观念，有类似观念的学生就不会考虑 S 原子中的非成键电子。一些学生说 SCl_2 是 V 形的，这是依据非成键电子对之间存在排斥力而形成的解释。

2. 离子键的误概念

关于离子键的误概念有两种表征方式：一种是用陈述性知识的形式表示，另一种是用学生对离子键概念的心理模型进行描述。

首先，用陈述性知识的形式表示离子键，主要包含了以下方面的内涵。

（1）离子键是电子的流动式转移，而不是离子之间的相互吸引。电子转移的理由是形成充满的电子层。

（2）离子键仅出现在有电子转移的原子之间。这样，在固体氯化钠中钠离子与氯离子形成离子键，并与相邻的氯离子产生作用。

---

[1] PETERSON R F，TREAGUST D F. Grade-12 students' misconceptions of covalent bonding and structure [J]. Journal of Chemical Education，1989，66（6）：459-460.

[2] ÖZMEN H. The influence of computer-assisted instruction on students' conceptual understanding of chemical bonding and attitude toward chemistry：A case for Turkey [J]. Computers & Education，2008，51（1）：423-438.

[3] PETERSON R，TREAGUST D，GARNETT P. Identification of secondary students' misconceptions of covalent bonding and the structure concepts using a diagnostic instrument [J]. Research in Science Education，1986，16（1）：40-48.

（3）Na^+ 和其他离子都是稳定的，因为它们的电子层都排满了。

Robinson 构建了一个测试来诊断 11 和 12 年级学生关于离子键和结构的误概念，这一研究也同样证明了上述的结论。另外，Taber[1] 测量并分析学生关于离子键的概念，得出："学生认为原子的电子排布决定了离子键形成的数量；离子键仅仅在能给出电子和接受电子的原子之间形成；阴阳离子结合，产生的交互作用就是作用力。" Smith 研究了 12 年级学生对分子和离子化合物的理解，证明学生不能理解 NaCl 中离子键的空间性质。学生认为 NaCl 是通过共价键结合而形成分子的。还有学生认为 Na 和 Cl 原子是共用电子对的，属于共价键型的。但实际上这两类微粒是通过离子键形成晶格的。

另一种描述的方式是心理模型，研究表明学生更喜欢用简单的心理模型来解释离子键概念，如图 7-1 和图 7-2 所示。这与科学的示意图存在很大的区别，学生存在一定的误概念，例如：离子键通过电子流动式转移而形成，而电子转移是由于两原子为了形成八电子构型的全充满结构，达到稳定的状态等。

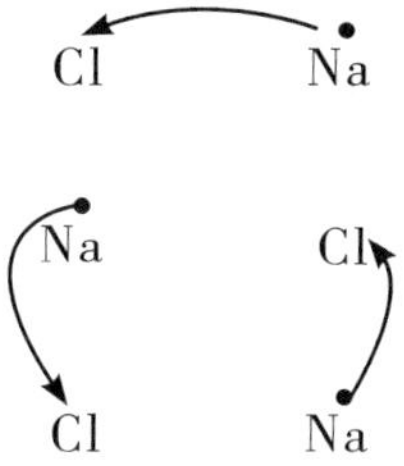

图 7-1　学生关于 NaCl 中离子键错误的示意图之一

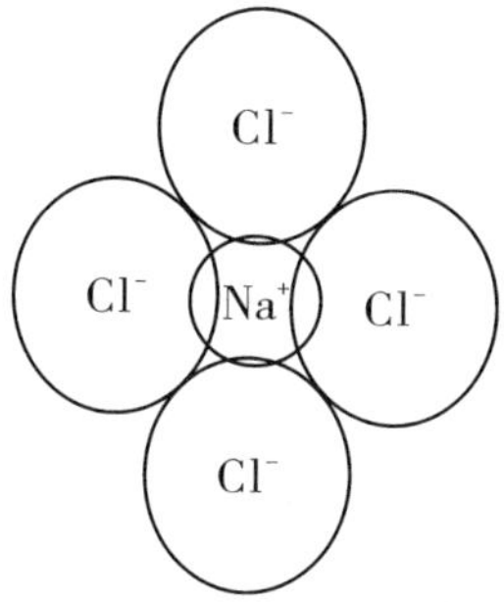

图 7-2　学生关于 NaCl 中离子键错误的示意图之二

R. K. Coll 和 D. F. Treagust[1, 2] 都通过对中学生、大学生和大学毕业生的研究证

[1] TABER K S. Student understanding of ionic bonding: Molecular versus electrostatic framework? [J]. School Science Review，1997，78（285）：85-95.

[2] COLL R K，TREAGUST D F. Learners' mental models of chemical bonding [J]. Research in Science Education，2001，31（3）：357-382.

[3] COLL R K，TREAGUST D F. Learners' use of analogy and alternative conceptions for chemical bonding [J]. Australian Science Teachers Journal，2002，48（1）：24-32.

实了上述的观点。

3．分子间作用力的误概念

学生也存在许多关于分子间作用力的误概念，如下所述。

（1）分子间作用力比分子内作用力要强。

（2）分子间作用力不会出现在像水这样的强极性分子的物质中。

（3）分子间作用力只存在于一个共价分子内。

（4）当物质改变状态时，分子内作用力被破坏，分子间作用力不变；当物质改变形状时，则共价键被破坏。

（5）强分子间作用力出现在一个连续的共价网络中，或者是强分子间作用力存在于一个连续的共价固体中。

（6）分子间作用力会引起反应。

（7）未成对电子不会形成氢键。

（8）分子间作用力会被重量影响。

（9）范德华力只在惰性气体之间形成。

N. K. Goh 等研究了学生的误概念，发现学生认为分子间作用力比分子内作用力要强。Kayali 对 9 年级的学生有关分子间作用力的概念进行研究时，也得出了类似的结论。

4．金属键的误概念

对于金属键的误概念主要通过心理模型进行分析和描述，最终得出了以下的结论。

（1）金属不能形成化学键，因为金属中的所有原子是一样的。

（2）在金属中只存在作用力，不存在化学键。

（3）金属中存在共价键和（或）离子键。

（4）金属键只在合金里出现。

K. S. Taber 研究了有关金属键的心理模型，也得出了类似的结论。

二、化学键的科学概念

1．科学家关于化学键概念的理解

科学家认为需要使用相关的物理原理来解释所有的化学键，这一过程通过强调“键”概念是高度复杂的这个事实开始。举例如下。

科学家 A：“我教授基础化学，发现学生的概念中存在极糟糕的问题，我试着来解决它们，但是不那么简单。我认为这问题部分源于定性和定量的化学思想方式的冲突，而且它是长期固化的结果。”

大部分的科学家提出了几个本该用于描述和解释化学键的基本原理和中心概念的观念，表述如下。

（1）量子力学是科学家公认的可用来对化学键问题计算和得到结论的定量理论。

（2）库仑规则本应该作为理解化学键概念的一种基本定性工具。

（3）根据库仑规则，所有化学键是基于排斥与吸引的静电力。

（4）“模型是必要的但不是充分的”这种陈述被量子理论所约束，例如测不准原理。库仑规则涉及带电微粒,然而在不确定原理下电子因为其二元性被形容为波、粒。因此，库仑规则不能给我们提供定量的基础。

（5）存在两个原子核之间和电子之间的排斥力，以及电子与原子核之间的吸引力，化学键是最稳定的，根据量子计算在这一点上排斥力和吸引力是同等的。

（6）当系统的能量最小时，也就是达到完全平衡点时，两原子之间的化学键是最稳定的。

（7）存在广泛的静电力，就是化学键。

（8）在离子键和共价键间有交集，不是独立的。

（9）每两个原子间的作用可以通过它们的键能和键长刻画。

（10）电负性对于理解键而言是一个非常重要的概念，是任何单个原子、离子或分子的标准性质。

（11）没有完全的离子键，所有的离子键都有部分的共价性。

（12）两个金属原子（像 Li_2）之间的键基本上是共价的。在晶格中，科学家通过电子之间的距离来观察“共价”和“金属”键之间的区别。

2. 中学化学教师关于化学键概念的理解

通过对许多中学化学教师的访谈，总结出以下有关于化学键概念的认识。

（1）库仑规则是理解所有化学键的核心。我们应该利用它来解释所有种类的化学键。

（2）相互靠近的两个原子，存在两个原子核、两个原子核外电子之间的排斥力和原子核与电子之间的吸引力。两原子之间的化学键在吸引力和排斥力相等的这一点上是最稳定的，在这点上，键长和键能是确定的。

（3）强调化学键共同的基本性质是很重要的。

三、化学键的误概念诊断

化学键误概念一般采用调查访谈、纸笔测验、学生画图等方法进行分析诊断。

1. 调查访谈

G. Nicoll[1]使用结构访谈的方式来诊断学生的化学键误概念，例如："化学键"这个术语对你有什么含义？还可以提问一些更加具体的关于特定物质的问题："你可以画出甲醛的路易斯结构式吗？""如果你手中有一个样品可能是水或是甲醛，如果你可以无限放大你看到的东西，能否请你描述你看到了什么？"

在访谈的过程中，研究者可以直接获得被访谈者的认知情况，能够探查学生真实的想法。访谈的另一个优点在于，它可以逐步递进地去发掘学生深层次的理解。除此之外，在访谈中利用提示卡片可以让研究者和被访谈者讨论一些需要很多时间或是不易观察到的事件。

访谈的缺点在于难以分类数据，需要对口头表述的内容进行转录等。但是访谈提供了一种深入了解学生思维的方法，特别是当访谈中涉及日常生活中相似的案例，可以鼓励学生进行自由交流。

H. K. Boo[2]针对 48 名来自新加坡 5 所不同学校的 12 年级学生，用 5 种化学现象做主题：在空气中加热铜片；蜡烛的燃烧；本生灯的点燃；镁条与 HCl 溶液的反应；$Pb(NO_3)_2$ 溶液与 NaCl 溶液的反应。以访谈形式展开研究，借以了解学生对于化学反应发生的原因，物质如何变化以及化学反应能量变化等相关概念的理解。

访谈结果统计整理表明，即使学生已经系统地学习过离子键、共价键和化学反应的熵变、焓变等概念，但是在解决问题过程中，仍旧无法恰当地运用这些科学概念，而是习惯从个人经验和感觉的角度回答问题。例如：

（1）半数的学生认为化学键的形成需要吸收能量，而化学键断裂则要释放能量。因为从宏观角度来看，某一事物的形成要消耗能量，学生很自然地将宏观经验混用到微观过程中去。

（2）对于共用电子对，学生将其理解为"分享"——每个原子提供一个电子，就好像好朋友之间分享一个苹果。事实上，如果每个人只拿出一个苹果的话，那就不是真正意义上的分享了。

2. 纸笔测验

纸笔测验一般包括四种类型：多项选择题、多段式多项选择题、开放式问题和

[1] NICOLL G. A report of undergraduates' bonding alternative conceptions [J]. International Journal of Science Education, 2001, 70 (3): 190-192.

[2] BOO H W. Students' understandings of chemical bonds and the energetics of chemical reactions [J]. Journal of Research in Science Teaching, 1998, 35 (5): 569-581.

自由评述。纸笔测验虽然不如访谈详细，但也是一种很有效的诊断方式。

使用多项选择进行测验的缺点在于当教师分析学生的成绩时，不易区分出哪些是学生猜想的，哪些是他们本身拥有的误概念。

多段式多项选择题，每题包含两部分。第一段包括一个基本问题，该问题有 2、3 或者 4 个选择项；第二段包括 4 个相对于第一个问题的可能的解释性答案。每题的两段问题都答对了就是全对，只答对一段的则得一半分数。

【举例 1】

1A. 下面哪一个最能表现 HF 分子共用电子对的位置？

（1）H　:F　　（2）H : F

1B. 我选择这个答案的理由是：

（A）非键电子影响键和共用电子对的位置

（B）氢和氟形成共价键，电子对必须位于中央

（C）氟对共用电子对有强烈的吸引

（D）氟是两个原子中较大的一个，所以对共用电子对有更大的控制

只有两个问题都选对了，才能认为学生的回答是完全正确的。

这样的诊断测验可以用于探查相对复杂的概念，例如在学习有关分子形状的详细资料以及预测简单分子的形状等方面。

D. F. Treagust[1] 就利用此类测验得出学生关于水和硫化氢形状的概念。

a. 水（H_2O）和硫化氢（H_2S）有相似的构型，呈现 V 字形的结构。在室温下，水是液体，而硫化氢是气体。水和硫化氢状态的不同是因为有强烈的分子间作用力出现在：

（1）H_2O 分子　　（2）H_2S 分子

b. 选择这个答案的理由是：

（A）分子间作用力大小的不同是因为 O-H 和 S-H 共价键的大小不同

（B）H_2S 中的键容易断裂，相对地，H_2O 中的键不容易断裂

（C）分子间作用力大小的不同是因为分子的极性

（D）分子间作用力大小的不同是因为 H_2O 是一个极性分子，而 H_2S 分子是非极性分子

[1] TREAGUST D F. Development and use of diagnostic tests to evaluate students' misconceptions in science [J]. International Journal of Science Education，1998，10（2）：159-169.

像这样的诊断性测验还可以用来追踪学生学习的过程。V. Barker 和 R. Millar[1] 就使用诊断性的测验来追踪学习过程。

6A. 图 7-3 代表了甲烷、乙烯和水的分子，请充分解释线段 1、2 和 3 的意思。

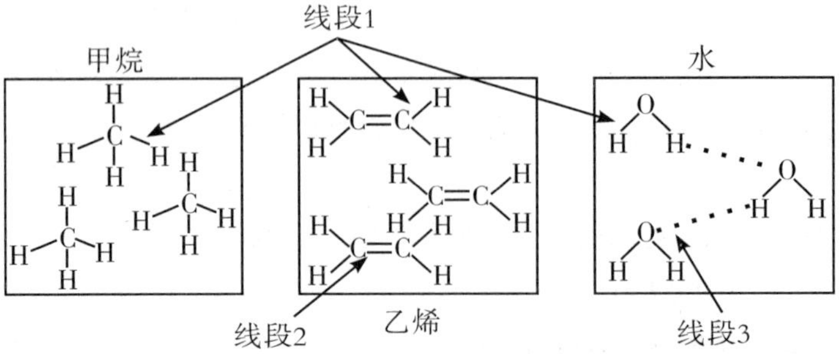

图 7-3　甲烷、乙烯和水的分子结构示意图

6B. 两者之间有什么区别？

（1）线段 1 和线段 2

（2）线段 1 和线段 3

开放式测验将访谈和纸笔测验进行了较好融合。答案不是以选项的形式给出的，而是以开放问题的方式，不限制学生的回答，并要求学生解释他们自己的理解。学生可以自由地写出自己的观点，教师从中发现新的误概念。

使用自由评述进行诊断将会得出更多调查研究的结果。在这个方法中，首先呈现一个概念或陈述，然后要求学生写出他们已经知道的相关概念，最后要求学生使用这些概念写出一段内容或论文。通常在自由评述的过程中，像访谈一样，不会出现已经规定好的格式，一般都是基于学生的回答归纳出相应的格式。所以，在对数据分类时，要注意使用策略。A. G. Harrison 和 D. F. Treagust[2] 通过一些具有针对性的问题来引导学生利用自由评述表达自我概念和观点，例如“请利用笔记和教材写出分子模型的一些知识和概念”。

3．画图分析

通过学生的画图可以探查学生如何将化学键知识视觉化。一些学生可能不会自由地表达自己的观点或者说出他们知道的东西，但是通过画图的方式进行表达可能会让他们觉得更加轻松，这样他们可以没有任何限制地去表达观点。

[1] BARKER V, MILLAR R. Students' reasoning about basic chemical thermodynamics and chemical bonding: What changes occur during a context-based post-16 chemistry course? [J]. International Journal of Science Education, 2000, 22 (11): 1171-1200.

[2] HARRISON A G, TREAGUST D F. Secondary students' mental models of atoms and molecules: Implications for teaching chemistry [J]. Science Education, 1996, 80 (5): 509-534.

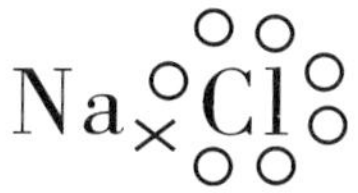

图 7–4 学生画出的 NaCl 中离子键示意图

研究者对学生画出的这些图进行分析，得出结论。然而对这些图进行解释可能是很困难的，因为学生如果不解释他们的画，研究者和教师很难推导出这些图的含义。因此，画图一般会与收集到的其他数据和信息共同使用，例如使用表 7–2 呈现的多种方法来处理数据和相关信息。

表7–2 化学键的误概念诊断方法总结[1]

按年代排序	I	PPS			FE	D
		OEQ	MCQ	TTQ		
Treagust（1988）				√		
Peterson et al.（1989）				√		
Peterson & Treagust（1989）				√		
Taber（1997）			√			
Boo（1998）	√					√
Birk & Kurtz（1999）				√		
Tan & Treagust（1999）				√		
Harrison & Treagust（2000）	√	√			√	√
Barker & Millar（2000）	√	√				
Coll & Treagust（2001a）	√					√
Nicoll（2001）	√					√
Coll & Treagust（2001b）	√					√
Eshach & Garik（2001）	√					
Coll & Treagust（2001）	√					
Coll & Treagust（2003）	√					

说明：

I：访谈（n=9）

PPS：纸笔测验 [OEQ：开放式问题（n=2）。MCQ：多项选择问题（n=1）。TTQ：双重多选题（n=5）]

FE：自由评述（n=1）

D：图画（n=5）

[1] ÜNAL S，CALIK M，AYAS A，et al. A review of chemical bonding studies：needs，aims，methods of exploring students' conceptions，general knowledge claims and students' alternative conceptions [J]. Research in Science & Technological Education，2006，24（2）：141–172.

第二节 化学键误概念的成因

误概念被诊断出来了，随后的一个问题就是：“为什么会产生这些误概念呢？”很多研究者都通过相关研究的结果从学生和教学方法等方面进行了分析。

一、概念本身的抽象性

在学习化学键概念的过程中学生经常会出现各种问题。这是因为化学键概念是一个很抽象的概念，像“键”“轨道”等概念主要出现在微观的水平上，不是学生能直接观察或感觉到的。这就要求学生在理解化学键概念的同时，要在思维上进行微观和宏观水平上的转化，达到理解、记忆化学键概念的目的。而这个过程的心理操作是很困难的，学生很难科学地理解化学键概念。

A. H. Haidar 和 M. R. Abraham 通过访谈和测验两种方法来研究学生，发现学生在将可实际观察的宏观内容转化到原子和分子水平上存在较大的困难，而且学生会在学习的过程中曲解教学时使用的化学模型。与上面相似的是，G. Nicoll 通过对大学本科生的准实验研究，确定了其误概念后，就强调了教师应该更多地强化符号、微观世界、宏观世界之间的转化，帮助学生通过这三种不同的表征来形成他们自己的心理模型。

二、固有概念的局限性

1. 存在错误的前概念

根据概念的来源，维果斯基把概念分为日常概念和科学概念。日常概念又称为前科学概念，指没有经过专门的教学，仅通过辨别学习、积累经验而形成的概念；科学概念是通过揭示概念的内涵而形成的概念。学生的日常概念中有部分是与科学概念不一致的，甚至是完全相悖的。

日常概念，部分来源于个人经验，部分来源于普遍接受的事实，并通过社会交往、阅读、大众媒体所巩固。日常概念不仅仅是个人概念，也反映了一类人的观点，是普遍的习以为常的认识和解释。早先的自身和社会的经验，时常使学生做出不同于科学理论的理解。而这些错误的前概念就会对新学习的内容进行干扰。T. Khalid 强调学生就算在课堂上学习了正确的概念，他们也可能不改变自身的前概念，并会试图用他们的前概念来解释新获得的知识。

V. Talanquer[1]也通过研究指出经验会影响学生对自然世界的现象的特征和原因的理解。总结如下。

（1）延续性的假设

认为物质可以被分割直至无限小，微小的部分仍旧完全保存了原型的所有性质，宏观等同于微观。例如，原子和分子具有相应的宏观性质：加热时会发生膨胀，质量也随之减少，均匀的密度，确定的颜色，良好的延展性等。

（2）实体化的理解

将抽象的概念或过程具体化、形象化。对本质的认识、物质存在的内在联系或潜在的联系的误解。例如：铁锈是铁的一种形式。

（3）机械因果论

对现象的存在，总是试图去寻求一个可以解释的原因。推动力的存在是化学反应发生的必要条件。例如：气体微粒之间存在的斥力导致其能够充满容器。

（4）目的论

在向上追寻原因不成后，往往习惯于将现象归结成原因。原子之间共有或得失电子是为了形成八隅结构。

这些方面的错误理解也造成了化学键误概念的形成。

2. 缺失化学基础知识

概念的形成往往是一个内涵不断丰富和外延不断发展的过程。学生本身需要具备一定的知识储备，才能更好地理解化学键概念。学生本身缺乏化学键重要的基础知识，就会造成化学键误概念的形成。

有关量子力学基础知识的缺失，例如库仑规则、测不准原理、电子的波粒二象性等，导致了对于化学键一些基本概念理解的歧义和误解。T. L. Nahum 等[2]通过对 10 位优秀的化学家——这 10 位化学家中有 3 位物理化学家、2 位生物化学家、1 位无机化学家和 2 位诺贝尔化学奖获得者 R. Hoffmann（1981）和 A. Ciechanover（2004）——进行访谈，提出关于化学键概念的问题，得出“量子力学是科学家公认的可以用来对化学键问题计算和得到结论的定量理论的基础；库仑规则应该作为

[1] TALANQUER V. Commonsense chemistry：A model for understanding students’ alternative conceptions [J]. Journal of Chemical Education，2006，83（5）：811–816.

[2] NAHUM T L，MAMLOK–NAAMAN R，HOFSTEIN A，et al. Developing a new teaching approach for the chemical bonding concept aligned with current scientific and pedagogical knowledge [J]. Science Education，2007，91（4）：579–603.

理解化学键概念的一种基本定性工具”。这部分知识对学生学习化学键知识会产生重要的影响。

“同性相斥，异性相吸”这一规则就对化学键概念的学习产生影响。T. L. Nahum 等与这 10 位化学专家教师进行科学座谈会来研究教授化学键的概念的主要原则，其中就突出了“关于相互靠近的两个原子，存在两个原子核、两个原子核外电子之间的排斥力和原子核与电子之间的吸引力”,并进一步强调说明了“同性相斥，异性相吸”这一规则对学生理解化学键起到的重要作用。

3. 有缺陷的概念构建

根据建构主义的观点，学习是学生将新信息与原有的认知结构进行联结。如果新信息不能很好地与原有的认知结构相联系，也会产生误概念。在开始学习科学概念时，学生会进行知识的同化，重构原有概念和认知结构，但是这一过程需要一定时间，不能立即完成。在学生学习新概念的时候，要尽量减慢教学速度来让学生更好地建构知识体系。

Driver 和 Oldham 通过研究得出结论，建议在所有层次上的教学都减慢教学的速度和减少教学的内容,以便学生有更多的时间来建构自己的知识框架和概念体系。还有一种帮助学生建构知识框架和概念的方法是通过教师介入和指导的方式来帮助学生构建心理模型。G. Nicoll 通过对大学本科生的准实验研究，强调了学生形成心理模型的重要性。但是他最主要的观点是教师应该更多地强化符号、微观世界、宏观世界之间的转化，从而达到这个目标。

V. Talanquer[1]通过研究总结了学生在建构自身认知框架和概念时,可能出现的逻辑思维上的错误。

（1）归纳。常常会出现以偏概全或是主观添加等情况，这些现象都是误概念产生的根源。

（2）简化。习惯于问题简单化，忽略次要因素。例如，键的极性决定分子构型。

（3）定式。学习迁移的过程常常出现“认为所有的情况都是一样的”的情况。例如，所有化合物都由分子构成的。

（4）线性程序化。按部就班的程序性思维。

[1] TALANQUER V. Students' predictions about the sensory properties of chemical compounds: Additive versus emergent frameworks [J]. Science Education, 2006, 92 (1): 96–114.

三、不合理的教学模式

除了学生方面的因素，传统的化学键概念的教学模式也存在着很多的问题，这些问题也导致了化学键误概念的形成。

首先，传统的教学主要是利用以教师为中心的模式来给学生灌输化学键的概念。这就使学生不能自由地建构自己的知识框架和概念，只能通过死记硬背来学习和记忆化学键的概念。这并不是真正理解了概念，也会形成误概念。

其次，教师的教学内容存在不足。教学时教师大多数只是简单介绍四种不同种类型的物质——离子晶体、分子晶体、原子晶体和金属晶体，以及详细说明和讨论每一种晶体中的化学键的类型（Hurst，2002）。化学键的类型，如金属键、共价键和离子键，总是随着复杂的实体被讨论，以及极性概念仅仅是作为共价键的一个性质进行介绍。这样的介绍太过于简单了，导致学生在理解的过程中产生障碍。而且化学教材不把氢键和范德华力作为化学键，将它们称为"作用力"，会对学生的理解产生不利的影响。T. L. Nahum 等就通过对科学家和专家教师的访谈得出了一致的结论，传统教授化学键概念的内容存在的问题是：过分简单化和促进学生理解的科学工具的缺失。

最后，教师教授化学键概念的过程中没有提及误概念或者让学生讨论误概念。教师应该在课堂上讨论抽象的概念，从而帮助学生消除和减少有关化学键的误概念。因为教师提供给学生机会让他们将自身的概念口头化，而口头表达能够帮助学生促进概念框架的建构和减少误概念的产生。而且，只有误概念被深入地确定、诊断和分析之后，才能减少这些误概念的产生。

四、教师存在误概念

作为教授知识的人，教师如果自身存在关于化学键的误概念，就不能很好地让学生理解这些误概念，或者会直接将这些误概念传授给学生。

国外大量的对在职教师和正式工作以前的准教师有关科学领域概念的研究显示，教师自身也存在和学生一样的误概念。

Lawrenz 利用美国国家教育进展评估（National Assessment of Education Progress，简称 NAEP）中的一部分问题来调查师范院校在读学生的科学概念，如物质的结构、密度、电流等。Lawrenz 发现这些准教师的正确率很低，并总结得出这些错误的答案是因为误概念和相关内容知识的缺失。

之后 Bert 和 Brouwer 研究了加拿大物理教师是否意识到学生有关离心力和重力

的误概念，研究表明三分之一的教师本身也持有误概念。

Trumper 和 Gorsky 在以色列研究了 180 位生物学科师范生关于力和运动概念的理解，其结果也不容乐观。

有研究发现，教师或者将要走上教师岗位的准教师都或多或少地存在一定的误概念。Coll 和 Treagust 研究过澳大利亚的本科生和研究生的智力模型；Nicoll 也研究过本科化学专业的学生存在有关电子、化学键等微观表征的典型误概念。这些误概念会随着教师的教授和知识传递间接地影响到学生对科学概念的理解。

第三节 化学键的概念转变

误概念会消极地影响后续科学概念的学习，修补和纠正学生的误概念与诊断误概念一样重要。在文献中，有很多学者利用多种教学干预手段对学生学习化学键概念的过程进行研究，矫正学生的误概念，进行误概念转变，提高学生对化学键概念的理解。Posner 最早提出利用概念性干预的手段来提高化学键概念的理解，以减少误概念。由此，关于化学键概念的干预研究也开始逐渐增多。

一、概念转化为教材

在所有的教学材料中，教材是学生最重要的信息来源。首先，教师通常使用教材来促进学生理解知识，而且学生也可以利用教材进行课前或课后的自学。但是，许多研究发现学校教学中使用的教材存在一些容易导致误概念的内容。Nahum 等[1]对化学教材中"将元素简单分为两类：金属和非金属""简单地用八隅体规则来解释电子排布"等提出质疑。教材应该要能够帮助教师意识到学生普遍具有的误概念，所以在构建课程的时候要考虑到教材是否具有科学认知的教学导向作用。

1．概念转化教材的含义及结构

概念转化的教材是指将已知的误概念编写进教材中，避免学生出现相关误概念。这样的教材可以让读者（也就是学生）意识到自己会存在的误概念，从而利用科学的解释和具体实例来帮助自己正确理解和使用科学的概念。

概念转化的教材一般采用如下的结构：第一步，先给出误概念，然后利用案例让学生自主地意识到自己认知过程中存在的误概念，从而产生认知冲突，迫使他们对自身形成的概念感到不满意；第二步，再让学生阅读科学的解释和案例，来获得正确的科学概念。

这种概念上进行过转变的教材被许多研究证明了其有效性，它对消除、减少和修补学生的误概念起到积极有效的作用。

2．概念转化教材的使用方法

在整个化学键概念的教学过程，围绕着概念转化教材的知识内容呈现的线索进

[1] NAHUM T L，MAMLOK-NAAMAN R，HOFSTEIN A，et al. A new "bottom-up" framework for teaching chemical bonding [J]. Journal of Chemical Education，2008，85（12）：1680-1685.

行展开，其中包括的主题有：化学键的确定，化学键的种类，化学键与分子的极性，电子对互斥理论等。具体的步骤如下。

首先，让学生在上课前进行预习。学生阅读教材过程中会出现一些疑问，例如"化学键是什么？""化学键为什么会出现？""化学键是不是仅仅出现在能给出电子和接受电子的两个原子之间呢？""为什么两个氢原子可以结合在一起？"等。

其次，让学生在课堂上利用自己有关化学键的先前知识来试图回答这些疑问并进行讨论。在讨论中，学生会产生认知上的矛盾。教师利用教材中的正确范例去证明误概念的不正确之处。因化学键概念的抽象性，教材还可以采用类比等多种表达方法来阐释和呈现概念本质。

最后，在教材的课后练习中，需要学生建构模型进行类比，并讨论该类比的共同点和不同点。利用"图书馆借书"来类比解释氢原子中两个氢是如何结合的。当你借了一本书，这本书既暂时属于你，又属于图书馆。这样就可以与共用电子对、非共用电子对相联系了。对于共用电子对而言，你借的书就像是被共用的电子，同时属于两个原子。在后续的课堂上可以再讨论这些类比，以利于学生形成批判性思维。

3. 概念转化教材的教学干预效果研究

Pabuccu 和 Geban，Özmen 和 Demircioğlu 研究了概念转化教材对教学的影响。Pabuccu 和 Geban 对私立高中 9 年级的 41 名年龄在 14~15 岁的学生进行实验。Özmen 和 Demircioğlu 对 11 年级的 58 名平均年龄为 17.6 岁的学生进行研究。两个研究都采取准实验研究的方法，将所有的研究者分成两组——实验组和控制组，对实验组实施教学干预。Pabuccu 和 Geban 所完成的研究中实验组有 21 人；Özmen 等的实验组则有 28 人——男生 16 人，女生 12 人。

Pabuccu 和 Geban[1] 的控制组，要求教师完全不考虑学生的误概念，利用讲授和回答问题的方式直接教授化学键概念，只要求学生在上课前自学教材。在课上，以教师为主进行组织科学教学，并发给学生练习作业，下课后直接收上这些作业，进行批改。实验组使用的教材是根据 Posner 等的概念转变模型编写的，主要包含这几部分内容：化学键的确定，化学键的种类，分子的极性，电子对互斥理论。同样让学生先进行预习。

首先，在教材中会出现"化学键是什么？化学键为什么会出现？化学键是不是仅仅出现在能给出电子和接受电子的两个原子之间呢？为什么两个氢原子可以结合在一起？"等类似的问题。接下来，让学生在课堂上利用自己有关化学键的前知识

[1] PABUCCU A，GEBAN O. Remediating misconceptions concerning chemical bonding through conceptual change text [J]. Hacettepe University. Journal of Education，2006，30：184–192.

来回答这些问题并进行讨论，在讨论中产生认知上的矛盾。之后，教师会阅读教材中能证明误概念不正确的案例。

通过 8 个星期的教学后，采用 *t*-test，在 0.05 的显著性水平下分析教学前和教学后两组的化学键概念测试成绩。化学键概念测试用来确定学生对化学键概念的理解情况，是根据参考书、教学目标和相关文献进行编制的，包括 21 道多项选择题。题目由科学教育、化学教育方面的专家和化学教师审查和编制，用以保证其效度。此工具的内在效度为 0.73。从原来实验组与控制组没有显著性差异（t=0.53，$p>0.05$），到教学干预后两组出现了显著性差异（t=3.23，$p<0.05$），说明了利用以概念转变过的教材为导向的教学能帮助学生更好地理解化学键概念，矫正误概念。

Özmen 和 Demircioğlu[1]的研究中，实验组（M=25.6，S_D=13.1）和控制组（M=24.8，S_D=11.5）前测成绩相近，利用 *t*-test 分析结果为 t=0.239，df=56，p=0.812。而后测中实验组（M=39.2，S_D=8.1）和控制组（M=34.3，S_D=8.6）的成绩出现了显著性差异（t=2.195，df=56，p=0.032）。方差分析的结果也显示了干预手段对理解化学键的有效性〔F（1；55）=16.895，$p<0.05$〕。

Özmen 和 Demircioğlu 还增加了一个 3 个月后的延时测试，延时测试的结果表明实验组对化学键概念掌握的情况与后测相比下降了 5.3%~11.76%，相对而言，控制组下降了 15.87%~17.81%，从中也可以看出干预手段的有效性。

除在教材中使用概念转化的方法外，还有一种类比加强型的教材，例如在教材中可以利用“磁铁”的例子来解释化学键中的“力”。当两个磁极相异时，磁铁会相互吸引；相同时，则会相互排斥。电子是带电荷的，电子之间会像磁铁一样相互吸引和排斥。而两原子之间的吸引力产生了化学键，并将原子结合起来。在教材中利用类比的方法，类似 Posner 等提出的概念转变方法，强调了学生的前概念，并使之与科学的概念相联系。之后，让学生将已有的知识和新学的知识相融合，利用教材中的其他案例和信息再一次强化理解概念。Glynn 和 Takahashi 对这样的教材在学习科学中的应用进行了研究，实验证明类比可以帮助学生找出相同点，更容易理解和记住相关概念。

[1] ÖZMEN H，DEMIRCIOĞLU H，DEMIRCIOĞLU G. The effects of conceptual change texts accompanied with animations on overcoming 11th grade students' alternative conceptions of chemical bonding [J]. Computers & Education，2008，52（3）：681-695.

二、调整教学内容结构

教学内容的结构有助于学生对知识体系的构建，能帮助学生记忆和掌握化学键的概念，但是原有的内容结构会使得学生产生一些理解上的歧义，导致了误概念的产生。所以要对教学内容进行结构上的调整，这样可以加强学生对化学键概念的理解，减少误概念的生成。

1．传统教学内容结构产生的问题

根据建构主义的理论，传统的教学环境是一个复杂的学习环境，特别是在教授化学键的时候，会存在结构不良的情况，易导致过分简单化；在一些复杂的系统解释的时候会出现过分概括的情况。

一般教授化学键的传统教学主要有两种常见的教学结构。第一种是将所有的物质结构分成 4 类，也就是分成离子晶体、共价晶体、分子晶体和金属晶体进行教授，与相应的化学键，物质的宏观物理性质如熔沸点、电负性、溶解性等一起介绍，从理论模型到实物不断拓展。具体结构见图 7–5。

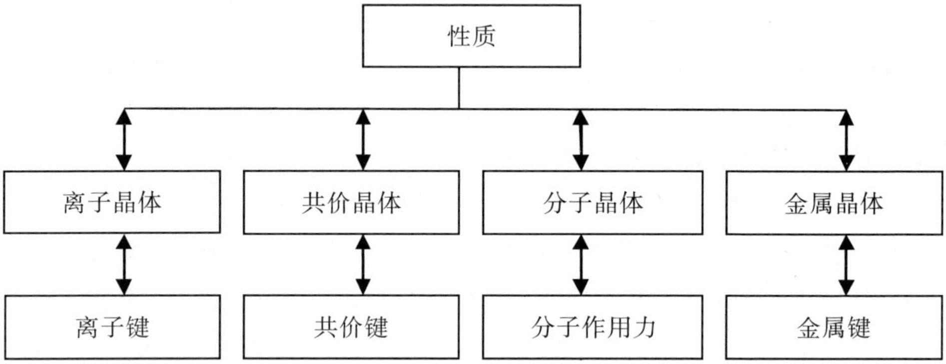

图 7–5　传统的教学结构

第二种则是先介绍所有的键——离子键、共价键、分子作用力和金属键，然后再介绍各种晶体，以及相应的模型、实体和宏观物理性质。

这两种传统的教学结构，都存在过分简单化和过分概括的问题，导致了学生的学习障碍。下面简单介绍由传统的教学结构产生的误概念。

首先，在教学过程中强调共价键和离子键的对比，这样将共价键和离子键结合起来，会让学生产生“化学键只有两种，一种是离子键，一种是共价键，其他的都仅仅是一种作用力”这样一类的误概念。

其次，八隅体规则将概念过分简单化了，使得学生只记得原子要达到 8 个电子和全充满的要求，而忽略了理解清楚为什么要填充 8 个电子，造成“氮原子可以与其他原子共享 5 个电子”之类的误概念，还会使得学生不能理解如氢键这样不依据八隅体规则的键。除此之外还会造成学生对极性、电负性等一系列概念的理解错误。

T. L. Nahum 等[1]对 10 位科学家和化学专家教师进行访谈和研讨，研究了传统教学中出现的问题，得出了类似的结论。主要包括两方面的内容。

第一个方面，科学家不赞同现在教授概念的传统方法，并认为这样的方法不仅仅是非科学的，而且会形成学习上的障碍。此外，教授普通化学的两位化学家表示，他们对化学教材上的使用方法不满意，但是他们仍然利用教材来安排课程。

科学家 A："我没有找到一个完美的教授方法，我已经找到自己的方法并每次都挣扎着……另一方面我的迷惑是我总不得不使用教材，但是我不喜欢教材说的。因为在离子键和共价键中存在交集，没有分裂，所以利用'非黑即白'的定义方式来教授化学键是错的。"

科学家 B："在中学教授化学键的方法中，存在的普遍问题将会在之后的大学中被察觉。学生学习到的方法是运算，并要求他们要对每一个问题有清晰的答案。但是在他们的观念中，共价键、离子键之间是无连接的。"

科学家 C："把东西放进刚性的规则中的思想——对化学而言——是我们经常犯的错误，认为这样对于学生而言更简单。关于化学——这是一个巨大的错误，结论是没必要对事物下定义。在某些方面，定义会崩溃。"

科学家 D："(关于氢键)……问题是教师使用绝对定义……尽管把它总结成一句这样的话是正确的，氢键包含在 N，O 或 F 原子中，键较强；然而，与 Cl 一起时它会变弱，与其他原子一起时它的强度可能减弱，但是它不是零！所以不应该否认它的存在。"

在教授"键"核心概念时可用四种键的类型来解释四种结构。关于化学键形成的解释必须依赖于能量最低原理。教授过程中教师经常将键和能量的介绍分离开来。但是几乎所有的科学家都提到：这两个概念必须相联系。键能量的概念对理解键概念是必需的。化学课应该以不同的方式来进行教学，使学生理解而不是记忆。

科学家 E："……发生什么会使得化学成为一个通过死记硬背来学习的学科，并且生搬硬套，这是糟糕的。我们必须用能帮助他们陈述科学论证的科学工具来训练学生。用这样的工具，他们可以思考、获得直觉、行动、运用。我们应该试图避免形成教育学习障碍。"

科学家 F："用八隅体规则来解释化学键的形成可能会导致学习障碍，就我的观

[1] NAHUM T L，MAMLOK-NAAMAN R，HOFSTEIN A，et al. Developing a new teaching approach for the chemical bonding concept aligned with current scientific and pedagogical knowledge [J]. Science Education，2007，91 (4)：579-603.

点而言，我们必须避免可能阻碍深层次学习的，将来要被科学框架取代的概念框架。”

第二个方面，化学专家教师对于传统教学存在争议。

（1）教授新的教学方法存在困难

教授化学中的“灰色”区域很难。教师必须先清晰地呈现事实并教授“黑和白”区域。教学的第一步必须分成两部分：教授两个极端——离子键或共价键，之后把它们分开并重新组织学生的知识。

教师 1：“如果我不强调明显的，那就不可能讨论不明显的。我们必须提供给学生很清晰的规则，对离子键、金属和非金属元素下定义之后再呈现例外。许多学生不能走出这样的二分法！”

教师 2：“我可以明确地说有例外存在，但是我可能不会呈现一个范围，因为键的连续水平不是传统中学教育方法的中心概念……需要使得事情简单化并提供给学生概括性的规则，因为化学必须以精密科学的形式呈现。”

教师 3：“如果我告诉我的学生化学是没有分类和定义的学科，他们可能会问我为什么化学被认为是科学。”

（2）传统教学方法存在问题

概念简单化的教学方式不是科学的化学方式。像阐释事实一样教授复杂的问题会使得学生理解起来变得更难，所以必须在基础原理上建立化学键概念。

教师：“我们教授的事物并不是简单易懂和明显易见的东西，但是我们把它们描述成一种很简单和明显的事物。这方法会直接导致学生的误解。”

2. 构建新的教学内容结构

构建一个新的化学键概念的教学内容框架，具体见图 7–6。

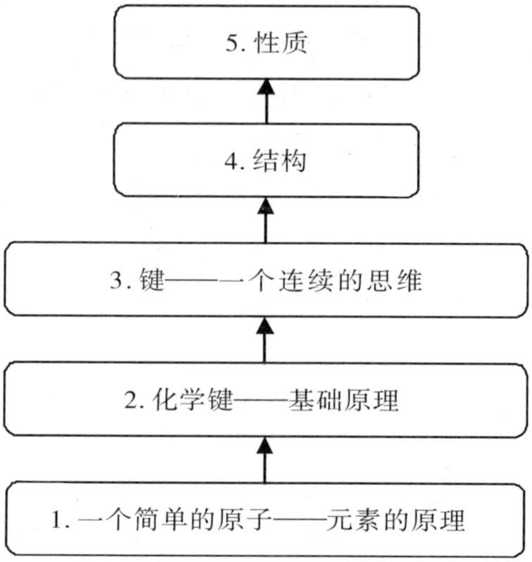

图 7–6　新的教学结构

第一个层次，从介绍原子入手，例如库仑定律和电子波动性。这是因为，首先，单一原子是所有化学键的结构基础；其次，这方面知识的介绍对学习很重要，因为库仑定律是化学的中心，电子间的作用是化学的能量，是化学变化的主要因素。

第二个层次，要让学生明白“是什么引起了原子反应，从而形成一个化学键的”。在这部分，介绍能量和力的概念以及它们之间的相互关系，理解原子是由原子核和电子间的相互作用聚集在一起，这是一个简单的库仑定律的推论，是形成合理概念的第一步。能量最低原理是影响稳定性的主要因素。在这部分要强调库仑定律和稳定性之间的关系，在多种吸引和排斥力之间的平衡，以及电子动能定理。

第三个层次，可以从一个键能连续的思想模型的视角来讲解化学键的知识（见图 7–7）。值得注意的是，其中从化学键的极性由弱到强的连续性的角度来看，极性共价键和离子键两种化学键都是极性的，离子键的极性最强。

还要强调“分子间”和“分子内”作用力的大小的区别，以及如何用电负性来判断离子键和共价键。

第四个层次，解释不同分子结构。主要包括化合价、Lewis 8 电子结构、过渡金属的 18 电子规则，价层电子对互斥理论（Valence Shell Electron Pair Repulsion，简称 VSEPR）也可以在这部分进行介绍。

第五个层次，通过已学的知识将简单模型和实物联系在一起进行介绍，强调知识和概念的运用。

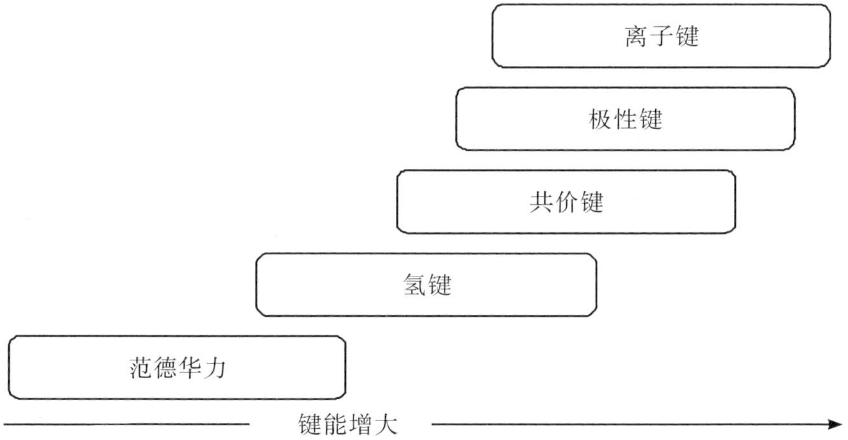

图 7–7　连续的思维模式

3．新教学内容结构的建构过程

T. L. Nahum 等[1,2]通过对教学内容进行重组，构建了一个新的框架来促进学生对化学键概念的理解。

第一步，分析大学入学考试的数据库。对大学入学考试中有关化学键的问题和回答进行分析。这些分析帮助研究者了解学生的认知水平和普遍的误概念，并对这些问题和回答，教师的观点，教师对于如何克服这些误概念的方法进行研究，重新确定关于化学键概念教学和学习的误导因素。

第二步，开展科学座谈会。与会者有研究者和一位物理化学家，以及 20 位化学专家教师。座谈会展开了关于化学键概念的自由讨论和商议。物理化学家阐述了当今科学研究中有关化学键概念的新观点，强调了“化学——从基础原理开始”这个主题，专家教师则接触到一个新的方法来讲授化学键概念。

第三步，与科学家们进行半结构化深入的访谈。访谈了杰出化学家关于化学键概念的问题。化学家表达了广泛的关于化学键的可接受的概念和原理，以及他们对中学和大学教师呈现、评定、教授该概念方式的看法。此外，也访谈探讨了全世界化学键概念教学中的普遍问题。

第四步，在此基础上建立了一个化学教学的专家小组，对化学键概念进行研究。在该研究中，化学教育专家（N=10）参加了工作小组来讨论传统教授化学键概念的方法，以及本身的概念与当今科学观点的差异之处。

4．新教学内容结构的效果研究

这个新教学内容结构完全不同于传统教学方法对内容的组织。应用这个框架针对 10 个 11 年级的班级进行概念教学，初步得出了令人鼓舞的结论。

教师：“我喜欢这观念，我可以基于一个统一的模型来教授并解释化学键。从亚微观的观点开始，上升到物质世界，改进了学生的理解和思维。”

学生：“键的连续的水平帮我理解概念……去年老师说它是两个中的一个（共价或离子）。”

---

[1] NAHUM T L，MAMLOK-NAAMAN R，HOFSTEIN A，et al. Developing a new teaching approach for the chemical bonding concept aligned with current scientific and pedagogical knowledge [J]. Science Education，2007，91（4）：579-603.

[2] NAHUM T L，MAMLOK-NAAMAN R，HOFSTEIN A，et al. A new “bottom-up” framework for teaching chemical bonding [J]. Journal of Chemical Education，2008，85（12）：1680-1685.

第四节 化学键概念的教学研究

一、优化课堂组织模式

学习是一个很漫长的过程，在学习的过程中，学生应该发挥自己的主观能动性来提出、思考问题和解释现象。一方面，教学应该能帮助、鼓励学生发挥自己的主观能动性，多种教育方法的选择有助于完成这样的目标。另一方面，在化学键概念的学习过程中，学生存在大量的误概念这一事实也对教学方法的选择提出了很高的要求。鉴于这两点，很多研究都采用不同的教学方法来试图矫正化学键概念学习过程中产生的误概念，减少学生学习障碍，促进学生理解化学键概念。

1. 早期的课堂教学中的建构主义方法

Piaget 认为知识的获得是自我建构的过程。认知的发展存在几个发展的过程：同化、调节再达到平衡。由此开始了建构主义对学生认知的研究。建构主义的观点强调学生不能直接从教师那里获得知识，只有学生自己构建的内容才是可以利用的知识；强调学生的主体性，找寻内在的学习动机；强调要在情境中发展知识。

（1）建构主义的课堂组织模式

建构主义认为学习变化的本质是将有内在逻辑结构的教材与学生原有的认知结构关联起来，使得新旧知识发生相互作用而产生新旧意义的同化。建构主义认为，认知的改变是随着学习者试图克服障碍和认知上的冲突产生的；鼓励学生的自主性；倾向于使用操作性的、交互式的和自然的第一手资料；鼓励学生使用自己的先前知识；更多地使用开放式的问题来引发学生思考；鼓励学生更多地与教师和同学交流；安排足够的时间以便学生进行知识结构关联。

基于以上的要求，建构主义设计了一种教学模型，这种教学模型包括四个阶段。

①引入（Invitation）。教师向学生提出问题，来激活学生的前概念并在形成答案之前促进学生之间的交流。

②探究（Exploration）。要求学生在小组中利用已有关于原子的知识自由讨论问题（小组是根据上个学期的等级进行分配），在讨论的同时学生之间要求分享信息和观点，并对自己的观点进行辩护，最后形成一个统一的答案。在这个过程中教师不施加影响，让学生自由讨论。

③解释并解决问题(Proposing Explanations and Solutions)。要在误概念的基础上，建构并解释模型，强调学生为什么会产生误概念，通过实例和类比来得出科学的解释。

④行动(Taking Action)。最后给出科学的结论，并对这些知识进行应用，相应地提出新的问题。

⑤结论(Conclusion)。除此之外，还有的建构主义教学模型的框架中增加了“回顾”(Review)这一部分，要求学生说明他们的思维从开始到最后是怎么改变的，来帮助学生建构认知策略。

建构主义的教学模型不仅能够帮助学生建构知识，也能帮助学生培养科学思维能力。

(2)建构主义课堂组织模式应用于化学键概念的教学研究

E. Uzuntiryaki[1]利用建构主义方法对化学键概念的教学进行研究。建构主义方法是以学生为中心进行教学，要求使用一些事实进行交流，在班级里面可以进行观点的谈论和辩论，让学生在这个过程中修正他们的认知结构并接触其他的观点。研究对象是42名9年级学生(18名男生，24名女生)。在春季学期进行，由同一位教师完成两个组的教学，其中22名学生参加实验组，也就是使用建构主义方法进行教学。

在0.05显著性的水平下，利用协方差和方差对化学键概念测试的结果进行分析，最终得出：①基于建构主义的教育相对于传统教育，能更好地让学生掌握有关化学键的科学概念并消除误概念；②基于建构主义的教育比传统教育更能培养学生对化学的积极性；③科学的教学程序对理解化学键概念起到了重要的作用。

2. 基于问题学习(Problem-Based Learning，简称PBL)的课堂教学

基于问题学习是一种较为新颖的课堂组织形式。

(1)基于问题学习的定义

基于问题学习是以问题为导向的教学方法，是以学生为中心的教育方式。它起源于20世纪60年代，始创于加拿大的麦克马斯特大学(McMaster University)，其理论基础是信息加工心理学。

构成PBL必须要具备以下的要素：①以问题为学习的起点，学生的一切学习内容是以问题为主轴所架构的；②问题必须是学生在专业领域的非结构化的问题，

[1] UZUNTIRYAKI E. Effectiveness of Constructivist Approach On Students' Understanding of Chemical bonding Concepts [D]. Ankara: Middle East Technical University, 2003.

没有固定的解决方法和过程，如化学键概念就满足这样的要求；③偏重小组合作学习和自主学习，较少进行讲授法的教学；④以学生为中心，学生必须担负起学习的责任；⑤教师的角色是指导学生学习认知技巧的教练；⑥在每一个问题完成和每个课程单元结束时，要进行自我评价和小组评价。

（2）基于问题学习的教学过程

基于问题学习的教学过程一般都要经历三个环节。

第一环节，教师给学生问题，如解释不同物质的熔沸点，让学生自由讨论，形成自己的假设；教师鼓励学生获取关于主题更多的信息，对渐渐成型的认知结构进行引导，如让学生关注含极性和非极性分子物质熔沸点的差异。

第二环节，延续上次的问题，学生在小组长的带领下分享信息和获得的知识，进行讨论。之后，教师提出多个新的问题，引导学生更进一步思考。在最后的时间里，教师给出一个明确的解释，并帮助学生确定研究计划和研究主题。

在第三环节，让学生们自主地得出结论。

（3）基于问题学习的教学效果研究

L. Tarhan 等[1]就使用基于问题学习的方法对 9 年级学生学习分子间作用力这部分内容进行研究。选取 40 名 9 年级学生为实验组，并将实验组的学生随机分配成五组，并确定小组中各成员的工作。通过化学试卷的前测和后测，用 *t*–test 进行分析，结果表明两个组之间存在显著性的差异。证明基于问题学习是一种有效的教学手段，能帮助学生矫正和减少误概念。

3. 合作学习的课堂教学模式

合作学习也是根据建构主义提出的一种学习方式，是让学生以小组的形式对化学键概念进行学习，通过多人的讨论来理解化学键概念，防止误概念的形成。合作学习主要是为了让学生更好地对问题进行架构。

（1）合作学习与基于问题学习的区别

合作学习与基于问题学习有相似的地方，其最主要的区别在于在合作学习的教学方式下，教师不会在学生谈论时加以引导，只是会确定学生积极地加入了思考和讨论；另一方面，教师在合作学习的教学方式下可以成为一个参与者，与学生一起合作探讨问题，不仅限于观察学生。

[1] TARHAN L，AYAR–KAYALI H，UREK R O，et al. Problem–based learning in 9th grade chemistry class：“Intermolecular forces”［J］. Research in Science Education，2008，38（3）：285–300.

（2）合作学习的课堂组织过程

第一步，将一个同种性质的班级分组，每个组都应尽可能地不同。一般可以按照学生的成绩和社会能力进行分组。一般社会能力可以分成沟通能力、领导能力、使用技术的能力和责任感等。

第二步，确定小组中每个人的工作，是小组长、记录员还是反馈者。

第三步，在教学最开始的时候，让学生通过小组讨论来激活学生本身有关化学键概念的前概念，教师会解释学生已经学习的知识。

第四步，教师向学生提出问题，让学生通过小组的活动来解决问题。但是在解决问题的过程中，学生是在教师的指导下进行研究和调查。

第五步，学生分享他们的知识和讨论结果以及小组持有观点的原因。

（3）合作学习的课堂教学模式的效果

合作学习能为学生提供机会来培养更高层次的思维技能和分享思维的过程。而这些不仅能帮助学生获得对知识更好的理解，也能让他们在自己的认知结构上构建新的理解和知识。合作学习能鼓励学生利用他们的前概念和经验进行思考和讨论，去分享他们的知识，并将他们已获得的概念应用到不同的情境中。

合作学习是一种有效的教学方法，它不仅能提高学生的学习成绩，还能提高学生的社会能力，如能够提高学生的交际能力、语言表达能力等。B. Acar 和 L. Tarhan[1]通过比较使用合作学习的实验组和控制组，得出实验组的学生对化学产生更加积极和肯定的想法，很多学生也都认为这个教学方法能够帮助他们提高化学成绩和社会能力。

B. Acar 和 L. Tarhan，K. Doymus 都对合作学习的教学方式进行了研究。B. Acar 和 L. Tarhan 利用合作学习的教学方法对 9 年级学生（15 岁）关于金属键学习进行了干预研究，结果表明实验组（M=78.60，S_D=8.62）与控制组（M=54.33，S_D=9.11）相比有显著性差异。K. Doymus[2]采用合作学习的教学方式，对化学键概念的教学进行研究。在研究过程中将化学键概念分成离子键、共价键、氢键及范德华力、化学键的基本概念这四大块的内容，分别指派给不同的小组进行学习。研究表明合作学习小组的学生比没有进行合作学习的学生更好地理解了化学键的概念。

[1] ACER B，TARHAN L. Effects of cooperative learning on students' understanding of metallic bonding [J]. Research in Science Education，2008，38（4）：401–420.

[2] DOYMUS K. Teaching chemical bonding through jigsaw cooperative learning [J]. Research in Science & Technological Education，2008，26（1）：47–57.

二、数字化的教学技术

1．基于电脑进行教学（Computer Aided Instruction，简称 CAI）

（1）CAI 的概念

CAI 指的是一种能利用电脑传递信息的方法。它在一定程度上与循序渐进的课程自学教育方式类似，旨在通过一步步的教育来使学生完成学习目标。

（2）CAI 的作用

化学键概念中存在很多抽象的内容，很难在课堂上通过单纯的教师语言表现出来，但是通过电脑模拟可以帮助学生克服这一困难。电脑将直观的信息植入传统的分子模型中，并提供一个直观的视觉图像，来帮助学生有效地理解化学键概念。学生学习化学键概念的时候可以同时观察分子的动画、图片和组成结构。这样的教学方法比传统教学中只用口头讲述更有利于获得感性认识和理解分子间的相互作用。在此基础上开展了电脑模拟的教育教学的研究,大量研究的结果都表明了其有效性。

之后，在此基础上进一步发展，增加了更多与电脑相关的教学材料，形成了与电脑相关的教育。大量文献说明，通过电脑等数字化手段的教育（CAI）能够改善教育传授中困难和抽象化的科学概念，还能模拟危险的实验，激发学生学习科学的兴趣。电脑能有效填补传统教育方法中存在的缺陷，使用 CAI 能够帮助学生提高知识的掌握、理解和应用水平。

（3）与电脑相结合的教学效果研究

H. Özmen[1] 选取 11 年级的学生，控制组和实验组各 25 人，研究教材和电脑相配合的教育方法对化学键概念教学的有效性。通过对两组学生学习成绩的分析，发现两组学生的前测分数没有呈现显著性差异（t=0.48，p=0.628），但是后测分数中实验组（M=81.28）和控制组（M=72.08）化学成绩存在显著性差异（t=7.993，p=0.001）。结果说明，CAI 的教学干预获得了更好的教学效果，促进了学生关于化学键概念的理解。

2．基于网络交互平台的教学

除简单利用电脑软件教学方式外，现在更趋于将基于网络的教学活动融入教学过程之中。

[1] ÖZMEN H. The influence of computer-assisted instruction on students' conceptual understanding of chemical bonding and attitude toward chemistry: A case for Turkey [J]. Computers & Education, 2008, 51 (1): 423-438.

M. Frailich 等[1]就对交互式网络平台处理的化学键概念进行了教学研究。该研究主要包含四个主题：(1) 分子结构的模型；(2) 金属——结构和性质；(3) 生活和工业中的离子化合物；(4) 分子化合物——结构、性质和应用。

每一个主题活动包含四个部分。

第一部分 (Section A) 通过可视化工具给学生呈现物质的结构。这部分主要介绍了通过电脑设计完成的各种不同的模型，学生需要理解并用自己的语言来解释这些模型。

第二部分 (Section B) 着重介绍物质的物理性质。学生在包含有关物理性质信息的互联网站点查询信息，并记录下每种物质的熔沸点、化学键的种类和电导率，在课堂上进行交流。

第三部分 (Section C) 涉及物质结构和性质之间的联系。要求学生利用已有的信息和已有的知识找出两者之间的联系并解释其中的原因。

第四部分 (Section D) 则将已有知识与现实生活中的知识相联系，要求学生去寻找自己感兴趣的相关资料。

在这个完整的过程中，由教师进行引导，使用了大量、多种资源为学生服务，采用一步一步逐次递进的学习方式进行学习。在教学中，分别使用教材的静态模型和网络平台的动态模型（具体见表 7-3），进行教学效果的比较。

表7-3 教材中静态模型和交互平台中动态模型的比较

教材	网络交互平台
一或两种模型	多种模型（至少四种）
静态模型	静态和动态模型
没有交互式模型	交互式模型
通常是2-D的模型	2-D和3-D的模型

研究表明，以交互式平台作为辅助手段的教学方法较传统的教学模式更为有效。

[1] FRAILICH M, KESNER M, HOFSTEIN A. Enhancing students' understanding of the concept of chemical bonding by using activities provided on an interactive website [J]. Journal of research in science Teaching, 2009, 46 (3): 289-310.

第八章　化学平衡概念的认知研究

化学平衡是指在宏观条件一定的可逆反应中，化学反应正逆反应速率相等，反应物和生成物各组分浓度不再改变的状态。化学平衡作为化学学科的核心概念之一，对人们认识许多化学现象（如酸碱中和反应、弱电解质的电离、氧化还原反应和物质的溶解与沉淀等）的本质有着举足轻重的作用。而教学实践也发现，学生在学习化学平衡相关概念时感到困难重重，常出现较多的错误。

大多数学者对化学平衡概念的认知发展研究，都以侦测个体化学平衡的概念图式发展进程与水平作为衡量标准。

格萨斯基（E. Gussarsky）等研究了高中生对给定的 18 个与化学平衡相关概念的关联程度大小不等的认识，计算出了概念间的相关系数，并由此确定了 18 个概念的层级，获得了化学平衡概念图[1]。通过比较高、低成就组的前、后测概念层级和概念图的变化，探知化学平衡概念的认知结构发展过程。

威尔森(J. M. Wilson)则提供 24 个与化学平衡相关的概念，要求 50 名 12 年级学生和 4 名教师做出包括全部指定概念的化学平衡概念图，以明确高成就组和低成就组对化学平衡的

[1] GUSSARSKY E，GORODETSKY M. On the chemical equilibrium concept: constrained word associations and conception [J]. Journal of Research in Science Teaching，1988，25（5）：319-333.

认知结构存在的差异[1]。

本章着重探讨：

（1）探查分析学生对于化学平衡前概念（Preconception）的认知状况。

（2）诊断学生化学平衡的误概念（Misconception）。

（3）研究化学平衡相关概念转变的教学策略。

[1] WILSON J M. Network represention of knowledge about chemical equilibrium：Variations with achievement [J]. Journal of Research in Science Teaching，1994，31（10）：1133–1147.

第一节　化学平衡前概念的研究

由于学生的前概念大多是对日常生活现象的一些个人看法，可能有科学概念的某些合理内容，也可能是模糊的或错误的。当代的认知建构主义认为，学习过程是学习者原有的认知结构与从环境中接受的感觉信息相互作用、主动建构信息意义的过程，学习者先前的知识、经验及思维方式在个体的学习过程中起着极为重要的作用。具有不同认知结构的个体在接受同一外界信息时，可能会形成不同的认识。学生认知结构中的错误观念会妨碍学生正确认识和理解相关的新知识和新观念，以致形成新的错误认识和错误观念。

因此，发现学生头脑中存在哪些朴素的前概念，并想办法帮助学生将其转变为科学的概念是一项很有意义的工作。

化学平衡前概念的研究对象大多数是未学习过化学平衡知识的初中或高中低年级学生，访谈、纸笔测验和口语报告等各种研究方法都被广泛采用。研究证实，学生在学习化学平衡概念前，其认知结构中已经有关于化学平衡概念的某些认识，这些个人认识随其学习经历、生活环境、个人经验等的不同而有很大的差异。

本节将以化学平衡相关内容为线索，分析学生在未正式学习化学平衡知识前，头脑中已经存在的关于化学平衡的前概念及其形成原因。

一、化学平衡状态的动态性

化学平衡的一个基本特征是动态性，即当化学反应达到平衡时，正反应和逆反应都仍在继续进行，只是正、逆反应速率相等。但研究发现，对于未曾学习过化学平衡的学生来说，他们看到化学平衡这个概念时，直觉上都将它理解为一个静态的、不变化的状态。学生很难理解化学平衡的动态本质，他们认为当化学反应达到平衡后，反应就停止了。在学生的理解中，普遍缺乏平衡系统中微观粒子的运动观念，并且认为即使在平衡状态下，反应物和生成物也是完全分离开的。

1989 年，Maskill 和 Cachapuz 运用词语联想测试（Word Association Test，简称 WAT）调查了 14~15 岁未曾学过化学平衡相关内容的学生对于化学平衡的直觉反应。词语联想测验是通过给学生呈现一个或几个概念名称，让其写下由此联想到的词，然后进行分析归类，并运用统计技术检查词汇之间的直接或间接的连接情况。

WAT 可揭示出学生头脑中相互联系的概念，推出其基本的概念结构，进而发现和了解学生存在的错误观念。结果显示，约 76% 的被试，将化学平衡与“静态”“不变化”相联系。

彭贤春、王祖浩在利用自编的化学平衡前概念问卷对没有学习过化学平衡相关内容的高一年级学生进行调查时，发现学生描述的化学平衡含义有 12 种之多，7.5% 的学生认为化学平衡状态就是化学反应完全后反应体系静止不变的状态，认为化学平衡“像盐酸和氢氧化钠正好完全反应，形成稳定的氯化钠溶液不再变化”“反应物消耗完，没有物质剩余”等。

大多数学生认为化学平衡状态是一个静止的、不变的状态，这与他们平常所接触的平衡现象大多是静态的有关。根据学生对提及的各种平衡现象的描述分析，学生认识的平衡现象来源大致有三类。

1. 理科学习经历

学生通过小学和初中对生物、物理、化学等各科的学习，以及从自然科学课程的学习中了解了一些自然界中的平衡现象，如天平平衡、力的平衡、杠杆平衡、生态平衡等。调查显示，在让学生列举平衡现象时，列出上述平衡的学生的百分数分别为 68.2%、47.7%、30.8% 和 48.6%。

2. 语意混同

研究发现，有的学生将平衡与某些语意相近的词语混同在一起，如“守恒”“均衡”“相等”等，而他们所描述的“平衡”现象并不是真正的化学平衡现象。

调查显示，67.3% 的学生将化学平衡等同于化学反应中的质量守恒或能量守恒，认为化学平衡即“化学反应前后，参加反应的所有物质质量总和等于反应后所得物质质量总和”“类似于质量守恒定律”“和质量守恒定律差不多”“物质能量的守恒”等。学生之所以会有这样的混淆，是学生注意到了平衡前面的修饰词——化学，因此试图在化学中寻找类似的概念，但大多数学生由于化学知识积累较少，只有守恒与平衡语音相近，故会造成这种两个完全不同概念的混淆。

（3）日常生活经验

日常生活中也有很广泛的平衡现象，并且由于平衡是“平稳”“稳定”的同义词，学生也会受这些先入为主的概念的影响，例如心理平衡、收支平衡、饮食平衡、学习不偏科、供求平衡、骑自行车或称量时的平衡等。学生把日常生活中的平衡与化学平衡等同起来，就会认为所谓的平衡就是静止的、不变的状态。

以色列的 E. Gussarsky 和 M. Gorodetsky 在 1988 年和 1990 年的两项研究中，结合词语联想测试和教师编制的化学测验，对中学生关于化学平衡的教学前概念进行研究，也发现了类似的结果。他们应用自由词语联想的方法，了解高中学生对平衡与化学平衡的认识。通过分析 309 名不同学业水平的学生所理解的平衡与化学平衡，统计发现在学生的前概念中，平衡更多地与生活经验相联系，而化学平衡却是与化学概念相联系。

1990 年，E. Gussarsky 和 M. Gorodetsky 又探究了教学对学生概念理解的影响，设立了控制组（不接受教学指导）和两个实验组（接受教学指导的程度不同的分组），运用词语联想的方法探查不同水平学生有关平衡概念的联想框架。研究中要求学生对写在纸上的两个关键词——“平衡”和“化学平衡”进行自由联想，两个关键词按时间先后依次呈现，同时提示和鼓励学生从生活和学习等方面进行联想。研究者将收集到的词语分为日常通俗用语和科学术语两个领域、四个类别。研究发现，教学促进平衡和化学平衡的关联，但同时也微小地增加了“静态”“平衡状态”与“平衡”“化学平衡”这两对术语的关联。这表明学生对化学平衡的直觉观念是静态的而不是动态的平衡，因此学生很难理解化学平衡的动态本质。

二、化学反应限度的研究

绝大多数学生习惯从宏观角度来理解化学反应体系，而不能正确想象化学平衡的微观现象。他们认为在化学反应过程中，反应物都是尽可能完全参加反应，直到其中的一种或全部反应物消耗完。这种认识在学生的前概念中非常普及、非常深刻。

在一项对未学过化学平衡相关内容的高一年级学生的研究中，对于反应 $2H_2+O_2 \rightleftharpoons 2H_2O$，除了 8 人（占 7.5%）没有注意反应物间量的关系外，其他所有学生都认为这是一个完全反应，反应后的体系为反应产物（H_2O）和其中一种过量的反应物的混合体系。而对于另一个反应 $H_2+Br_2 \rightarrow 2HBr$，尽管调查问卷明确提示反应后在容器中还存在 Br_2 和 H_2 气体，但仍有 56.1% 的学生认为 H_2 和 Br_2 完全反应，反应后的体系为反应产物（HBr）和其中一种过量的反应物的混合体系。

关于化学反应的限度，在没有学习可逆反应之前，学生一般不会考虑这个问题，而且初中学习的化学反应都被认为是完全彻底进行的，学生练习较多的也是反应物的过量判断。因此相当一部分同学具有了思维定式，即使在问卷提示反应物在反应结束时仍然存在的情况下，学生还是做出了错误判断。

而对于高一年级学生，虽然没有系统学习过化学平衡相关知识，但他们已经学习过化学平衡的研究对象——可逆反应，可逆反应的定义为“在同一条件下，既能向正反应方向进行，同时又能向逆反应方向进行的化学反应”，如果学生对这个定义稍加思考，必然会提出“那到底进行到何种程度时，反应才算进行完全？”的问题，然而学生还是认为所有反应物都可以转化为生成物。这些问题表明，学生实际上对可逆反应仍然缺乏充分的、正确的认识。

第二节 化学平衡误概念的研究

学生在学习化学平衡前已经存在相关内容的前概念，那么经过教学后，学生是否能够真正形成科学的化学平衡概念呢?

经过教学后，学生对化学平衡的误概念主要体现在哪些方面? 使用什么样的工具来诊断出这些误概念? 相比于没有学习之前，学习之后学生转变了哪些前概念? 仍然存在哪些顽固的误概念?

对于学生误概念的诊断，已有的研究方法大多是问卷调查、访谈、概念图、画微观图、词语联想测验、双层多项选择测验等。其中最普遍的是采用双层多项选择测验与测试后半结构访谈相结合，研究对象多是高中高年级学生、大学生或者教师。

下面举例加以说明。

化学反应 $2CrO_4^{2-}(aq)+2H^+(aq) \rightleftharpoons Cr_2O_7^{2-}(aq)+H_2O(l)$ 达到平衡时，$CrO_4^{2-}(aq)$ 的浓度为 0.5mol/L，在这一反应体系中加入 10mL 0.5mol/L 的 $Na_2Cr_2O_7$ 后，溶液颜色将如何变化?（　　）

（1）变黄 （2）橙色加深 （3）不变色

原因是：

①根据勒夏特列原理，为了减少 $Cr_2O_7^{2-}$ 的浓度，平衡将向左移动，CrO_4^{2-} 的浓度增加；

②离子和分子的有效碰撞次数增多；

③浓度增大，Q 值大于化学平衡常数；

④溶液中各离子浓度不变；

⑤体积减小了，微粒间的碰撞次数减少了。

教师根据自己的教学经验和教学实际情况，精心选择内容编制双层多项选择测验，可以方便地诊断出学生头脑中存在的错误概念及其产生原因。

误概念的诊断结果和访谈结果表明，学生即使学习了化学平衡的相关内容后，在涉及化学平衡的相关概念上，学生的认知结构中仍然存在诸多普遍的、稳定的误概念，例如在化学平衡的“左右两向性”、化学平衡的判断、勒夏特列原理的应用等方面误概念根深蒂固。

一、化学平衡的“左右两向性”

化学平衡的特征之一是“左右两向性”，即同一时刻，化学反应既在向正反应方向进行，也在向逆反应方向进行。有经验的化学家将正、逆反应看成是同一反应系统的一部分，但研究发现学生做不到这一点，他们认为正反应和逆反应是独立存在的。

最早的证据来自 Johnstone 等的研究，他们发现在 255 名 16~17 岁学生中有 80% 的学生认为化学平衡的左右两个方向的化学反应是各自独立进行的。1986 年，Gussarsky 和 Gorodetsky 研究了 12 年级学生的化学平衡概念，他们发现学生不是把平衡混合物看作是一个整体，相反，学生认为化学平衡的两边是各自独立进行的。此外，Gussarsky 和 Gorodetsky，Maskill 和 Cachapuz 以及 Banks 等的研究也得出类似的结论。

1990 年，Bergquist 和 Heikkinen 分析大学生回答问题的口语报告发现，大学生中存在如下误概念：（1）化学平衡是一系列的震荡反应，或者类似于钟摆的行为，当正反应完全进行生成产物后，逆反应才开始进行；（2）在一个化学平衡体系中，当加入一种反应物后，另一种反应物会完全消耗，或是所有反应物都消耗完，或者有的认为加入反应物对平衡无影响；（3）有的学生使用“摆动或钟摆”（Oscillating or Pendulum-like）模型解释化学平衡，认为平衡时反应随试剂量的波动而左右移动，即在逆反应开始之前，反应先往正方向进行且达到完全，接着反应又朝着逆方向进行，如此反复交替，如同钟摆运动。

彭贤春、王祖浩在研究已学习过化学平衡的高中学生的误概念时，发现学生存在如下误概念：（1）反应未达到平衡前，只有反应混合物不断消耗，直到生成物达到一定量为止；（2）反应物混合后首先尽可能完全反应，然后部分生成物开始进行逆反应；（3）反应混合物完全反应后，生成物开始进行逆反应完全转化为反应物，如此循环往复。

P. L. Thomas 等[1]经过对大学四年级物理化学专业学生就可逆反应 $CaCO_3(s) \rightleftharpoons CO_2(g)+CaO(s)\ -Q$ 有关问题的访谈发现，44% 的学生认为足够高的温度或足够低的压强下，达到平衡状态时 $CaCO_3$ 将全部分解；31% 的学生认为达到平衡时，即使不是全部也会有大多数的反应停止进行。

学生之所以会出现上述错误认识，主要原因在于前概念的强烈干扰。上一节分

[1] THOMAS P L，SCHWENZ R W. College physical chemistry students' conceptions of equilibrium and fundamental thermodynamics [J]. Journal of Research in Science Teaching，1998，35（10）：1151-1160.

析过，学生在学习化学平衡之前，在化学平衡的动态性和化学反应的限度上存在前概念，普遍认为化学平衡是静态的、不变化的，化学反应是完全进行的。

首先，学习过化学平衡相关内容后，学生知道化学平衡是一个动态过程，但并不真正理解平衡的动态性。相当多的学生将化学平衡理解为日常生活中的跷跷板现象，导致类似“先正反应，再逆反应”的认识。

其次，学生对“化学反应是完全进行的”这一误概念根深蒂固。尽管教学时教师已经介绍了可逆反应的概念，并呈现了化学反应是有限度的，并不能完全进行的概念，但相当一部分学生仍未接受和理解。这需要在教学中寻找更有效的概念教学方式，以转变学生先入为主的这些顽固的前概念，避免出现后续连锁的误概念。

除了前概念的干扰外，学生习惯利用宏观表象来表征化学反应，而不善于将宏观表征转化为微观表征，根据宏观的想法来想象微观粒子的行为，也是造成误概念的原因之一。部分学生没有理解宏观上化学平衡表现为物质浓度不变的现象是正、逆反应同时进行且速率相等的净效益，从而难以转变“达到化学平衡后反应就停止了”这种错误的认识。

二、化学平衡状态的判断

研究结果表明，学生在化学平衡状态的判断依据方面存在非常严重的误概念。对于化学平衡时正、逆反应速率相等，平衡混合物中各物质的浓度保持不变的化学平衡状态特征，即化学反应是否达到平衡状态的判断标志，学生的误概念主要有两种类型。

1. 没有正确理解正、逆反应速率相等

这指的是化学平衡时，用同一种物质表示的正反应速率和逆反应速率是相等的；除了速率相等以外，不能直接推出其他相等的结论。

这类误概念有如下的表述：化学平衡时，正、逆反应速率相等，因此各物质的平衡浓度相等；化学平衡时，任何物质的反应速率都是相等的。

2. 没有正确理解平衡混合物中各物质的浓度保持不变

这指的是在一定条件下，化学反应达到平衡状态后就是一个宏观上稳定的体系，平衡混合物中各物质的浓度都不再变化。但具体各物质的浓度是保持一个什么样的数值，则要视具体的反应体系和条件而定，不能主观臆断。若外界条件不发生改变，这种平衡是可以维持的。

相关误概念有如下的表述：各物质的平衡浓度与化学方程式的系数成正比；反

应物和产物的浓度之间存在着一个简单的代数关系；动态平衡意味着各物质的平衡浓度随时会发生变化。

学生之所以会普遍出现诸如“各物质的平衡浓度与化学方程式的系数成正比”的错误观点，是由于他们将化学平衡状态各物质的浓度与化学反应过程中各物质的变化量等同起来了，他们并没有理解化学平衡状态与特定反应的初始状态有关，而与达到化学平衡的过程无关。化学方程式的系数仅表示反应过程中各物质变化量的关系。反应物和产物的浓度之间的关系需要由化学平衡常数来联系，而不是简单的代数关系。

另外，平衡时正逆反应速率相等，是指反应体系中的某一特定物质的正反应和逆反应速率相等，许多学生将其错误理解为不同物质的反应速率相等或与化学方程式的系数成正比。

由此看出，学生的很多误概念是根据自己的感觉主观臆想出来的。这说明在教学中呈现正确的概念时，学生表面上看起来是知道并理解了，但其实这理解当中掺杂了背诵概念的成分，背会了表面意思，却不能正确运用概念来解决问题。因此需要教师在教学中除了运用各种方法呈现科学的概念外，还要充分揭示学生存在的误概念，一一加以分析和修正，然后再次呈现科学的概念，这样学生才能清清楚楚地认识概念的本质内涵。

三、勒夏特列原理的应用

化学平衡是一种状态，只有在特定的条件下才能维持，一旦外界条件发生改变，化学平衡状态也将被打破，称之为化学平衡的移动。

外界条件的改变包括增大或减少反应物浓度，增大或减少生成物浓度，升高或降低体系温度，增大或减小体系压强，此外还有加入催化剂、充入惰性气体等。移动的可能性有三种：向正反应方向移动、向逆反应方向移动和不移动。

中学阶段判断化学平衡移动方向的一个有力工具是勒夏特列原理。研究表明，学生，甚至部分教师对勒夏特列原理的应用常出现错误。

1985 年，澳大利亚的 Hackling 和 Garnett 发现有 40% 左右的学生虽能运用该原理，但他们普遍存在误概念，即独立地操纵反应中的所有物质，而看不到它们之间的联系。1995 年，Quilez-Pardo 和 Solaz-Portoles 编制测验卷测查了 170 名化学专业大学一年级新生对勒夏特列原理的理解，并且调查 40 名化学教师对该概念的理解。结果表明，70%~90% 的学生在不同程度上存在误概念，如死记硬背勒夏特列原理，不能将该原理运用于新的问题情境中；不清楚勒夏特列原理使用的限制范围，错误地将其运用于一些并不适合的情境中。

综上，关于勒夏特列原理的应用，学生和教师普遍存在的误概念及其成因罗列如下。

1. 外界条件（浓度、温度、压强等）改变时可逆反应的速率变化

在采用双层多项选择题目来诊断学生的误概念时，统计结果显示学生虽然在这一问题上的错误认识不是很普遍，但是选项正确的比例高出理由正确的比例 20 多个百分点。通过访谈得知，相当多的学生在判断外界条件（温度、压强、浓度）改变后，可逆反应速率的变化和化学平衡的移动方向时，存在以下一些错误认识:(1)外界条件改变使平衡移动，导致反应速率改变；(2)化学平衡向右移动，说明正反应速率增大，逆反应速率减小；化学平衡向左移动，说明正反应速率减小，逆反应速率增大。

造成第一条“外界条件改变使平衡移动，导致反应速率改变”误概念的主要原因之一，可能与教材中将化学反应速率和化学平衡移动这两块内容完全割裂有关。学生只能机械套用教材上的结论，没有将外界条件改变后可逆反应速率的变化与平衡移动方向联系起来，从而本末倒置，不能直接根据外界条件的变化推出正逆反应速率的变化，不会用化学平衡移动来解释反应速率的变化。

造成第二条误概念的主要原因是学生先前经验的影响。因为化学平衡向右移动的净效应是生成更多的生成物，学生就想当然地认为只有正反应速率增大，逆反应速率减小才能实现这一转变。反之，化学平衡向左移动只有在正反应速率减小，逆反应速率增大的情况下才能实现。

国外的相关研究也显示，外界条件改变时，学生往往不能很好地判断反应速率的变化。

巴涅基（A. C. Banerjee）通过对 162 名中学生和 69 名中学化学教师的纸笔测验来侦测他们对化学平衡概念的错误理解[1]。测验结果显示，师生均普遍存在对化学平衡和速率关系的误概念，35% 的学生和 49% 的老师认为，降低放热反应体系的温度，正反应速率会升高；升高放热反应体系的温度，正反应速率会降低。

1995 年，Hackling 和 Garnett 在一次纸笔测验中，要求学生回答与可逆反应有关的 26 个问题，其中涉及外界条件改变对可逆反应速率的影响。学生关于这部分问题的回答情况列入表 8–1。

---

［1］BANERJEE A C. Misconceptions of students and teachers in chemical equilibrium［J］. International Journal of Science Education，1991，13（4）：487–494.

表8-1　学生关于条件改变对可逆反应速率影响的误概念统计表

误概念	百分数
增加反应物的浓度，逆反应的反应速率降低	33%
升高放热反应的温度，正反应速率降低	38%
体积减小，逆反应速率降低	53%
当增加反应物的浓度达到新的平衡后，正、逆反应的反应速率与起始平衡状态时的反应速率一致	40%
当升高反应体系的温度达到新的平衡后，正、逆反应的反应速率与起始平衡状态时的反应速率一致	32%
当减少反应体系的体积达到新的平衡后，正、逆反应的反应速率与起始平衡状态时的反应速率一致	43%
温度降低，会重新建立平衡，但平衡常数没有改变	37%
体积减小，会重新建立平衡，平衡常数变大	23%
催化剂能提高正反应的速率，但不能提高逆反应的速率	40%

2．外界条件（浓度、温度、压强）改变时化学平衡移动的方向

（1）反应物或生成物浓度变化的影响

①学生的误概念

“反应物或生成物浓度变化对化学平衡移动的方向的影响”认识的关键有两点。

第一，若是固态或纯的液态物质，其浓度不会发生变化。不少学生在应用勒夏特列原理时忽视了这点。研究发现，当化学平衡体系中有固态或液态物质时，学生在判断平衡移动方向、平衡浓度、物质的量等的变化时都出现相当多的错误。

托马斯（P. L. Thomas）等经过对大学四年级物理化学专业学生就可逆反应 $CaCO_3(s) \rightleftharpoons CO_2(g)+CaO(s)\ -Q$ 等有关问题的访谈发现[1]，55% 的学生认为纯固态物质的量会影响化学热力学平衡的状态。

第二，化学平衡移动的结果是“削弱”浓度的改变。对于增大浓度的物质，削弱的程度并不能将所增加的物质全都反应完全；对于减小浓度的物质，削弱的程度也不能将所减少的全部都弥补回来。

在反应物或生成物浓度变化方面，学生中存在较为广泛的误概念如下：加入反应物后，化学平衡会向减少加入反应物的方向移动，该反应物的平衡浓度减小；固体反应物的量增大，使正反应速率大于逆反应速率，化学平衡因此移动。

［1］THOMAS P L，SCHWENZ R W. College physical chemistry students' conceptions of equilibrium and fundamental thermodynamics［J］. Journal of Research in Science Teaching，1998，35（10）：1151–1160.

②教师的误概念

在“反应物或生成物浓度变化对化学平衡移动的影响”这个问题上，不仅学生存在较普遍的误概念，而且很多高中化学教师，在“加入更多反应物或生成物对化学平衡的移动方向”的认识上也普遍存在误概念。

D. Cheung, H. J. Ma, J. Yang 等[1]对南京 109 位教龄在 2~40 年之间的高中化学教师进行了有关化学平衡的问卷调查。调查的目的是评估他们对在化学平衡体系中加入更多反应物的影响是否理解。109 位教师都进行了问题 1 的测试，其中还有 50 位教师进行了问题 2 的测试。

问题 1：$CS_2(g)+4H_2(g) \rightleftharpoons CH_4(g)+2H_2S(g)$ 在一定条件下达到平衡，若在不改变温度和压强的情况下，突然加入少量 $CS_2(g)$，则再次达到平衡时，$CH_4(g)$ 的物质的量将如何变化？试说明理由。

问题 2：$NH_4HS(s) \rightleftharpoons NH_3(g)+H_2S(g)$ 在一定条件下达到平衡，平衡混合物中 NH_3 和 H_2S 的物质的量分别为 1.10×10^{-2}mol 和 1.65×10^{-2}mol，混合气体总体积为 1.0L，若不改变温度和压强，突然向平衡体系中加入 1.35×10^{-2}mol H_2S，通过计算说明将会发生什么变化。

在对每位教师的答案进行分析讨论后发现，尽管教师们有着丰富的教学经验，但是 109 位教师中，对于问题 1，只有 1 位教师回答正确。这位教师认为新的化学平衡中 CH_4 的物质的量受初始平衡混合物中 CS_2 的量影响；64 位教师认为 CH_4 的含量会升高；25 位认为会降低；18 位认为不可预测；1 位未发表看法。而对于问题 2，也只有 14 位教师利用化学平衡常数和反应熵正确地回答出结果，其他教师都未给出有说服力的推理和结论。

高中化学教师这种误概念的主要根源，是对勒夏特列原理“如果影响平衡的一个条件发生变化，平衡就要向削弱这种改变的方向移动”这种逻辑的过分依赖。他们并没有理解在常温常压下加入反应物可能会使气态物质的化学平衡向逆反应方向移动，而不向正反应方向移动。因为在气态物质的反应中加入反应物时，不仅增加了反应物的浓度，也同时增大了体系的压强，需两方面综合考虑。

（2）压强变化的影响

体系的压强变化有三种情况，一是缩小反应容器的体积，二是充入参加反应的气体，三是充入惰性气体（这一点将在惰性气体的影响中详细说明）。

［1］CHEUNG D，MA H J，YANG J. Teachers’ misconceptions about the effects of addition of more reactants or products on chemical equilibrium［J］. International journal of science and mathematics education，2009，7（6）：1111–1133.

压强改变后，平衡移动方向、平衡浓度、物质的量的理解关键在于：第一，只有反应前后体系压强有变化的反应，压强的改变才会影响平衡移动；第二，平衡移动的方向要视具体的反应而定，而学生通常没有正确理解勒夏特列原理，简单地认为压强改变，化学平衡就向正反应或者逆反应方向移动；第三，将物质浓度的变化等同于物质的量的变化，导致当反应容器容积改变时，对物质浓度变化的判断出现错误；第四，错误理解勒夏特列原理中的“削弱”一词的含义，从而导致类似“加入反应物后，平衡会向减少加入反应物的方向移动，该反应物的平衡浓度减小”的错误。

关于压强变化对化学平衡的影响，学生中广泛存在的误概念有：①平衡后改变容器的大小，并没有改变反应物的量，对所有物质的质量都无影响；②气体体积缩小，压强变大，气体物质的分子数增加；③压强增大，平衡向正反应方向移动；④反应前后的方程式中各物质系数之和相等(其中一物质为固态)，压强改变时平衡不移动；⑤容器体积增大使平衡向逆反应方向移动后，气体反应物的浓度增大；⑥平衡后增大体积，只是反应速率变慢，但仍然平衡。

（3）温度变化的影响

几乎所有的化学反应都伴随能量的变化，温度变化会对化学平衡产生影响。在运用勒夏特列原理判断化学平衡移动的方向时，由于学生先前学习过“反应物或生成物浓度变化对平衡移动方向的影响”，因此简单地类推，常常会根据直觉错误地认为升高温度平衡就向正反应方向移动。究其原因还是由于学生未能深入理解勒夏特列原理“化学平衡就向削弱这种改变的方向移动”这句话的含义。

（4）惰性气体对化学平衡移动的影响

相关调查结果显示，学生答题的正确率很低，都在30%左右。学生中较为广泛存在的误概念汇总如下：①恒容条件下充入惰性气体后，容器内压强变大，平衡向气体物质的量减少的方向移动；②恒容条件下充入惰性气体会使可容纳其他气体的空间变小；③恒压条件下充入惰性气体后，容器内气体的总浓度增加，平衡向气体物质的量减少的方向移动；④恒压条件下充入惰性气体后，容器体积变大，各物质浓度同比例减小，平衡不移动；⑤恒压条件下充入惰性气体后，并不影响各物质的量，所以正、逆反应速率不受影响。

很多学生错误理解充入惰性气体对化学平衡的影响的主要原因，在于学生并没有分清在应用勒夏特列原理时，平衡体系中的物质的浓度、压强所指的对象是可逆反应方程式中相关的反应物或生成物，并不包括与化学反应无关的惰性气体。

第三节　化学平衡概念的教学诊断

学生在学习化学平衡概念之前的认知结构并非白板一块，而是已经存在相关化学平衡的前概念。通过系统学习化学平衡知识，许多相关的前概念已经转化成了科学概念，但同时仍然存在相当多的误概念，而且随着所学知识难度的深入和广度的扩展，所形成的误概念种类也在增多。

基于金（Chi）的概念转变理论可知，化学平衡概念是具有动态属性的相互作用关系的概念，有关化学平衡的误概念一旦形成，要转化成科学概念是非常困难的，对学生后续知识的学习将造成极大障碍。

显然，教学中不能单纯地教给学生科学的概念。由于学生存在某些不完善甚至是不合理的认知结构，如果不能很好地转变，就可能形成新的不合理的认知结构。针对学生极易产生的误概念，应该给学生机会直面这些错误概念，让学生主动探讨和研究相关问题，积极主动构建科学的认知结构，形成科学的化学平衡概念。

一、化学平衡误概念的诊断

在课堂上，教师首先要给予学生描述自己的认识，表达自己的观点的机会，不断暴露他们认识上的冲突，并在此过程中使学生重新建构自己的认知结构，并引导他们比较、整合新旧概念，应用新的理解来解决实际问题，使其认识不断地获得完善。

化学教师如果缺少有关学生存在的误概念相关信息，就可能在课堂上问一些无关紧要的问题，缺乏针对性，很少能提供机会让学生把自己真实想法暴露出来。因此教师在教授化学平衡概念前，应该先分析预测学生可能带到课堂上的误概念，在教学中有针对性地设置问题情境诱导学生暴露自己对概念的理解，从而了解学生的误概念，采用相应的教学对策帮助学生修正误概念，形成科学概念。

彭贤春、王祖浩进行了化学平衡概念的教学实验，提出了五步教学流程：

①设问⟶②错答⟶③佐证⟶④纠错⟶⑤比较归纳

在充分揭示出学生的化学平衡前概念和误概念的基础上，比较归纳出化学平衡及其相关科学概念。

通过比较学生前测和后测的学业成绩，揭示前概念和误概念的教学方法比传统讲授式教学更能显著促进学生化学平衡相关科学概念的形成，提高学生的化学学业成绩。但这种教学方法并不是对所有学生都有显著的促进作用，它对学业中等学生的化学平衡相关概念的形成有极为显著的促进作用，而对学业优秀学生和学业不良学生有一定促进作用，但效果并不十分显著。

进一步的分析认为，学业成绩优秀的学生，其前概念系统中的合理成分相对较多，对后续学习的阻碍作用相对较小。不管采用何种教学方式，学业优秀学生的测验成绩都非常好，显示不出明显差距。而学业不良学生的认知结构中，不完善、不合理的成分较多，不是一两次授课就可以立竿见影的，需要长期坚持，慢慢转变。对学业中等学生而言，不同教学方式对学习成效会产生不同的影响。

为便于教师认识到学生的误概念，建议教学指导书应指出学生在学习概念前、后可能存在的误概念。教材作为重要教学资源，建议设置“你知道吗？”等类似栏目，密切联系学生的知识背景和经验，精心选择和设计问题情境，引导学生回顾已有的知识，暴露学生有关新学知识的前概念。

二、化学平衡误概念的转变

大量的研究证实，一些学生即使在课堂中学习了正确的概念，他们仍然拒绝修正已有的错误观念；相反，他们试图用前概念来解释新学习的知识。也就是说，学生的前概念具有相当强的顽固性。因此在教学中，教师需要采取一定的策略，才能帮助学生转变深深扎根于他们头脑中的误概念，以形成对概念的科学认识和理解。

例如，在讲解化学平衡移动原理时，为了克服学生先入为主、凭直观印象形成的误概念对构建科学概念产生的消极影响，教师可以采用“预测—探究—解释”的教学步骤。先让学生预测不同的条件改变对化学平衡的影响，然后引导学生通过实验探究，观察化学平衡的变化，引导学生认识到原有认知结构中误概念的局限性和表面性；再指导学生运用勒夏特列原理解释所观察到的实验现象，进而通过建立各种化学平衡的变式，让学生反复对比误概念与科学概念，从而逐步形成科学的概念理解。

化学平衡相关概念较为抽象，尤其对于不能直接感知到的、抽象的认识，相当一部分学生存在一定的理解障碍，教学中需要借助图表、化学实验等直观的方式加以表征。因此，当教师在教学中陈述化学平衡状态的特征时，应向学生呈现正、逆反应速率随时间变化的曲线图，给学生以直观的印象；在介绍勒夏特列原理的同时，还应设计一定的实验让学生亲身感受条件改变对化学平衡移动的影响。这些教学活动的开展会比教师反复多次地讲解强调更为有效。

第四节 化学平衡概念的教学

有效教学策略的制订和实施是一项很复杂的活动，它需要教学法内容知识（Pedagogical Content Knowledge，简称 PCK）和课程知识。

美国教学研究专家舒尔曼将教学法内容知识（PCK）定义为关于教学的主题知识，并对其进行了一番描述：最有用的表征方式，最有效的类比、说明、举例、解释以及证明——总之，就是将事物描述得使别人能够理解。由于不同的表征效果不同，因此教师必须能够熟练运用各种形式的表征。这些表征方式可能是从别人的研究成果中得到，也可能来源于教学实践中的智慧。

根据舒尔曼对课程知识的论述，课程知识是指用于教学的各种材料，例如各种教材、软件、程序、可视化素材、单一概念的教学影片、实验证明或者探究。熟练的教师必须掌握用于教学的各种课程资源。如果一个医生只会治疗一种疾病，人们是不可能信任他的；同样，如果一个教师只会使用一种教学材料，也必然不能很好地进行教学。

探索有效教学方式，促进化学课堂效率的真正提升，是教师永恒的课题。下面将介绍几种在国外化学平衡教学中，用得比较普遍的策略。

一、合作学习（拼图学习或交错学习）

K. Doymus[1]在普通化学课程一年级中，研究了合作学习与单独学习方法分别对学生关于化学平衡概念理解的影响。2006—2007 学年，该研究在初等教育系的两个不同班级的总共 68 名本科生中进行。任意指定一个班级为非拼图班(控制班)，而另一个为拼图班（合作）。由于将化学平衡主题分为四个副主题（主题 A/B/C/D），因此拼图班中的学生分成四个“家庭组”。每个家庭组有四名学生。四个组分别为：

（1）家庭组 A，代表平衡状态和平衡浓度问题（主题 A）。

（2）家庭组 B，代表平衡常数以及涉及平衡常数的关系（主题 B）。

（3）家庭组 C，代表改变平衡条件——勒夏特列原理（主题 C）。

[1] DOYMUS K. Teaching chemical equilibrium with the jigsaw technique [J]. Research in Science Education，2008，38（2）：249-260.

（4）家庭组 D，代表有关平衡常数的计算（主题 D）。

将家庭组像拼图游戏一样拆散，来自不同家庭组的学生组成拼图组，并一起学习某个知识，然后学生再回到家庭组，负责向组内的其他成员讲授特定的副主题知识。

该研究的数据收集是对拼图班和非拼图班都进行一个化学平衡成就测试。该测试包括四个部分，每部分由四个多选题和一个开放性问题组成。多选题的信度系数（Cronbach Alpha）为 0.78，开放性问题采用定性分析方法来评价。

结果表明，拼图班比非拼图班（单独学习方法）更成功。非拼图班学生明显不能正确区分影响化学平衡常数的因素和影响平衡状态的因素，也没有很好地理解什么是化学平衡以及化学平衡状态是怎样形成的。另外，他们倾向于认为对一个化学反应来说，达到化学平衡的必要条件是反应物和生成物的质量相等，而不是正反应和逆反应的速率相等。

该研究表明，学生在讨论中可以帮助减少彼此的误概念，拼图策略用于化学平衡教学取得了良好效果。

二、多重类比

A. G. Harrison 和 O. D. Jong[1] 观察了一位名叫 Neil 的老师用多重类比模型进行的化学平衡概念教学。该教学用于 12 年级的一个班级，总共 11 个人（3 个女生，8 个男生），研究为期两天。第一天上两节课（80 分钟），先复习化学反应的微观本质以及影响反应速率的因素，然后介绍活化能、反应进程图和化学平衡的条件；第二天上一节课（40 分钟），详细讲解化学平衡的概念。在这三节课中，Neil 老师一共讨论了 10 个类比模型（见表 8-2，其中第 9 个是学生提出来的），然后 Neil 老师和学生交互提问，讨论相关话题。收集数据的特定时间段如下：（1）第一、二节课前访谈，关于教学意图；（2）第一、二节课堂中，关于化学平衡的方面；（3）第一、二节课后访谈，关于教学效果；（4）第三节课前访谈，关于教学意图；（5）第三节课堂中，关于化学平衡的特征；（6）第三节课后访谈，关于教学效果；（7）和学生的后续访谈，关于教学中所使用的类比模型。

［1］HARRISON A G，JONG O D. Exploring the use of multiple analogical models when teaching and learning chemical equilibrium［J］. Journal of Research in Science Teaching，2005，42（10）：1135–1159.

表8-2 Neil老师的课堂中所使用的类比

类比	意图
1. 学校舞蹈（简单版本）	化学反应速率取决于男孩和女孩碰撞的速率
2. 上上下下的滑雪人	活化能：在放出能量之前先吸收能量
3. 含详细路线的飞机	反应机理：许多步骤产生了最终效果
4. 组装一架模型飞机或一辆模型汽车	反应机理：许多步骤中一些是平行的，就像组装飞机的两个相同的翅膀
5. 跷跷板上的平衡	物理平衡：每一边的“力×距离”相等
6. 正常人和精神病人	物理平衡：就像精神上的稳定
7. 学校舞蹈（详细版本）	化学平衡的条件：两人结对和分开在继续，结对的速率=分开的速率，结对的空间小于大厅（反应不完全），大厅密封
8. 有盖茶杯中过量的食盐	动态平衡的本质：杯子密封，溶解速率=结晶速率；过程连续，和温度有关
9. 有盖咖喱罐	动态平衡的本质：蒸发的水量=冷凝的水量，炖的过程中一直持续，密封的罐=密闭系统
10. 繁忙的高速公路	动态平衡的本质：来的车速=去的车速，碰撞速率很重要

所有的教师访谈和课堂教学都用录音机录下来，两位研究者还做了详细的笔记，对 Neil 老师的教学笔记和图表也进行了收集。最后一次课的 10 个星期之后，对 7 位学生进行访谈以确定他们对化学平衡概念的理解。

数据的分析以建构主义和解释现象学的观点为基础，两位研究者分别对数据进行独立的阅读和解释，然后一起详细地分析讨论直到达成一致意见，并加入了观察者的三角测量。

由于讨论是 Neil 老师教学的主要风格，在他的教学中多重类比模型起着重要作用，因此，他的课堂教学是检验多重类比应用有效性的一个很有用的案例。A. G. Harrison 和 O. D. Jong 的研究结论如下。

（1）从教学的角度看多重类比模型

Neil 老师的出发点是好的，他意识到了学生难以理解化学平衡，希望从学生熟悉的事物例如“学校舞蹈”入手，激发起他们的兴趣。他试图尽可能地利用学生的先前知识，并不断地扩展和丰富类比模型。

（2）从学习的角度看多重类比模型

学生喜欢这样的教学方式，建立起来的关于化学平衡的心理模型却各式各样，而且一些类比有时并不恰当。老师试图激发学生的兴趣，但是事实上，不同性别的学生对不同的类比兴趣不同，一位女生表示不喜欢有男性的类比。大多数学生把多重模型割裂开来看待，而有一些学生则根本没有识别到嵌于教学计划中的类比对应，他们只看到了例子，并没有理解当中蕴含的化学知识。

通过类比教学，Neil 老师所教班级的大多数学生理解了化学平衡是发生在密闭系统中的动态行为，正反应和逆反应速率相等。A. G. Harrison 和 O. D. Jong 推荐这样的多重类比在教学中的应用，但是强调教师要明确指出类比在哪些方面和真实情况有不同，并仔细处理学生对概念的理解。

三、教学技术辅助

1. 使用教学技术的作用

根据 H. K. Wu 和 P. Shah 的研究，学生的空间能力和化学学习之间有相关关系，学生的误概念和视觉化表征的困难之间具有相关性[1]。他们总结得出，化学是一门形象化的科学，学生的视觉学习能力及空间立体感会影响他们的学习。学生的某些误概念就是由于在内部和外部的视觉空间表征的操作上有困难造成的。为了提高学生的视觉空间思维，一些有效的可视化工具已经被设计出来，这类视觉化工具包括：实体模型，动画和模拟，以及基于计算机的可视化工具。

2. 可视化教学工具

实体模型可以将分子的三维构造可视化，动画可以将化学反应过程的动态本质可视化。随着计算机技术的发展，越来越多的可视化工具发展起来，例如 4M：Chem，Cache，Chemsense，CMM 和 eChem 等。基于计算机的可视化工具可以分为三种类型：模型构造工具、多媒体学习工具和仿真学习环境。

（1）模型构造工具

例如，eChem 可以让学生操纵分子的 3D 模型，在微观水平看清楚分子间的联系，也可以在宏观水平看到微粒集合体的行为。有研究指出，在使用 eChem 六周之后，大部分高中学生都能够将 2D 结构转化成 3D 模型，并利用分子结构来解释化学物质的性质。CMM 也是一个类似的工具，它让学生可以看到 3D 结构并计算化合物的键能和键角。有研究指出，使用 eChem 和 CMM 都能提高学生的空间视觉化能力，

[1] WU H K，SHAH P. Exploring visuospatial thinking in chemistry learning [J]. Science Education，2004，88（3）：465-492.

使学生在需要将符号转化为 3D 结构的问题上表现更出色。

（2）多媒体工具

多媒体工具整合了多种符号系统，例如文本、录像、图表、动画，以期在微观和符号水平解释化学反应。多媒体工具至少可以解决学生的两种误概念：在宏观水平根据表面特征理解视觉表征；将化学反应理解为一个静态的过程。Kozma 和他的同事发展的多媒体和心理模型工具（MultiMedia and Mental Models，简称 4M：Chem），可以帮助学生认识化学实体之间的关系，根据概念内在的本质特征而不是表面特征来理解各种表征。

例如，为了呈现一个化学平衡 $2NO_2(g)$（红棕色）$\rightleftharpoons$ $N_2O_4(g)$（无色），多媒体和心理模型工具（4M：Chem）使用的手段包括：一段录像演示不同温度下密封管中颜色的变化；化学反应方程式；动画模拟显示微观水平分子间的相互作用及其运动；一个曲线图显示随着反应的进行，两种气体的浓度如何变化。这四种表征同时呈现并且相互联系。相比于文本，录像和动画在演示运动和相互作用方面效果更好，因此使用这些多媒体工具更有利于学生建立动态模型。

（3）仿真学习环境

例如，Chemsense 包括了分子绘图工具、记事本、电子数据表、曲线图工具等，可以让学生在其中构造模型、收集数据、绘制图表和制作动画。研究发现，通过在 Chemsense 中制作动画和模型，学生能更好地关注化学反应的动态过程，在微观水平表征科学现象时，表现也更好。

适当地使用教学技术可以促进学生视觉空间能力的培养。在各个化学主题知识，尤其是物质结构和化学反应过程误概念的克服上，教学技术显示出强大的影响力。

研究表明，学生产生误概念的原因并非仅仅来源于自身，教师不恰当教学方法的误导，教材对概念、原理的模糊表述，都可能导致学生“误入歧途”。化学教师为了使学生更容易理解和接受抽象概念，常常运用类比、比喻、模型等方法进行教学。但运用这些方法解释相关化学概念时，若使用不当会产生不良的影响。如教师在讲解化学平衡概念及其特征时，使用简单的生活事例进行类比，如骑自行车、坐跷跷板等，就容易引起学生的曲解。很多中学教材对勒夏特列原理的表述至今还沿用 1888 年勒夏特列的说法，对其限制条件没有加以说明，这也可能导致学生死记硬背原理而将其应用于不合适的问题情境中。

第九章 酸碱相关概念的认知研究

在日常生活中，酸碱是非常常见的物质。酸碱相关概念的学习过程具有阶段性和发展性。有研究者建议在中学化学教材中引入酸碱质子理论，以便取得更圆满的教学效果，但是高中生是否能够接受和理解酸碱质子理论呢？研究者还发现“盐酸是不是酸”这个问题一直困扰学生。

本章主要采用访谈、问卷调查和个案研究等研究方法，探讨并回答了以下问题。

（1）初三年级、高一年级和高二年级学生酸碱相关概念的误概念的具体内容。

（2）“盐酸溶液”这个写法是否规范？

（3）高中化学教材中有无必要引入酸碱质子理论？

第一节　酸碱概念的发展

酸碱概念是中学化学教学的重要内容,《化学》九年级下册（人民教育出版社，2006）中有“酸与碱”这一独立章节，主要介绍常见的酸和碱、酸和碱的通性及酸碱中和反应。学生通过学习酸性、碱性物质来认识酸和碱，并初步明白酸和碱的性质是因为 H^+ 和 OH^- 的存在。必修《化学 1》(人民教育出版社，2007）中“离子反应”这一小节从电离的角度首次对酸碱有了完整的定义，并在该书的“非金属及其化合物”章节中，介绍了浓硫酸和硝酸的一些特性。选修《化学反应原理》（人民教育出版社，2007）第三章“水溶液中的离子平衡”介绍了强酸弱酸的电离和溶液的酸碱性，巩固并拓展学生对酸碱概念的学习，增进学生对酸碱电离理论的理解。酸碱概念的学习是从宏观现象逐渐深入到微观本质的过程，其概念学习具有阶段性和发展性。酸碱与学生日常生活有着非常密切的联系，学生头脑中对于酸碱相关概念的认识也是非常丰富的。

酸碱概念的发展经历了三个多世纪，其理论由浅入深逐渐完善，化学家们依次提出了以下 9 种酸碱理论[1]。

表9-1　酸碱理论概述

时间	代表人物	酸碱理论	基本概述
1663年	波义耳	酸碱理论的启蒙阶段	酸是有酸味，能使蓝色石蕊变红，能溶解石灰的物质；碱是有苦涩味、油腻感，能使红色石蕊变为蓝色的物质
1787年	拉瓦锡	酸的氧理论	凡是酸都应该含氧元素
1838年	李比希	酸的氢理论	氢是酸的基本要素，酸都含有易被金属取代的氢的化合物
1889年	阿伦尼乌斯	水-电离理论	酸是在水溶液中经电离产生H^+离子的物质；碱是在水溶液中经电离产生OH^-离子的物质
1905年	富兰克林	溶剂理论	酸是电离能生成和溶剂相同特征的正离子的物质；碱是电离能生成与溶剂相同特征的负离子的物质

[1] 邢其毅，裴伟伟，徐瑞秋，等. 基础有机化学：上册［M］. 第3版. 北京：高等教育出版社，2005.

续表

时间	代表人物	酸碱理论	基本概述
1923年	布朗斯特，劳里	质子理论	酸是质子给予体，碱是质子接受体
1923年	路易斯	电子理论	酸是任何分子、离子或原子团在化学反应过程中能够接受电子对的物质，酸是电子对的受体；碱是含有可以给出电子对的分子、离子或原子团的物质，碱是电子对的给予体
1939年	乌兹洛维奇	正负离子理论	酸是与碱结合生成盐并给出阳离子或者接受阴离子（电子）的物质；碱是与酸结合生成盐并给出阴离子（电子）或者接受阳离子的物质
1963年	皮尔逊	软硬酸碱理论	硬酸是体积小、正电荷数高、可极化性低的中心原子；软酸是体积大、正电荷数低、可极化性高的中心原子；硬碱是电负性高、极化性低、难被氧化的配位原子；软碱是电负性低、极化性高、易被氧化的配位原子

历史上酸碱理论各有特点，但它们并非是完全不相干的，下图展现了当前最常使用的四种酸碱理论之间的关系[1]。

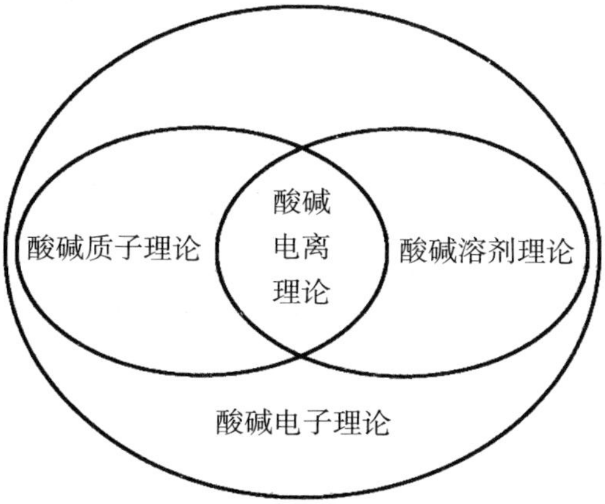

图 9–1　酸碱理论之间的关系

[1] 张祖德. 无机化学 [M]. 修订版. 合肥：中国科学技术大学出版社，2010.

从图 9–1 中可以看出，酸碱电子理论的范围是最广的。事实上，几乎现存其他所有理论概念均被包含其中，所有酸碱反应均可用酸碱电子理论（结合软硬酸碱理论）处理，但需要定量计算时，酸碱电子理论则无能为力。

酸碱质子理论在处理有质子传递的酸碱反应时优势较大,因为相较于电离理论，质子理论的适用范围更宽；相较于电子理论，质子理论的定量计算更完备。

酸碱溶剂理论可以用于处理非质子溶剂中的酸碱反应，同样可以做一些定量计算，但由于其限制条件较大，实用性相对较小，一般很少使用。

酸碱电离理论则以其易于理解性占有优势。在稀的水溶液中，用电离理论得出的计算结果与用质子理论完全相同，而且在处理部分计算问题上，它比质子理论简洁，因此在定量计算上的应用仍然较广。

在处理酸碱问题时，要合理选择酸碱理论，才能得出正确结论。

综合上述理论之后不难发现，大部分酸碱反应都不是氧化还原反应，因为在这些理论中酸碱反应总是伴随着离子键的断裂或共价键的异裂，基本不存在电子的得失或电子对的偏移。

随着酸碱理论的发展，酸和碱的范围越来越广泛，但是各种酸碱理论的应用范围和效果是不同的。现行高中教材必修《化学 1》（人民教育出版社，2007）依据的是 1889 年瑞典化学家阿伦尼乌斯提出的酸碱电离理论。电离理论在水溶液中定义酸碱比较成功，与实际生活也比较贴近。本章选取了酸、碱、电离、酸性物质、碱性物质、盐酸、弱酸、弱碱八个概念作为主要研究内容。这些概念在现行高中化学教材中的内涵表述如下。

①酸是在水中电离时，生成的阳离子全部是氢离子的化合物。

②碱是在水中电离时，生成的阴离子全部是氢氧根离子的化合物。

③电离是指在水溶液或熔融状态下,电解质离解成自由移动的阴阳离子的过程。

④酸性物质是指在 25℃下其水溶液 $pH<7$ 的物质,包括酸、酸性氧化物、某些盐。

⑤碱性物质是指在 25℃下其水溶液 $pH>7$ 的物质,包括碱、碱性氧化物、某些盐。

⑥盐酸是氢氯酸的俗称，是氯化氢气体的水溶液。

⑦弱酸是在水溶液中发生部分电离的酸。

⑧弱碱是在水溶液中发生部分电离的碱。

第二节　酸碱误概念的研究

一、研究的问题与方案

1. 研究的问题

盐酸、硫酸、硝酸是人们常说的三大工业强酸。纯硫酸（硫酸）是无色油状液体；稀硫酸、浓硫酸均指硫酸的水溶液，是混合物。纯硝酸（硝酸）是无色液体；稀硝酸、浓硝酸均指硝酸的水溶液，是混合物。纯盐酸这个化学用语没有出现过，纯的无水 HCl 称为氯化氢，氯化氢的水溶液叫作氢氯酸，俗称盐酸。纯净的盐酸指的是不含其他杂质离子的无色透明的氯化氢水溶液。

基于以上叙述，本节选取了酸、碱、电离、酸性物质、碱性物质、盐酸、弱酸、弱碱八个概念作为主要研究内容。

依据现行高中教材必修《化学 1》（人民教育出版社，2007）所界定的酸碱内涵，即 1889 年瑞典化学家阿伦尼乌斯提出的酸碱电离理论，来衡量和判断学生对酸碱相关概念的理解偏差。

本节拟探讨的问题是：

（1）调查初三年级、高一年级、高二年级学生头脑中有哪些酸碱的误概念。

（2）探讨“盐酸”词语的内涵和科学界定方式。

（3）探讨“酸碱质子理论”知识结构引入高中课程内容的适宜性。

（4）探讨酸碱误概念的转变策略。

2. 研究的方案

（1）研究对象

某普通中学初三年级学生 20 名；某高中高一年级学生 60 名；某高中高二年级学生 30 名；高中资深化学教师 2 名，教龄分别为 29 年和 23 年。

（2）研究的化学概念

本节以酸、碱、电离、酸性物质、碱性物质、盐酸、弱酸、弱碱等化学概念为载体，探讨学生的酸碱相关概念的认知情况。

（3）研究方法和步骤

本节主要采用访谈、问卷调查、个案研究等研究方法，进行如下步骤的研究。

第一步，编制研究工具。依据研究内容和调查对象的特征，依次编写初三年级学生酸碱相关误概念访谈提纲，高一年级学生酸碱相关误概念访谈提纲，高二年级学生酸碱相关误概念调查问卷。

第二步，实施调查研究。首先确定研究对象，结合初三年级学生酸碱相关误概念访谈提纲，与初三年级 20 名学生进行访谈交流；结合高一年级学生酸碱相关误概念访谈提纲，与高一年级 60 名学生进行访谈交流；使用高二年级学生酸碱相关误概念调查问卷，对高二年级 30 名学生进行问卷调查；与 2 位资深特级化学教师探讨酸碱相关概念的误概念转变策略，对他们的课堂进行观察研究。

第三步，整理访谈内容，统计调查问卷，分析各部分的调查结果。得出初步研究结论。

（4）研究工具

自编初三年级学生酸碱误概念的访谈提纲，以探查初三年级学生在酸和碱的学习过程中出现的误概念的具体内容。详细内容如下。

初三年级学生酸碱误概念的访谈提纲

1. 在学习酸和碱科学概念之前，你认为酸和碱是什么物质？
2. 在学习过酸和碱的科学概念之后，你对于酸和碱有什么不一样的认识？
3. 你能否用化学语言对酸和碱做出定义？

自编高一年级学生酸碱误概念的访谈提纲，探查高一年级学生酸碱相关误概念的具体内容及学生持有某些观点所占的比例。

围绕酸碱的定义，盐酸是不是酸的判定，酸和酸性物质的区别，酸碱中和反应与氧化还原反应的联系，酸碱质子理论的接受意愿等问题展开访谈。通过问答的方式可以清晰地了解学生头脑中酸碱相关概念的误概念的具体内容。访谈内容如下。

高一年级学生酸碱误概念的访谈提纲

1. 还记得酸和碱的定义分别是什么？
2. 盐酸的化学组成是什么，你认为盐酸是不是酸？
3. 你认为酸和酸性物质有区别吗？
4. 学完高一年级的课程后，你对于酸和碱有什么新的认识？
5. 你觉得酸碱中和反应与氧化还原反应有没有什么联系？
6. 在酸碱质子理论中，酸是质子（H^+）的给予体，碱是质子接受体。你认为在高中教材引入酸碱质子理论合不合适？

自编高二年级学生酸碱误概念的调查问卷，以调查高二年级学生酸碱误概念的具体内容及学生持有某些观点所占的比例。

问卷结构上，共六题，分为三道简答题和三道选择题。

问卷内容上，问卷题目考查酸碱的定义，弱酸弱碱的定义，多元弱酸的电离方程式的书写，弱酸的电离常数等方面内容。问卷内容如下。

高二年级学生酸碱误概念的调查问卷

1. 你记得酸的定义是什么，碱的定义是什么吗？

2. 你认为弱酸是什么，弱碱是什么？

3. 写出H_2CO_3的电离方程式。

4. 常温下0.1 mol/L CH_3COOH溶液的pH=a，下列能使溶液的pH=（a+1）的措施是（　　），选择的理由是________________________________。

A. 将溶液稀释到原体积的10倍

B. 加入适量的醋酸钠固体

C. 加入等体积的0.2mol/L盐酸

D. 提高溶液的温度

5. 将浓度为0.1mol/L的HF溶液加水不断稀释，下列各量始终保持增大的是（　　），选择的理由是________________________________。

A. $c(H^+)$　　B. $Ka(HF)$　　C. $c(F^-)/c(H^+)$　　D. $c(H^+)/c(HF)$

6. 下列叙述正确的是（　　），选择的理由是________________________________。

A. 两种醋酸溶液的物质的量浓度分别为c_1和c_2，pH分别为a和a+1，则$c_1=10c_2$

B. pH=11的NaOH溶液与pH=3的醋酸溶液等体积混合，滴入石蕊溶液呈红色

C. 0.1 mol/L NaOH与0.1 mol/L CH_3COOH等体积混合后，溶液中的醋酸未被完全中和

D. 常温下，将pH=3的醋酸溶液稀释到原体积的10倍后，溶液的pH=4

二、酸碱误概念的研究

1. 初三年级学生酸碱误概念的研究

问题1：在学习酸和碱科学概念之前，你认为酸和碱是什么物质？

答：①酸是可以吃的东西，而且吃起来味道是酸的，例如醋、柠檬等；

②酸都是一些具有刺激性气味，容易挥发的物质；

③酸是能够腐蚀建筑、破坏植物的物质；

④生活中很少见到碱这类物质；

⑤碱是苏打水、治疗胃酸过多的药品。

访谈结果显示，100%的初三年级学生在学习酸之前都是在味觉和嗅觉方面对

酸有最原始的感性认识，但学生在日常生活中对于碱的了解却很少。

基于上述访谈结果进行分析，初三年级学生对于酸和碱的前概念如下：

（1）酸是可以吃的东西，而且吃起来味道是酸的，例如醋、柠檬等。

（2）酸都是一些具有刺激性气味，容易挥发的物质。

（3）碱是苏打水、治疗胃酸过多的药品。

问题2：在学习过酸和碱科学概念之后，你对于酸和碱有什么不一样的认识？

答：①酸是一类很危险的化学物质，很多不能吃，有的酸闻起来没有酸味，但是酸的用途很多；

②酸是一种普遍存在的物质，能发生多种化学反应，如与活泼金属、碱发生反应；

③酸都具有腐蚀性；

④酸中都含有氢离子，酸和酸性物质是一回事；

⑤碱就是和酸性质相反的一类物质；

⑥碱就是能与酸发生反应的物质；

⑦碱都具有腐蚀性。

访谈结果显示，学生在正式学习酸和碱后，发现酸碱与之前的认识经验完全不一样。教材中是通过 HCl、H_2SO_4、NaOH 来呈现酸和碱的性质的，H_2SO_4 和 NaOH 的强腐蚀性在学生脑海中留下了深刻印象，学生以此类推，认为“酸和碱都是具有腐蚀性的物质”“酸和碱很危险，不能食用”。另外，学生已经开始从微观粒子的角度认识酸和碱。

初三年级学生对于酸碱相关概念的误概念如下：

（1）酸和碱都具有腐蚀性。

（2）酸中都含有氢离子，酸和酸性物质是一回事。

（3）碱就是和酸性质相反的一类物质。

问题3：你能否尝试用化学语言对酸和碱做出定义？

答：完全可以（5%）；勉强可以（50%）；完全不行（45%）。

调查结果显示，只有极少的初三年级学生能给出酸和碱的准确定义；有小部分学生知道 $NaHSO_4$ 是酸式盐而不是酸，但是仍不能给出酸的完整定义；大部分学生不清楚酸和碱的准确定义，甚至有学生直接定义“酸是能与碱生成水和盐的物质”。

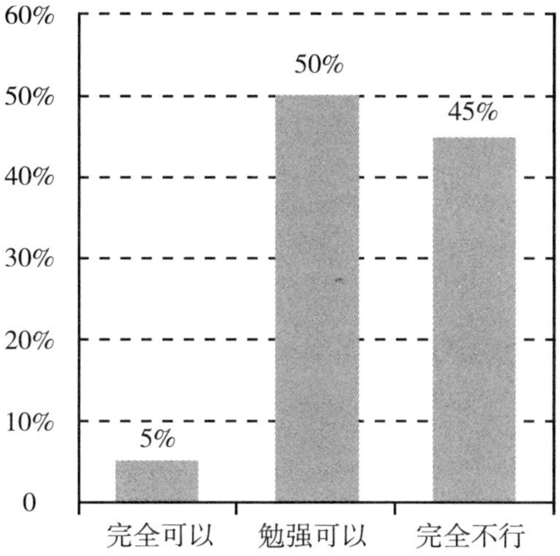

图 9–2　初三学生对酸碱下定义的正确程度

2. 高一年级学生酸碱误概念的研究

问题1：还记得酸和碱的定义分别是什么？

酸：①电解之后只有酸根离子和氢离子的化合物；

②酸由氢离子和酸根离子构成，像氯化氢这种共价化合物不含氢离子，因而不是酸，氯化氢只有在溶于水的情况下才叫酸。

碱：电解出金属阳离子或铵根离子和氢氧根离子的化合物。

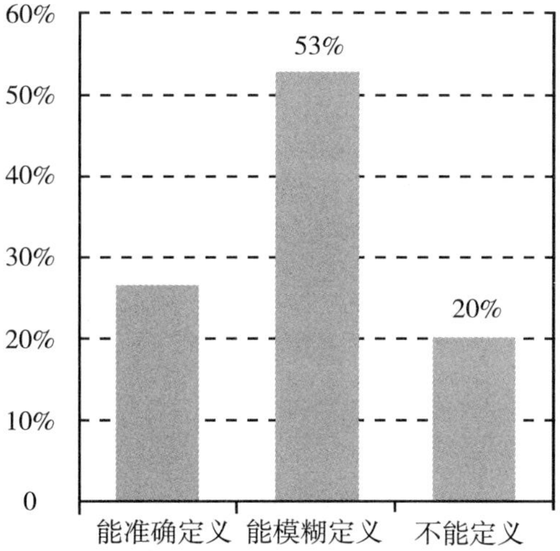

图 9–3　高一学生对酸碱下定义的正确程度

（1）学生在描述酸和碱的定义时把电离说成电解。酸和碱的定义是在学习电解质这个概念时提到的，学生未系统学习过电解的概念，所以常把电离与电解混淆，认为二者是一回事。

（2）有部分学生认为电离需要通电。现行高中化学教材必修《化学 1》（人民教育出版社，2007）中对于“电离”这个概念并没有专门的描述，教师也不会花太多时间做解释，一般情况下只是一言带过，造成学生对电离过程似懂非懂。此外，在该节课中有溶液导电实验的课堂演示，在此影响下学生很容易认为电离需要在通电的条件下才能发生。

（3）有部分学生没有完全理解酸的定义，没有弄清楚“酸在水中发生电离”只是一个快速的过程，不需要物质本身含有氢离子。有 50% 的学生在定义酸碱时忽略了“化合物”这个限定条件，认为酸和碱也可以是混合物。实际上，酸和碱必须是纯净物，而不能是混合物。

误概念 1 酸是电解之后只产生酸根离子和氢离子的化合物；碱是电解出金属阳离子或铵根离子和氢氧根离子的化合物。

误概念 2 酸由氢离子和酸根离子构成。

误概念 3 氯化氢是共价化合物，只有在溶于水的情况下才是酸。

误概念 4 电离和电解是一回事，电离需要在通电条件下才能发生。

问题2：盐酸的化学组成是什么，你认为盐酸是不是酸？

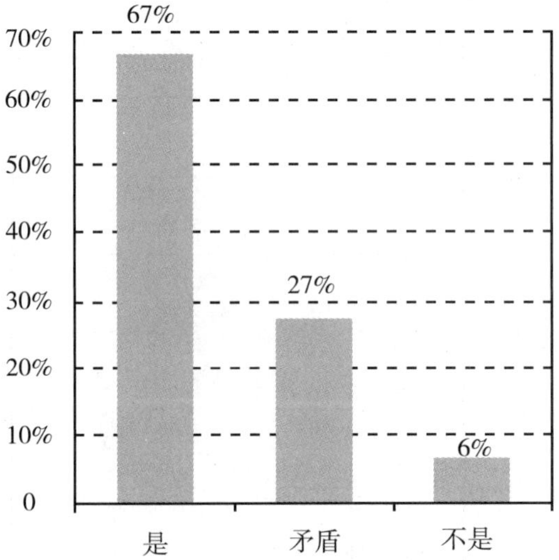

图 9-4 高一学生对“盐酸是酸”的判断

（1）67% 的学生认为盐酸是酸。其中绝大多数学生一直认为盐酸是纯净物，浓盐酸、稀盐酸才是混合物，所以这部分学生非常肯定盐酸是酸。还有个别学生虽然能准确地说出酸碱的定义，也知道盐酸属于混合物，但是仍认为所有的酸都是混合物，是某种物质形成的水溶液，这部分学生只是简单地记忆酸的定义，却没有准确理解定义的内涵。

（2）27% 的学生虽然知道盐酸是混合物，而且知道酸的定义中要求酸必须是纯净物，但是平时经常受到“盐酸是三大强酸之一”的说法影响，因而认为盐酸还是属于酸的一种。但是这部分学生在化学学习过程中，遇到这个问题时会感到矛盾和疑惑。

（3）6% 的学生认为盐酸是氯化氢气体的水溶液，不满足酸的定义，希望教科书能够纠正这种错误的说法。

误概念 5 盐酸是纯净物，盐酸是酸。

问题3：你认为酸和酸性物质有区别吗？

100% 的学生认为酸和酸性物质不是一回事。

调查结果显示，高一年级学生在学过酸碱概念之后，非常明确酸和酸性物质二者不是对等的。但是对于初三学生来说，很大一部分学生还是把酸等同于酸性，因而对于酸和酸性物质的区别不是很清楚。

问题4：学完高一年级的课程后，你对于酸和碱有什么新的认识？

答：①碱都是固态粉末状；

②酸碱都有强弱之分；

③接触到的酸的种类变多；

④有些物质既是酸又是碱，是两性物质，如氢氧化铝。

调查结果显示，高一年级学生在学习硫酸和硝酸后觉得酸的酸性已经是次要的性质，学生更关注的是酸的强氧化性或还原性。高一年级学生对氢氧化铝的酸式电离和碱式电离感到不可思议，对两性物质感到很新奇。

误概念 6 碱都是固体粉末状。

问题5：你觉得酸碱中和反应与氧化还原反应有没有什么联系？

（1）74% 的学生坚定地认为二者没有丝毫关联。在学习过氧化还原反应后，学生明白氧化还原反应的特征就是化学反应中有电子的转移，反应物中元素化合价发生改变。但是中和反应属于复分解反应，反应过程中没有电子的转移。

（2）20% 的学生觉得二者有关联，例如有的酸既可做氧化剂又可做还原剂，氢氧化铝既可以发生酸式电离又可以发生碱式电离；氧化还原反应和中和反应都遵循以强制弱的原则。

（3）6% 的学生认为氧化还原反应和中和反应有内在的联系，如酸碱中和是 H^+ 发生转移。

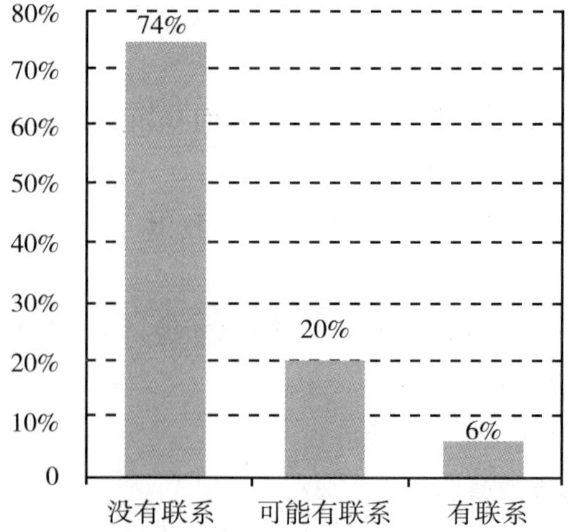

图 9-5　高一学生对酸碱中和反应与氧化还原反应有无联系的判断

问题6：在酸碱质子理论中，酸是质子（H^+）的给予体，碱是质子的接受体。你认为在高中教材中引入酸碱质子理论合不合适？

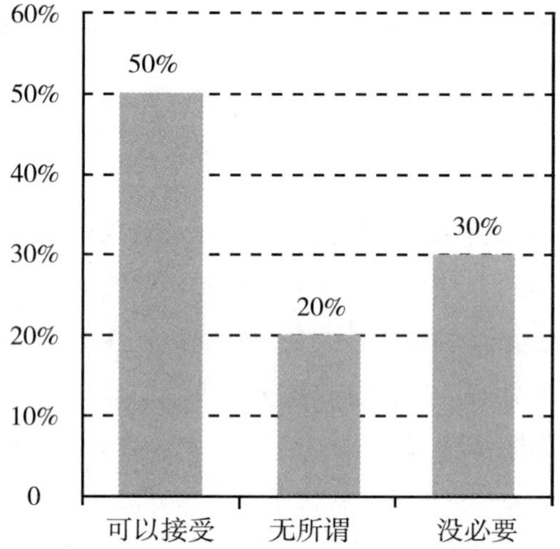

图 9-6　高一学生对酸碱质子理论的接受意愿

（1）50% 的学生赞成引入部分酸碱质子理论，认为可以加深对酸和碱的认识，拓展思维，从而更好地认识酸、碱以及水解显酸性或显碱性的盐类物质，不至于被一种理论框死。如高一年级学生不能理解为什么同样含有氢元素，NH_3 是碱性气体，HCl 却是酸性气体。

（2）20% 的学生觉得无所谓。

（3）30% 的学生认为没有必要引入酸碱质子理论，目前以酸碱电离理论来理解酸碱就可以了。学生感觉酸碱质子理论比较深奥，会增加学习难度，还是留到以后在大学里有兴趣再进修会比较好。

3. 高二年级学生酸碱误概念的研究

问题1：你记得酸的定义是什么，碱的定义是什么吗？

答：酸，①酸是非金属元素氧化物对应的水化物；

②酸是在室温下其水溶液pH<7的物质；是其水溶液中H^+离子浓度大于OH^-离子浓度的物质；

③pH=0的溶液是酸性最强的；

④H^+与H_3O^+指代的不是同一种粒子。

碱，①碱是金属元素氧化物对应的水化物；

②碱是在室温下水溶液pH>7的物质；是其水溶液中OH^-离子浓度大于H^+离子浓度的物质；

③pH=14的溶液是碱性最强的；

④OH^-与羟基是一样的。

（1）学生在学习了“元素周期表”和“水溶液中的离子平衡”等内容后，对于酸和碱的定义变得模糊了，反而记住的是酸和碱的实际存在形式，如酸和碱具体是哪些物质，并且再次把酸性和碱性等同酸和碱。

（2）一般常见 pH 数值是在 0~14 之间，故而造成学生认为 pH=0 的溶液是酸性最强的，pH=14 的溶液是碱性最强的。学生在高一下学期学完有机化学后，对 OH^- 和羟基产生了混淆。

（3）水的电离方程式为 $H_2O+H_2O \rightleftharpoons H_3O^+ +OH^-$，故而学生认为 H_3O^+ 与 H^+ 表达的不是同一种粒子。但是裸露的 H^+ 在水中不能单独存在，而是以水合氢离子的形式存在，H^+ 是水合氢离子的简化写法。

误概念 1　酸是在室温下其水溶液 pH<7 的物质，是其水溶液中 H^+ 离子浓度大于 OH^- 离子浓度的物质。

误概念 2　碱是在室温下其水溶液 pH>7 的物质，是其水溶液中 OH^- 离子浓度大于 H^+ 离子浓度的物质。

误概念 3　pH=0 的溶液是酸性最强的，pH=14 的溶液是碱性最强的。

误概念 4　OH^- 与羟基是一样的。

问题2：你觉得弱酸是什么，弱碱是什么？

答：①弱酸是其水溶液酸性弱的酸。

②弱酸是其导电能力弱的酸。

③弱碱是那些溶解度比较小的碱，如$Fe(OH)_3$、$Mg(OH)_2$。

调查结果显示，学生把酸和碱的水溶液的导电能力大小作为直接衡量酸性或碱性强弱的标准，不加说明酸碱溶液的浓度条件，因而缺乏严谨性。

误概念 5 弱酸是其水溶液酸性弱的酸。

误概念 6 弱酸是其水溶液导电能力弱的酸。

误概念 7 $Fe(OH)_3$、$Mg(OH)_2$ 在水中溶解度小，所以是弱碱。

问题3：写出H_2CO_3的电离方程式。

①$H_2CO_3 \rightleftharpoons HCO_3^- + H^+$

②$H_2CO_3 \rightleftharpoons 2H^+ + CO_3^{2-}$

③$H_2CO_3 \rightleftharpoons HCO_3^- + H^+$，$HCO_3^- \rightleftharpoons CO_3^{2-} + H^+$

④不会或出错

（1）33% 的学生只写第一步电离方程式，47% 的学生两步电离方程式都写。教师在教学时应该强调虽然弱酸的电离是以第一步为主，但是书写电离方程式时应把每步都写上。

（2）7% 的学生把碳酸的两步电离合并为一步。与一般的方程式的简单合并不同，弱酸的两步电离方程式是不能合并的。$H_2CO_3 \rightleftharpoons 2H^+ + CO_3^{2-}$表明$CO_3^{2-}$的数量是$H^+$的两倍，这与实际是不符的。学生只是单纯地记住$H_2CO_3$的电离是分步进行的，但是不明白$CO_3^{2-}$与$H^+$之间的数量关系。

问题4：常温下0.1 mol/L CH_3COOH溶液的pH=a，下列能使溶液的pH=（a+1）的措施是（　　）。

A. 将溶液稀释到原体积的10倍

B. 加入适量的醋酸钠固体

C. 加入等体积的0.2 mol/L盐酸

D. 提高溶液的温度

问题5：将浓度为0.1 mol/L的HF溶液加水不断稀释，下列各量始终保持增大的是（　　）。

A. $c(H^+)$　　B. $Ka(HF)$

C. $c(F^-)/c(H^+)$　　D. $c(H^+)/c(HF)$

问题6：下列叙述正确的是（　　）。

A. 两种醋酸溶液的物质的量浓度分别为c_1和c_2，pH分别为a和a+1，则$c_1=10c_2$

B. pH=11的NaOH溶液与pH=3的醋酸溶液等体积混合，滴入石蕊溶液呈红色

C. 0.1 mol/L NaOH与0.1 mol/L CH_3COOH等体积混合后，溶液中的醋酸未被完全

中和

D. 常温下，将pH=3的醋酸溶液稀释到原体积的10倍后，溶液的pH=4

学生在问题 4 上的通过率是 67%，即有 33% 的学生回答错误，其中 20% 选择 D，6.5% 选择 A，6.5% 选择 C。

学生在问题 5 上的通过率是 10%，即有 90% 的学生回答错误，其中 70% 选择 B，13% 选择 C，7% 选择 A。

学生在问题 6 上的通过率为 10%，即有 90% 的学生回答错误，其中 50% 选择 B，20% 选择 C，其余学生选 D。

（1）弱酸溶液加水稀释后，溶液 pH 增大，c（H^+）变小，但有小部分学生没有意识到 H^+ 的数目增加了。

（2）在弱酸溶液加水稀释后，溶液中发生电离的弱酸数目增多，弱酸的电离程度增加。很多学生以为弱酸的电离平衡常数变大了，这是错误的概念。温度不变，弱酸的电离平衡常数也不改变。

（3）在一元弱酸溶液中，有小部分学生把 H^+ 的浓度看作是弱酸的浓度，实际上一元弱酸的浓度远大于 H^+ 的浓度。

误概念 8　弱酸加水稀释后，弱酸的电离平衡常数变大。

三、结论

基于以上的调查研究，研究者得出了以下研究结论。

1. 中学生头脑中对于酸碱的误概念是非常丰富的

随着不断的学习，学生对同一个概念的理解也是不同的。对于酸碱概念的认识，不同年级学生有不同的误概念。

初三年级学生的酸碱误概念：

（1）酸和碱都具有腐蚀性。

（2）酸中都含有氢离子，酸和酸性物质是一回事。

（3）碱就是和酸性质相反的一类物质。

高一年级学生的酸碱误概念：

（1）酸是电解之后只有酸根离子和氢离子的化合物；碱是电解出金属阳离子或铵根离子和氢氧根离子的化合物。

（2）酸由氢离子和酸根离子构成。

（3）氯化氢是共价化合物，只有在溶于水的情况下才是酸。

（4）电离和电解是一回事，电离需要在通电条件下才能发生。

（5）盐酸是纯净物，盐酸是酸。

（6）碱都是固体粉末状。

高二年级学生的酸碱误概念：

（1）酸是在室温下其水溶液 pH<7 的物质，是其水溶液中 H^+ 离子浓度大于 OH^- 离子浓度的物质。

（2）碱是在室温下其水溶液 pH>7 的物质，是其水溶液中 OH^- 离子浓度大于 H^+ 离子浓度的物质。

（3）pH=0 的溶液是酸性最强的，pH=14 的溶液是碱性最强的。

（4）OH^- 与羟基是一样的。

（5）弱酸是其水溶液酸性弱的酸。

（6）弱酸是其水溶液导电能力弱的酸。

（7）$Fe(OH)_3$、$Mg(OH)_2$ 在水中溶解度小，所以是弱碱。

（8）弱酸加水稀释后，弱酸的电离平衡常数变大。

2. 大部分学生认为盐酸是酸

大部分学生认为盐酸是酸，因为“盐酸是工业常用三大强酸之一”的说法非常常见。但研究者认为盐酸是指氯化氢气体的水溶液，是混合物，不满足酸是化合物的原则，因而不能说盐酸是酸。在调查研究中发现有小部分学生对“盐酸是酸”的说法持有矛盾、怀疑的态度，在平常学习中也感到困惑，教师的说法也模棱两可。研究者认为盐酸、稀盐酸、浓盐酸都是混合物，而“盐酸溶液”这个写法是不规范的，希望能够停止使用，建议改用“HCl 溶液”替代“盐酸溶液”。

3. 高中化学教材中可以适当引入部分酸碱质子理论的内容

较多学生赞成在高中化学教材中适当引入部分酸碱质子理论的内容，用以更好地学习、理解酸和碱以及因水解显酸性或碱性的盐类物质。酸碱质子理论不仅可以解释一些酸碱电离理论不能解释的问题，如“同样含有氢元素，为何 HCl 是酸性气体而 NH_3 是碱性气体”，还能加深学生对酸和碱的认识，开阔学生的思维，不被一种理论框死，增加学生学习化学的热情。但引入酸碱质子概念的同时也应注意深度的问题，不能增加学生的学习难度和学习负担。

第三节　酸碱概念转变的研究

一、概念转变的样例策略

初三年级学生在学习了 HCl、H_2SO_4、NaOH 等的性质后，会产生“酸和碱都具有腐蚀性”“酸和碱不能食用”的误概念，HCl、H_2SO_4、NaOH 等的腐蚀性和危险性在初三年级学生头脑中印象深刻。研究者进行教学案例分析，记录了一个矫正转变这些误概念的教学片段。

“常见的酸和碱”教学片段

教师：工业上常用的HCl、H_2SO_4、NaOH很多情况下具有危险性，但是在日常生活中我们会吃到很多有酸味或涩味的食物，我们一起来看一下是哪些物质给我们带来别样的味觉体验。

食物中常见的酸：

柠檬	苹果	葡萄	果酒	茶	醋	鲜枣
柠檬酸	苹果酸	酒石酸	乳酸	单宁酸	醋酸	抗坏血酸（维生素C）

食物中常见的碱：

咖啡	可可	蛋黄	川乌
咖啡因	可可碱	胆碱	乌头碱

学生：哇！原来我已经吃过这么多的酸和碱啦！

学生：没想到生活中常见的食物中竟然有这么多种酸和碱，刚才老师列举出的酸和碱我都吃过，看来酸和碱也不是那么可怕嘛！

上述教学片段中教师举出了柠檬酸、苹果酸、酒石酸、乳酸、单宁酸、抗坏血酸作为生活中常见的酸的样例，咖啡因、可可碱、胆碱、乌头碱作为生活中常见的碱的样例，学生觉得非常的新奇和有趣，强烈感受到不是所有的酸和碱都是很危险、不能食用的。样例策略起到了很好的教学效果，通过列举生活中常见食物中的酸和碱，成功地转变了学生“酸和碱都具有腐蚀性”“酸和碱不能食用”的误概念。

二、概念转变的Flash动画策略

高一年级学生在学习酸和碱概念的定义时对电离产生了误概念，认为“电离要在通电的状态下才能进行”。为修正该误概念，通过案例研究，探讨概念转变教学的策略。其中一个教学片段记录如下。

“酸、碱、盐在水溶液中的电离”教学片段

教师：氯化钠固体能不能导电？（将适量氯化钠固体放在烧杯中，并连接好导线、灯泡、开关、电池）

学生：能……不能……不知道……

教师：（连接开关，发现灯泡不亮）说明什么问题?

学生：氯化钠固体不导电。

教师：氯化钠溶液能否导电?

学生：能导电。

教师：（向烧杯中加入适量水，并搅拌，灯泡变亮）由此说明氯化钠在水溶液中是以什么形式存在?

学生：（思考）氯化钠在水溶液中以钠离子和氯离子形式存在。

教师：对！氯化钠固体在水分子的作用下变成了钠离子和氯离子。我们一起来看一下这个过程。

（Flash动画显示氯化钠在水溶液中的电离过程）

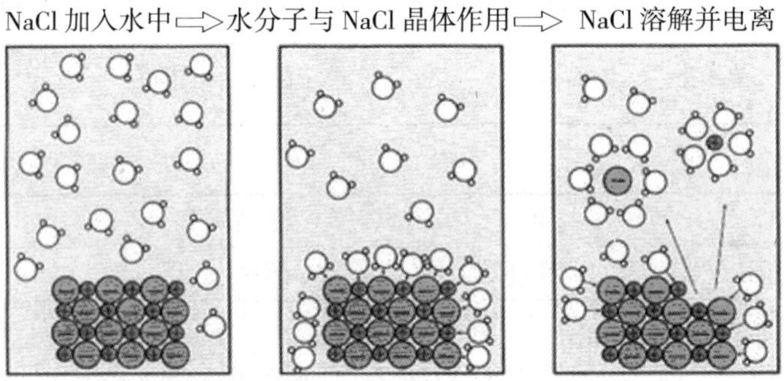

学生：原来氯化钠固体并不是在通电的条件下发生电离，而是在水分子作用下才变成钠离子和氯离子的。这个动画非常好理解，也很有趣。

上述教学片段中，教师抓住了学生的误概念，采用对比实验的方式进行纠正。在通电的情况下，氯化钠固体并不导电，加入水后变成氯化钠溶液才能导电，这使学生了解到氯化钠是在水的作用下变成钠离子和氯离子的。但是，学生还是不清楚电离到底是怎样一个具体的过程。

电离是一个抽象的概念，学生用肉眼不能直接观察这个过程的发生。为了让学生更好地学习这个抽象概念，教师用 Flash 动画模拟了氯化钠在水中的电离过程，非常形象生动，学生也看得津津有味，课堂氛围非常好。相比教师单纯用语言来描述氯化钠在水中的电离过程，Flash 动画可以让学生对电离过程更容易理解，并且印象深刻。对于抽象概念的教学，采用 Flash 动画模拟方式，能达到非常好的教学效果。

三、概念转变的演示实验策略

高二年级学生在学习弱酸这一概念时会产生误概念，学生把酸的水溶液的导电能力强弱或 pH 值大小作为直接衡量酸性强弱的标准，不加说明酸溶液的浓度条件。基于此误概念，研究者通过实验演示教学展示弱酸、酸溶液的浓度条件与酸的水溶液的导电能力强弱之间的联系。

“弱电解质”教学片段

教师取等体积的0.0001 mol/L（极稀）HCl溶液和1 mol/L CH_3COOH溶液于烧杯中，分别连上导线、开关、灯泡、电池进行导电实验。

学生：（观察两组灯泡的亮度）两组灯泡微弱地发光，且亮度差不多。

教师：由此可以得到什么结论?

学生：0.0001 mol/L（极稀）HCl溶液和1 mol/L CH_3COOH溶液导电能力差不多，且都比较弱。

教师：把0.0001 mol/L（极稀）HCl溶液换成1 mol/L HCl溶液，再进行上述实验。

学生：（观察2组灯泡的亮度）连着1 mol/L HCl溶液的灯泡很亮，连着1 mol/L CH_3COOH溶液灯泡微弱地发光，亮度相差很大。

教师：为什么同等浓度的HCl溶液和CH_3COOH溶液导电能力相差这么大?

也可以把上述两组实验换成测溶液的pH值或观察酸溶液与镁条反应的现象。

实验1：

	0.0001 mol/L HCl	1 mol/L CH_3COOH
与镁条反应的现象		
溶液的pH		

实验2：

	1 mol/L HCl	1 mol/L CH_3COOH
与镁条反应的现象		
溶液的pH		

学生：原来盐酸溶液也有导电能力弱的时候，看来在没有说清楚浓度的情况下，我不能仅凭酸溶液的导电能力来判断酸的强弱。

在上述教学片段中，教师巧妙地运用了一组课堂化学演示实验，通过明显的化学实验现象，让学生明白当酸的浓度很小时，酸溶液导电能力弱，但是不能说明这是弱酸，如 0.0001 mol/L HCl 溶液导电能力很弱，并不代表 HCl 是弱酸。接着控制单一变量，使酸的种类不同，选取同浓度的盐酸和醋酸测定溶液导电能力强弱，发现两组溶液导电能力相差很大。学生观察到实验现象后会产生疑问，这时教师可引出弱酸是不完全电离这一概念，使学生明白酸的强弱与酸的电离程度有关。如果要从酸溶液的导电能力大小或 pH 值大小方面判断酸的酸性强弱，则必须说明酸溶液的浓度。

化学演示实验通过宏观现象来揭示微观本质，是学习化学的重要手段，也是教师进行化学概念教学的有效途径。

第十章　化学反应速率相关概念的认知研究

化学反应速率就是化学反应进行的快慢程度（平均反应速率），在容积不变的反应容器中，通常用单位时间内反应物浓度的减少或生成物浓度的增加来表示。不同的化学反应，具有不同的反应速率（如：氢氧混合气爆炸、酸碱中和、塑料的分解、石油的形成……）。参加反应的物质的性质是决定化学反应速率的重要因素。有些外界条件如浓度、温度、压强和催化剂对化学反应速率会有一定程度的影响。

当其他条件不变时，增加反应物浓度，为什么可以增大化学反应速率呢？化学反应的过程，就是反应物分子中的原子重新组合成产物分子的过程。反应物分子中的原子要重新组合成产物的分子，必须先获得自由，即反应物分子中的化学键必须断裂。化学键的断裂是通过分子（或离子）间的相互碰撞来实现的，并非每次碰撞都能造成化学键断裂，也就是说并非每次碰撞都能发生化学反应。只有活化分子发生有效碰撞，才能发生化学反应。能够发生化学反应的碰撞，叫有效碰撞；能够发生有效碰撞的分子，叫活化分子。活化分子比普通分子具有更高的能量，能撞断化学键，发生化学反应。活化分子的碰撞只是有可能发生化学反应，并不是一定发生化学反应。通常情况下单位体积内活化分子的数目和单位体积内反应物分子的总数成正比，即活化分子的数目和反应物的浓度成正比。因此，增大反应物的浓度，可以增大活化分子的数目，可以增加有效碰撞次数，可以使化学反应的速率增大。

化学反应速率是中学化学课程内容中学生较难掌握的知识之一，无论在定性表述层面还是定量表述层面，学生都很难想象和理解化学反应速率相关概念的微观本质。

本章通过问卷调查和访谈，着重探讨：

（1）调查研究学生在学习化学反应速率时的前概念和误概念，并分析成因。

（2）通过课例研究，研究分析促进学生概念转变的有效方式。

第一节　化学反应速率概念的发展

一、化学反应速率概念的特征

化学动力学是物理化学中的重要组成部分之一，主要研究和解决有关化学反应的速率和化学反应机理问题。本节探讨的化学概念包括“化学反应速率”和“碰撞理论”。

化学反应速率概念涉及化学反应快慢的表征，速度相关概念的认识，化学反应速率方程，影响化学反应速率的因素（包括浓度、温度、压强、活化能和催化剂等）。

碰撞理论涉及对化学反应微观过程的认识。

19 世纪，科学家提出了质量作用定律、阿伦尼乌斯方程、活化分子和活化能的概念、对催化现象的认识等。

1864 年，挪威应用数学家古德贝格（C. M. Guldberg，1836—1902）和化学家瓦格（P. Waage，1833—1900）在前人工作的基础上，提出了质量作用定律。他们认为，影响化学反应的是活动质量（或称有效质量），即单位体积内的质量，而不是物质的绝对质量。他们所说的“活动质量”，实际上就是现在所说的浓度。

化学动力学的研究不断发展，证明质量作用定律只适用于基元反应。该定律可以完整地表述为：基元反应的反应速率与各反应物的浓度的幂的乘积成正比，其中各反应物的浓度的幂的指数即为基元反应方程式中该反应物化学计量系数的绝对值。

1884 年，范霍夫提出反应速率系数 k 与温度 T 的关系式：$k(T+10\text{K})/k(T) \approx 2\sim4$。

1889 年，瑞典物理化学家阿伦尼乌斯（S. A. Arrhenius，1859—1927）对上式进行了深入的探讨，引入了活化分子和活化能的概念：$k=k_0\exp(-E_a/RT)$。他认为反应速率随温度升高而增加，主要不在于分子平均速度的增大，而是活化分子数的增多。活化分子的分数由指数项决定，E_a 称为活化能。反应速率系数 k 与温度 T 的关系式，因而也被称为阿伦尼乌斯方程[1]。

---

[1] SILBERBERG M S. Chemistry：The molecular nature of matter and change [M]. 3rd ed. New York：McGraw-Hill，2003.

20 世纪化学动力学提出基元反应的概念、碰撞理论等。基元反应是指反应物分子在碰撞中一步直接转化为生成物分子的化学反应；反应物经过某一路径反应得到生成物，生成物可以通过同样的路径返回得到反应物；基元反应的速率方程服从质量作用定律，其反应级数和分子数相同。碰撞理论强调分子只有经过碰撞才能发生反应，但并非所有的分子一经碰撞就能发生反应，分子碰撞时必须具有足够的能量和合适的取向，即有效碰撞才能发生反应。能够发生有效碰撞的分子叫活化分子；或者说，在相同温度下，分子的能量并不完全相同，有些分子的能量高于分子的平均能量，称为活化分子。能够发生有效碰撞的一定是活化分子，但是活化分子不一定发生有效碰撞。把活化分子的能量与反应物分子平均能量的差值称为活化能。在一定温度下活化分子占分子总数的百分比是固定的。化学反应体系中，反应物的能量、产物的能量和活化能的关系如图 10-1 所示。

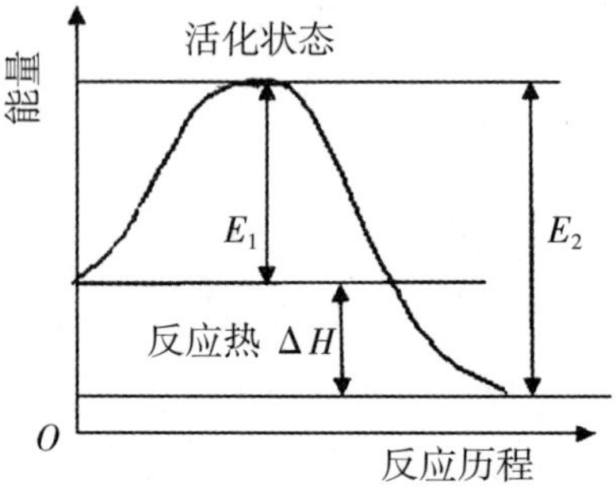

图 10-1 化学反应体系中反应物的能量、产物的能量和活化能的关系

从碰撞理论的角度来讲，化学反应速率可以表达为单位时间、单位体积内的有效碰撞分子数。增大反应物浓度，单位体积内活化分子数增多，单位时间内有效碰撞次数增多，反应速率增大；温度升高时，分子运动速率加快，有效碰撞机会增多，反应速率加快。碰撞理论忽视了分子的内部结构和内部运动，有局限性。

催化剂的研究由来已久。1894 年，德国物理化学家奥斯特瓦尔德（F. W. Ostwald，1853—1932）提出催化剂的本质是它只改变反应速率而本身并不发生变化，它在可逆反应中只加速化学平衡的到达而不能改变化学平衡常数。Ostwald 的名字至今仍然与由氨制硝酸催化过程有关。催化剂通过降低反应的活化能，从而增大活化分子的百分数，使反应速率加快。催化剂的作用机理如图 10-2 所示。

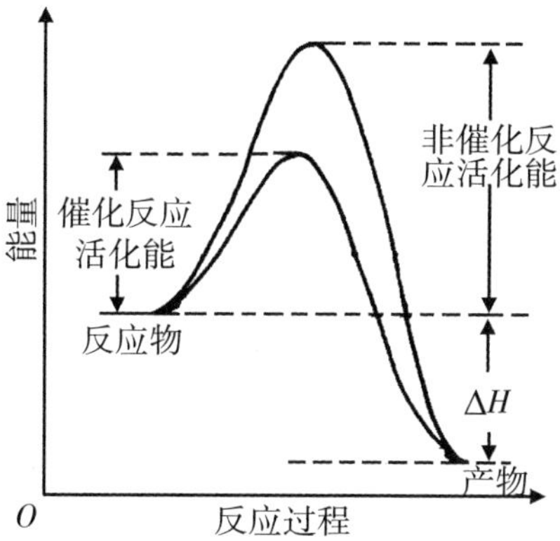

图 10-2 催化反应与非催化反应过程中的能量关系

二、化学反应速率相关概念的认知过程

在高中阶段，化学反应速率的有关内容主要分布在必修《化学 2》(人民教育出版社，2007) 和选修《化学反应原理》(人民教育出版社，2007)，依据《普通高中化学课程标准（实验)》(2003) 对化学反应速率内容的目标要求，不同学习阶段对化学反应速率的学习目标定位是不同的。图 10-3 是以化学反应速率为核心的相关概念的关系。

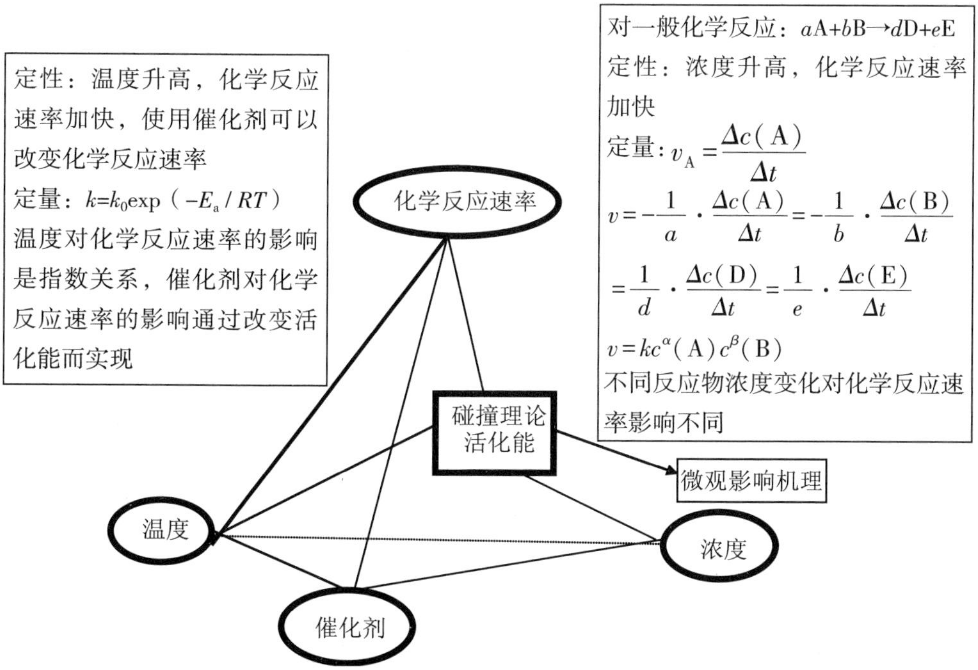

图 10-3 以化学反应速率为核心的相关概念的关系

在必修《化学2》(人民教育出版社，2007)中，对化学反应速率内容的学习要求为定性认识：知道化学反应有快慢之分；知道温度、浓度、催化剂能够影响化学反应速率；知道浓度增大，化学反应速率加快，温度升高，化学反应速率加快；知道使用催化剂可以改变化学反应速率。

在选修《化学反应原理》(人民教育出版社，2007)中，化学反应速率的学习内容加深，学习要求更高。这部分内容中，学生需要形成对化学反应速率的定量认识，知道化学反应速率的定量表示方法。在教材上，化学反应速率用单位时间内反应物或生成物的浓度(指物质的量浓度)变化来表示。在容积不变的容器中，通常用单位时间内反应物浓度的减少或生成物浓度的增加来表示：$v=\Delta c/\Delta t$。

经过课堂教学，学生能通过实验测定某些化学反应的化学反应速率，能够比较同一反应和不同反应间的化学反应速率大小；能够认识各影响因素对化学反应速率影响的一般规律，包括影响化学反应速率的内在机理；能够基于活化能、碰撞理论等建立各影响因素与化学反应速率的推理关系，解释为什么温度、浓度、催化剂等因素能够影响化学反应速率，掌握其微观机理；能够理解各因素对化学反应速率的影响程度，各影响因素之间的关系等，形成对化学反应速率的系统认识，建立知识的结构模型，开阔自身的系统思维，从而具备初步调控化学反应速率的能力。基于《普通高中化学课程标准(实验)》(2003)，对化学反应速率内容的目标要求进行分析，得出学生对化学反应速率的认识发展层级如图10-4所示。

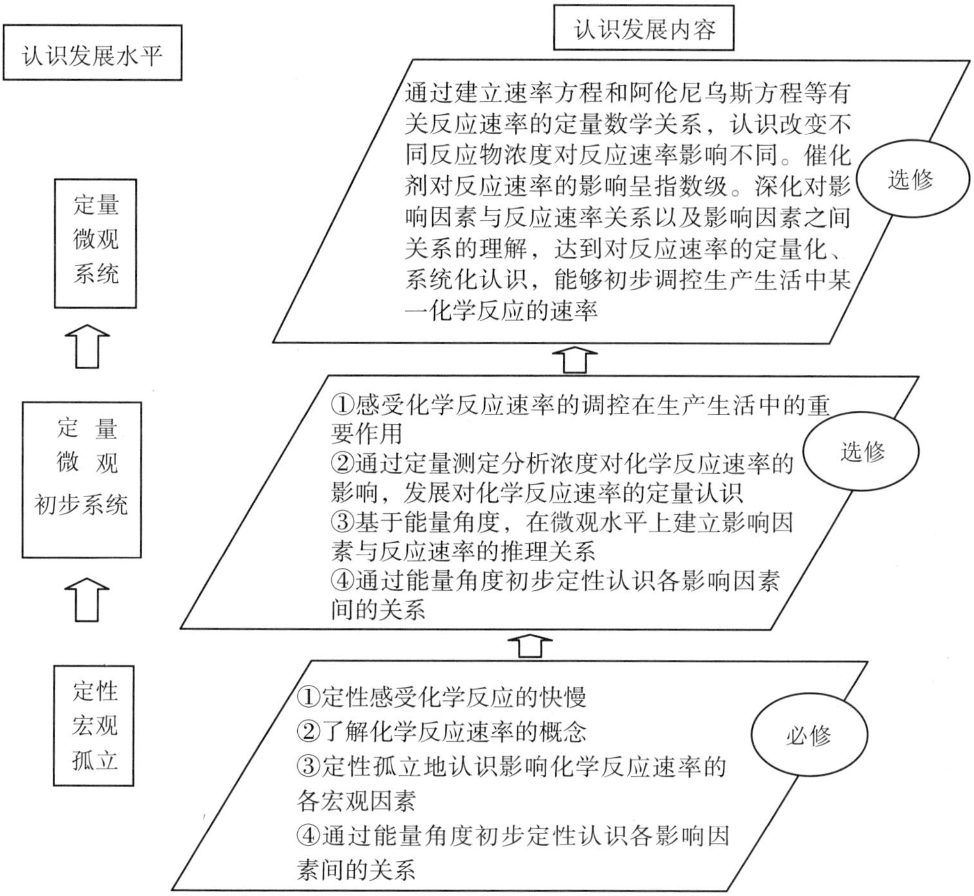

图 10-4　化学反应速率的认知发展层级

第二节　化学反应速率前概念的研究

一、研究的问题和方案

本节采用问卷调查、访谈、个案研究等研究方法，以某中学高一年级 103 名学生为调查对象，并对 10 名大学化学专业四年级学生、1 名化学专业教授、2 名高二年级化学教师进行咨询和访谈，旨在探讨学生对化学反应速率相关概念的认知情况，包括对化学反应快慢、化学反应速率和化学反应速率的影响因素三方面的认知情况。

基于学生对于化学反应速率的认知发展层级，参照必修《化学 2》（人民教育出版社，2007）和选修《化学反应原理》（人民教育出版社，2007），依据《普通高中化学课程标准（实验）》（2003），自编化学反应速率前概念调查问卷。该调查问卷有 10 个题目，主要考查化学反应快慢、化学反应速率、化学反应速率的影响因素等方面的前概念。

表10–1　化学反应速率前概念调查问卷结构

<table>
<tr><th colspan="2">概念</th><th>题目形式</th><th>题目序号</th><th>说明</th></tr>
<tr><td colspan="2">速度
速率
平均速度
平均速率</td><td>问答</td><td>1</td><td>探寻学生对速度、速率、平均速度、平均速率等概念内涵的理解
考查学生对速度、速率、平均速度、平均速率这几个概念的理解</td></tr>
<tr><td colspan="2">化学反应</td><td>作图</td><td>2</td><td>画出氢气与氧气反应前、反应后容器内气体分子种类和数目的变化，探寻化学反应的微观过程
考查学生前概念中对化学反应的认识</td></tr>
<tr><td rowspan="2">化学反应快慢的表征</td><td>化学反应的快慢</td><td>简答</td><td>3</td><td>通过具体化学反应说明化学反应的快慢，探寻学生对化学反应快慢的认识
考查学生前概念中对化学反应快慢的定性认识</td></tr>
<tr><td>化学反应速率</td><td>简答
选择</td><td>4、5</td><td>探寻学生对化学反应快慢表征的认识，对化学反应速率内涵的理解
考查学生前概念中对化学反应快慢的定量认识</td></tr>
</table>

续表

<table>
<tr><th colspan="2">概念</th><th>题目形式</th><th>题目序号</th><th>说明</th></tr>
<tr><td rowspan="5">影响化学反应速率的因素</td><td>影响因素</td><td>问答</td><td>6</td><td rowspan="5">探寻学生前概念中认为哪些因素影响化学反应的快慢
考查学生对固体、纯液体、催化剂的认识，这些知识在教学中都会有所涉及</td></tr>
<tr><td>浓度（纯液体）</td><td>问答</td><td>7</td></tr>
<tr><td>浓度（固体）</td><td>计算</td><td>8</td></tr>
<tr><td>压强</td><td>问答
计算</td><td>9</td></tr>
<tr><td>催化剂</td><td>简答</td><td>10</td></tr>
</table>

化学反应速率前概念调查问卷

1. 说明速度、速率、平均速度、平均速率的内涵。
2. 在一密闭容器中，2 mol氢气与0.5 mol氧气在150℃下用电火花引燃。画出2 mol氢气与0.5 mol氧气反应前、反应后容器内气体分子种类和数目的变化。
请作图说明：

反应前　　反应后

3. 化学反应有快慢吗？请结合具体化学反应说明。
4.（1）你认为，可以如何表示化学反应的快慢？请简单描述。例：比较气泡生成的快慢。
（2）化学反应速率表示什么含义？
5. 已知锌与稀硫酸反应为放热反应，某学生为了探究其反应过程中的速率变化，用排水集气法收集反应放出的氢气，实验记录如下：

时间/min	1	2	3	4	5
氢气体积/mL	30	120	280	350	370

①反应速率最大的时间段（即0~1 min、1 ~2 min、2~3 min、3~4 min、4~5 min）为________。试分析原因________。
②反应速率最小的时间段为________。试分析原因________。
6. 你认为，哪些因素影响化学反应快慢？可以结合具体化学反应说明。
7. 500 mL烧杯中装有100 mL水，请问：（1）烧杯中的水是混合物还是纯净物？（2）能否正确计算水的物质的量浓度？（3）在烧杯中加入200 mL水，水的物质的量浓度会发生变化吗？
8. 计算每立方米铁所包含的铁的物质的量（铁的密度ρ=7.9 g/cm^3）。固体的物质的量浓度是否确定不变？2 g铁与3 g铁的物质的量浓度是否一样？

9. 在2L的密闭容器中充有2 mol H_2和3 mol O_2。（1）计算各组分气体的物质的量浓度；（2）在容器中通入惰性气体，保持容器容积不变，容器内的压强如何变化？为什么？各组分气体的物质的量浓度如何变化？
10. 请说明催化剂在化学反应中表现出的性质。催化剂是否会参加化学反应？
11. 以锌粉和稀硫酸反应为例，试说明化学反应过程中化学反应速率可能的变化趋势。

二、化学反应速率前概念的研究

1. 调查结果

前概念调查问卷结果显示，学生普遍存在化学反应速率前概念。

1. 请你说明速度、速率、平均速度、平均速率这几个概念的区别和联系。

针对上述调查问题，学生回答如下：速度是表示物体运动的快慢程度；平均速度是表示一段时间物体运动的快慢程度；速度、平均速度是矢量；速率也表示物体运动的快慢，是路程与时间的比值；速率、平均速率是标量。

通过调查研究发现，学生对速度、速率、平均速度、平均速率有比较清晰的认识。在高一年级物理课程的学习中，学生已经系统地学习了速度、速率、平均速度、平均速率的概念，对这些概念能够加以辨别。

2.在一密闭容器中，2 mol氢气与0.5 mol氧气在150℃下用电火花引燃。画出2 mol氢气与0.5 mol氧气反应前、反应后容器内气体分子种类和数目的变化。

请作图说明

反应前　　反应后

学生在作图表示 $2H_2+O_2 \xlongequal{\text{点燃}} 2H_2O$ 时，虽然题目中已经要求从微观的角度来表示反应前后分子种类和数目的变化，但是仍有少部分学生从宏观的角度来作图，没有表示出 H_2 分子、O_2 分子、H_2O 分子。学生的错误表示如图 10–5 所示。

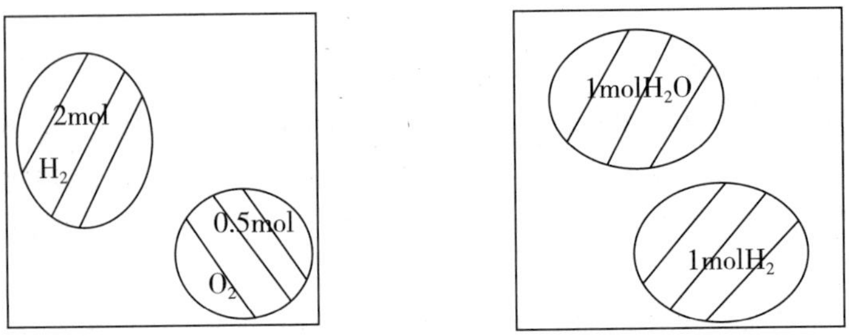

反应前　　反应后

图 10–5　学生关于氢气与氧气反应的错误作图

同时，有一部分学生认为反应前氢气与氧气是独立的，并没有混合在一起。

经过初三阶段化学课程的学习，学生已经初步学会用化学语言（例如化学方程式）来表示化学变化，并能够从原子、分子的角度来讨论化学变化。研究结果表明，大多数学生知道 H_2 与 O_2 在发生反应时，H_2 分子、O_2 分子必定是相互混合的，能从微观的原子、分子角度去讨论化学反应。这为学生理解碰撞理论打下基础。

3. 化学反应有快慢吗？请结合具体化学反应说明。

学生普遍认为化学反应有快有慢。学生提出许多具体反应来说明。列举如下：

（1）锌粉与稀硫酸反应比锌粒与稀硫酸反应要快。

（2）H_2O_2加热分解比不加热要快。

（3）钠与水反应比镁与水反应要快。

（4）爆炸反应在瞬间完成。

（5）建筑物腐蚀的速度相对较慢。

调查结果表明，学生头脑中已经具备较多的事实性知识来定性地描述化学反应的快慢，而且这些认识大多都是正确的。但也有部分学生的理解有误，认识上存在偏差。例如，有少部分学生提出“Na 在点燃的条件下生成 Na_2O_2 而在常温下生成 Na_2O”的事实来说明化学反应快慢，这个例子实际上不是说明化学反应的快慢，而是说明化学反应的条件会影响化学反应产物。学生依据直观的化学反应现象提出“钠与水反应比镁与水反应要快”，从微观的化学反应实质分析，这种说法并不科学。因为钠在反应时失去一个电子，镁在反应时失去两个电子，二者微观的化学反应机理不同，从微观的化学反应过程来讲，并不能比较二者反应速率的大小。在中学化学阶段，通过介绍碰撞理论来解释化学反应速率相关概念的本质，但是碰撞理论忽视了反应物微粒的内部结构和内部运动，不能解释微观的化学反应机理，有一定局限性。上述问题的说明会涉及基元反应以及其他的化学反应速率理论，这些是大学阶段学习的内容，在中学化学阶段可能无法做出详细的解释。

通过先前化学课程的学习和生活经历，学生已经积累了许多具体的化学反应和化学反应现象，这些都会帮助学生进一步认识和理解化学反应的快慢。

4.（1）你认为，如何表示化学反应的快慢？请简单描述。例：比较气泡生成的快慢。

（2）化学反应速率表示什么含义？

学生提出了很多方式来表示化学反应的快慢：物体消失的快慢；单位时间内物体消失的快慢；反应物消耗的快慢；生成物的生成快慢；相同时间消耗生成物的量。

在现行高中教材必修《化学 2》（人民教育出版社，2007）和选修《化学反应原理》

（人民教育出版社，2007）中，化学反应速率用单位时间内反应物或生成物的浓度（指物质的量浓度）变化来表示。在容积不变的容器中，通常用单位时间内反应物浓度的减少或生成物浓度的增加来表示。

学生给出的回答并不准确，反应物消耗的快慢需要比较反应物哪个特征物理量消耗的快慢呢？质量、体积、颜色、浓度还是物质的量浓度？这些学生都没有明确说明。但是学生给出的回答说明学生头脑中对如何表示化学反应的快慢已经有了一些模糊的认识。学生提出了一些表征快慢的特征性要素，例如反应物、生成物、时间。教师在教学过程中需要帮助学生明确究竟是用哪种物理量来表示化学反应的快慢，选取的这个物理量必须具有普适性，针对绝大多数的化学反应都适用。此外，针对"化学反应速率表示什么含义？"这一问题，研究结果显示，学生普遍认为化学反应速率表示化学反应的快慢，表明学生能够理解化学反应速率的含义。在物理课程中，学生已经比较深刻地理解了速率的含义，所以在化学课程中，学生通过迁移类比的方式，对如何表示化学反应的快慢和化学反应速率有一定认识。

5. 已知锌与稀硫酸反应为放热反应，某学生为了探究其反应过程中的速率变化，用排水集气法收集反应放出的氢气，实验记录如下：

时间/min	1	2	3	4	5
氢气体积/ mL	30	120	280	350	370

①反应速率最大的时间段（即0~1 min、1~2 min、2~3 min、3~4 min、4~5 min）为________。试分析原因________。

②应速率最小的时间段为________。试分析原因________。

该题目从定量的角度让学生比较化学反应的快慢。第①小题有 70.2% 的学生回答正确，第②小题有 77.4% 的学生回答正确。由此说明大多数学生能够得出正确的答案，但在回答问题过程中并没有说明理由。与一些学生进行访谈，其中的大部分学生认为，在相同的时间段内，产生气体体积越多，说明化学反应越快。

这一研究结果显示，学生能够比较同一化学反应在不同条件下反应的快慢。

6.你认为，哪些因素影响化学反应的快慢？可以结合具体化学反应说明。

学生提出了多种能够影响化学反应快慢的因素，包括温度、浓度、催化剂、压强、接触面积等。结果统计见表 10–2。

表10–2 影响化学反应快慢因素的调查结果

影响因素	百分比
催化剂	31.6%
温度	23.7%

续表

影响因素	百分比
反应条件	13.2%
浓度	10.5%
压强	10.5%
接触面积	5.3%
钝化	2.6%
反应物本身的性质	2.6%

调查结果表明，学生知道温度、浓度、催化剂、压强、接触面积会影响反应速率。既然学生在前概念中已经具有这些认识，教师可以引导学生思考如何设计实验去证明这些因素会影响化学反应的快慢，激发学生的学习动力。结合调查访谈发现，学生之所以知道这些因素会影响化学反应速率，源于先前的学习。例如，H_2O_2 中加入适量 MnO_2 比不加 MnO_2 的化学反应要快；等量的锌粒和锌粉分别与浓度相同的稀硫酸反应时，后者反应快；H_2O_2 加热分解比不加热要快。但是也不乏部分学生提出反应条件和钝化会影响化学反应的快慢。这种前概念中的错误认识可以作为教学素材，让学生自己去思考化学反应条件和钝化会影响化学反应快慢的本质原因是什么，培养学生主动思考和透过现象看本质的能力。

结合文献研究，总结出学生在学习化学反应速率相关概念的认识上，容易产生的误解和难以理解的知识点。在调查问卷中设计了第 7 题到第 11 题，重点考查学生在前概念中是否存在有利于理解这些知识点的相关认识。调查结果见表 10–3。

表10–3　第7题到第11题的调查结果

概念		学生的正确认识	学生的错误认识
浓度	纯液体	水是纯净物。水的物质的量浓度近似为55.6 mol/L。改变水的体积，水的物质的量浓度不变	21%的学生认为水是混合物；85.6%的学生不会计算水的物质的量浓度；23.2%的学生认为改变水的体积，水的物质的量浓度发生变化
	固体	84.2%的学生认为固体的物质的量浓度确定不变，与质量无关	88. 6%的学生不会计算每立方米铁所包含的铁的物质的量

续表

概念	学生的正确认识	学生的错误认识
压强	92. 7%的学生认识到，向容积不变的容器中充入惰性气体，容器内压强增大	大部分学生没有意识到向恒容容器中通入惰性气体使压强增大是因为容器中气体总物质的量增大；7.3%的学生认为容器内气体的压强是大气压强，所以恒定不变
催化剂	所有学生都认为催化剂在反应前后质量没有改变	87.2%的学生认为催化剂只加快化学反应；76.5%的学生认为催化剂并没有参加反应过程

上述的调查结果表明，大部分学生知道，改变固体和纯液体的量，其物质的量浓度不会发生变化。在教学过程中，针对“改变固体和纯液体的量，不会影响化学反应速率”这一知识点，学生的前概念中已经有了一定的认识，教师可以让学生讨论为什么改变固体和纯液体的量，不会影响化学反应速率。

2. 分析讨论

基于上述的调查结果,学生提出了许多具体的化学反应来说明化学反应的快慢：等量的 Fe、Al 分别与同浓度的稀 HCl 反应，前者反应慢；等量的 Na 与水反应没有等量的 K 与水反应剧烈；实验室用过氧化氢制取氧气时，加入二氧化锰比不加的反应要快；烟花、炸弹在一瞬间就爆炸，但是在自然界要形成钟乳石却很漫长；金属的腐蚀是一个比较缓慢的过程。

学生还提出了对速度相关概念的认识，表示化学反应快慢的方式等等。选取部分学生进行调查访谈，询问学生提出这些想法的原因。学生回答的内容摘录如下：“小学阶段就知道路程除以时间就等于速率了，初中物理课程中也学了。而且，刚上高一时，物理首先学习的就是速度这几个概念。速率就是表示物体运动的快慢，那如果需要表示化学反应的快慢，肯定是用化学反应速率。例如说要比较我和 A 同学看书的快慢，那只要比较在相同的时间内谁看的页数多就好了。所以要表示化学反应的快慢，只要比较在相同的时间内，反应物消耗的多少。”

结合调查结果和学生访谈，通过分析学生的表述可知，学生对化学反应快慢的认识主要来自以下几个方面：

（1）先前的学习经历

通过初中、高中对化学的学习，以及其他学科相关内容的学习，学生可以提出许多具体的化学反应来描述化学反应的快慢，根据观察到的化学反应现象，学生也可以比较化学反应的快慢。由于先前的学习经历，学生对速度相关概念的认识比较深刻，可以提出自己的认识方式来理解化学反应的快慢。

当然，不乏一些学生的表述不准确。部分学生提出“比较物体消失的快慢”“比较单位时间内物体消失的快慢”“比较反应物消耗的快慢”等。学生的表述不准确，但表达的意思已经向科学概念靠近。

（2）日常生活经验的积累

学生在日常生活中，接触到一些现象与化学反应快慢相联系。有部分学生提到的烟花爆炸、核弹爆炸、钟乳石的形成、金属腐蚀等现象就是在日常生活中积累起来的经验。

三、结论

（1）学生在一定程度上能够定性地描述化学反应的快慢。通过先前的学习经历和日常生活经验，学生已经积累了许多对具体的化学反应及其反应现象的认识，这些前概念能够帮助学生定性地描述化学反应的快慢。

（2）学生能够理解化学反应速率的含义。通过迁移类比学习，学生对化学反应速率的含义能够理解，只是并不能明确究竟用什么物理量来表示化学反应的快慢。选取的这个物理量必须具有普适性，针对绝大多数的化学反应都适用。在教学中，教师可以利用学生的这些认识，让学生自己去探究为什么不用质量而用物质的量浓度来表示化学反应速率，为什么是用化学反应速率而不是化学反应速度来表示反应的快慢等等。

（3）学生在一定程度上知道哪些因素会影响化学反应速率。大部分学生依据先前的学习经验，知道哪些因素会影响化学反应速率。教师可以引导学生，激发学生的学习动力，让学生自己思考如何设计实验证明这些因素会影响化学反应的快慢。虽然学生知道一些因素会影响化学反应的快慢，但并不能解释原因。学生不知道化学反应的本质，所以才会提出反应条件会影响化学反应的快慢。在教学中必须让学生明确为什么这些因素会影响化学反应的快慢，知其然，更要知其所以然。

第三节　化学反应速率误概念的研究

一、研究的问题和方案

学生在学习化学反应速率相关概念之前，已经存在一些前概念，经过课堂教学后，学生是否形成了科学的化学反应速率概念？是否存在误概念？本节研究以某中学123名高二年级学生为调查对象，自编化学反应速率误概念调查问卷，对学习化学反应速率相关概念后的学生进行测验，由此分析学生存在的化学反应速率的错误认识。

以《普通高中化学课程标准（实验）》（2003）为依据，参照必修《化学2》（人民教育出版社，2007）和选修《化学反应原理》（人民教育出版社，2007），结合文献研究对化学反应速率误概念的研究结果，向专家咨询，讨论并修改调整问卷内容，编制形成化学反应速率误概念调查问卷。试题类型是选择题，要求针对题干所提出的问题，从四个选项中选择出正确答案。试题主要考查学生在学习化学反应速率相关概念之后，是否存在错误的理解。

表10–4　化学反应速率误概念调查问卷的结构

探测问题	涉及相关概念	题目编号
化学反应速率的含义	从定性的角度描述化学反应速率的含义	1
	从定量的角度描述化学反应速率的含义	2、3
影响化学反应速率的因素	决定因素——物质本身的性质	4
	浓度对化学反应速率的影响	5
	压强对化学反应速率的影响	6
	温度对化学反应速率的影响	6
	催化剂对化学反应速率的影响	6

化学反应速率误概念调查问卷

1. 下列关于化学反应速率的说法正确的是（　　）。
A. 化学反应速率是指单位时间内任何一种反应物的物质的量的减少或任何一种生成物的物质的量的增加
B. 化学反应速率为0.8 $mol \cdot L^{-1} \cdot s^{-1}$是指1秒钟时某物质的浓度为0.8 $mol \cdot L^{-1}$
C. 根据化学反应速率的大小可以知道化学反应进行的快慢
D. 对于任何一个化学反应，反应速率越快，反应现象越明显
2. 不同条件下，在4个不同的容器中进行合成氨反应$N_2+3H_2 \rightleftharpoons 2NH_3$，根据在相同时间内测定的下列结果判断，生成氨的速率最快的是（　　）。
A. $v(H_2)=0.4\ mol \cdot L^{-1} \cdot min^{-1}$　　B. $v(N_2)=0.2\ mol \cdot L^{-1} \cdot min^{-1}$
C. $v(N_2)=0.02\ mol \cdot L^{-1} \cdot s^{-1}$　　D. $v(H_2)=0.04\ mol \cdot L^{-1} \cdot s^{-1}$
3.反应$E+F \rightleftharpoons G$在温度T_1下进行，反应$M+N \rightleftharpoons K$在温度T_2下进行，已知$T_1>T_2$，且E和F的浓度均大于M和N的浓度，则两者的反应速率（　　）。
A. 前者大　　B. 后者大　　C. 一样大　　D. 无法判断
4. 下列措施能加快反应速率的是（　　）。
A. 3 mol/L 硫酸与锌粒反应时，改用1 mol/L 硫酸
B. 3 mol/L 硫酸与锌粒反应时，改用浓硫酸
C. 硫酸与锌粒反应时，用等量锌粉代替锌粒
D. 对于反应$3Fe(s)+4H_2O(g) \xrightarrow{高温} Fe_3O_4(s)+4H_2(g)$，增大铁的用量
5. 对于反应$2SO_2(g)+O_2(g) \rightleftharpoons 2SO_3(g)$，能增大正反应速率的措施是（　　）。
A. 通入大量O_2　　B. 增大容积　　C. 移去部分SO_2　　D. 在恒容条件下通入惰性气体
6. 下列条件一定能使化学反应速率增大的是（　　）。
①增加反应物的物质的量　②升高温度　③缩小反应容器的体积
A. 只有②　　B. 只有②③　　C. 只有①②　　D. 全部

二、调查结果

本节的研究对象是学习完必修《化学 2》（人民教育出版社，2007）和选修《化学反应原理》（人民教育出版社，2007）中化学反应速率相关内容的高二年级学生，学生在必修《化学 2》中已经初步学习了化学平衡的内容。

本次调查共发放问卷 123 份，回收有效调查问卷 123 份。

如果某一选项超过 10% 的学生选择，说明该选项所考查的含义在学生中的理解是普遍存在的，会对学生相关知识的学习产生明显的影响。在以下的分析讨论中会以此作为标准。在测试结果的统计表格中，带有“*”的选项是该题目的正确答案。误概念调查结果见表 10–5。

表10–5 化学反应速率误概念调查结果

题目编号 选项	A	B	C	D
1	11.38%		88.62% *	
2	17.46%	1.59%	77.78% *	3.17%
3	23.58%	3.25%	1.59%	71.58% *
4	1.59%	1.59%	95.24% *	1.59%
5	84.56% *		3.25%	12.19%
6	39.68% *	33.33%	14.29%	12.70%

注：表格中带有“*”一栏对应选项表示该题目的正确答案。以题1为例，该题的正确选项为C。

结合表中数据，进行统计分析和讨论。

三、分析讨论

1. 下列关于化学反应速率的说法正确的是（ ）。

A. 化学反应速率是指单位时间内任何一种反应物的物质的量的减少或任何一种生成物的物质的量的增加

B. 化学反应速率为0.8 $mol \cdot L^{-1} \cdot s^{-1}$是指1秒钟时某物质的浓度为0.8 $mol \cdot L^{-1}$

C. 根据化学反应速率的大小可以知道化学反应进行的快慢

D. 对于任何一个化学反应，反应速率越快，反应现象越明显

问：化学反应速率是指单位时间内任何一种反应物的物质的量的减少或任何一种生成物的物质的量的增加。这句话正确吗？

学生答：应该对的啊！

教师答：错的。反应物或生成物中如果有固体，这种说法就不适用。

误概念1 化学反应速率是指单位时间内任何一种反应物的物质的量的减少或任何一种生成物的物质的量的增加。

在问卷题目1中，超过10%的学生错误地选择了A选项。访谈结果表明，该概念蕴含着“一般不能用固体或纯液体物质表示化学反应速率”这一条件的限制，学生缺乏表述化学反应速率的条件性知识。

通常不用固体或纯液体表示化学反应速率；改变固体或纯液体的量，不会影响化学反应速率。在实际应用中，学生很容易忽视固体或纯液体的影响。

2. 不同条件下，在4个不同的容器中进行合成氨反应$N_2+3H_2 \rightleftharpoons 2NH_3$，根据在相同时间内测定的下列结果判断，生成氨的速率最快的是（　　）。

A. $v(H_2)=0.4\ mol \cdot L^{-1} \cdot min^{-1}$　　B. $v(N_2)=0.2\ mol \cdot L^{-1} \cdot min^{-1}$

C. $v(N_2)=0.02\ mol \cdot L^{-1} \cdot s^{-1}$　　D. $v(H_2)=0.04\ mol \cdot L^{-1} \cdot s^{-1}$

问：针对这个题目，你为什么选A呢？

答：当时看到它数值最大。其实我知道在比较化学反应速率大小的时候，要把速率转换成同一物质，而且要注意单位。

误概念2　比较化学反应速率时，忽视了“物质浓度单位”需要一致才能比较。

在问卷题目2中，超过10%的学生选择A选项。在比较化学反应速率的大小时，学生容易忽视表达化学反应速率的单位需要一致，不同的单位需要换算成相同的单位时才能进行比较。

3.反应$E+F \rightleftharpoons G$在温度T_1下进行，反应$M+N \rightleftharpoons K$在温度T_2下进行，已知$T_1>T_2$，且E和F的浓度均大于M和N的浓度，则两者的反应速率（　　）。

A. 前者大　　B. 后者大　　C. 一样大　　D. 无法判断

问：为什么反应$E+F \rightleftharpoons G$在温度T_1下进行，反应$M+N \rightleftharpoons K$在温度T_2下进行，已知$T_1>T_2$，且E和F的浓度均大于M和N的浓度，则两者的反应速率（A. 前者大）？

答：因为温度$T_1>T_2$，E和F的浓度均大于M和N的浓度。所以$E+F \rightleftharpoons G$反应速率大。

误概念3　温度越高，反应速率越快。

在问卷题3目中，超过20%的学生选择了选项A。“温度越高，反应速率越快”——这是针对同一个化学反应而言的。物质本身的性质是决定化学反应速率的主要因素。不同的反应，无法比较二者反应速率的大小。学生没有辨别化学反应速率与物质本质属性相关联的概念，缺乏相关的限定性的条件性知识。

在通常的课堂教学中，温度、浓度、压强、催化剂对化学反应速率的影响是化学反应速率这一节内容的重点。在教学时，教师把重点放在这部分内容上，从而忽视了对“物质本身的性质是影响化学反应速率的主要因素”这一知识的强调。

科学的表述应该是“同一化学反应中，温度越高，化学反应速率越快”。物质本身的性质是决定化学反应速率的主要因素。

4.下列措施能加快反应速率的是（　　）。

A. 3 mol/L 硫酸与锌粒反应时，改用1 mol/L 硫酸

B. 3 mol/L 硫酸与锌粒反应时，改用浓硫酸

C. 硫酸与锌粒反应时，用等量锌粉代替锌粒

D. 对于反应$3Fe(s)+4H_2O(g) \xrightleftharpoons{高温} Fe_3O_4(s)+4H_2(g)$，增大铁的用量

问：决定化学反应速率的主要因素是什么？

学生答：温度、压强、浓度等。

教师答：物质本身的性质。

误概念 4　化学反应速率只与化学反应的温度、压强、浓度、催化剂有关。

答案 C 的科学解释是：决定化学反应速率的主要因素还包括“固体物质表面积大小”等物理性质。固体物质的表面积大小决定了与其他物质接触的机会多少，表面积越大，接触机会越多，碰撞的机会越多，化学反应速率则会越快。

题目 4 中，其他条件不变时，浓度越大，反应速率越快；反之，则越慢。改变纯液体或纯固体的量，不会影响反应速率。本题错误率极低，由此可见，针对浓度对化学反应速率的影响这一知识点，学生的理解程度较好。在 D 选项中，考查“改变纯液体或纯固体的量，不会影响反应速率”这一知识点，出错的学生也极少。

5.对于反应$2SO_2(g)+O_2(g) \rightleftharpoons 2SO_3(g)$，能增大正反应速率的措施是（　　）。

A. 通入大量O_2　　　　B. 增大容积

C. 移去部分SO_2　　　　D. 在恒容条件下通入惰性气体

问：对于反应$2SO_2(g)+O_2(g) \rightleftharpoons 2SO_3(g)$，能增大正反应速率的措施有哪些？

答：改变温度、压强、浓度等，惰性气体增加了反应体系的压强，向正反应方向进行，增加正反应速率。

误概念 5　在恒容容器中通入惰性气体会加快化学反应速率。

题目 5 中，超过 10% 的学生选择了 D 选项，误认为在恒容容器中通入惰性气体会加快化学反应速率。惰性气体不参与该化学反应，且不会影响该化学反应速率。这说明学生在这一知识上存在误概念，误认为惰性气体与反应物中的气体如二氧化硫或氧气的量进行了加和，增加了反应物气体的量。只有在有气体参加的反应中，

压强才可能会影响化学反应速率，而且，如果改变压强，没有造成反应物或生成物的浓度发生变化，压强不会影响化学反应速率。

6. 下列条件一定能使化学反应速率增大的是（　　）。

①增加反应物的物质的量　②升高温度　③缩小反应容器的体积

A. 只有②　B. 只有②③　C. 只有①②　D. 全部

问：浓度影响化学反应速率，你能说明原因是什么吗？

答：老师在课上讲过。是因为发生碰撞，然后还与碰撞的次数、活化能有关系。（学生基本说不清楚）

问：你能说说活化能表示什么含义吗？

答：普通分子变成活化分子所需的能量（极少学生）。

问：在可逆反应中，催化剂能同时改变正逆反应速率吗？是同等程度的吗？为什么？

答：能（绝大多数学生）。（原因表述不清楚）

误概念 6　缩小反应容器的体积一定会增大反应速率。

该误概念源于忽视了压强只影响有气体参加的反应。

误概念 7　增加反应物的物质的量一定会增大反应速率。

该误概念源于忽视了有固体或纯液体参加的反应。

在问卷题目 6 中将各因素综合在一起考查，只有 39.68% 的学生选出了正确答案。33.33% 的学生错误地认为缩小反应容器的体积一定会增大反应速率，忽视了压强只影响有气体参加的反应。有 14.29% 的学生错误地认为增加反应物的物质的量一定会增大反应速率，忽视了有固体或纯液体参加的反应。12.7% 的学生认为全部选项都正确。调查结果表明，将所有影响化学反应速率的因素综合考查时，学生容易出错，不能灵活地运用知识去解决问题，没有形成完整的知识结构。

四、结论

化学反应速率误概念调查结果表明，学生在学习化学反应速率的相关知识后，针对化学反应速率的相关概念，仍然存在较多的误概念。

1. 化学反应速率的误概念

基于调查和访谈结果，学生对化学反应速率的概念仍然存在一些错误认识。例如，在实际应用时，误把平均速率和瞬时速率混为一谈。实质上的科学表述是：化学反应速率是平均速率，而不是瞬时速率，瞬时速率是在不断变化的。

在比较化学反应速率的大小时，误认为化学反应速率的数值越大，化学反应就越快。科学表述是：化学反应速率的数值越大，化学反应不一定就越快。

分析有关化学反应速率误概念的来源，主要是学生的前概念。

（1）数学和物理学知识的影响

在数学和物理课程的学习中，学生经常会练习这样一种问题：一物体从 A 点到 B 点，所用时间 5 s，A，B 之间的距离是 10 m；如果 A 和 C 之间相距 12 m，求这个物体从 A 点到 C 点的时间。在化学中，学生很容易受这种定式思维的影响，把某一段时间的平均速率当成整个反应过程的速率。学生忽略了一个关键点：在上述所举的例子中，速率是一直不变的。但是，在化学反应速率中，不同的时间，速率是变化的。在比较化学反应速率的大小时，学生出现“误概念 2”中的错误认识。从访谈结果来看，学生知道在比较化学反应速率时应该注意什么问题，但是却容易出错，也是因为定式思维的影响。先前的学习经历使学生形成一种习惯，速率的数值越大，反应肯定就越快。定式思维也反映出学生并没有理解透彻相关概念，存在知识结构不良等问题。

（2）死记硬背的知识不能灵活迁移

在课堂教学中，教师只注重于让学生记住结论：化学反应速率是平均速率，而不是瞬时速率，瞬时速率是在不断变化的。

教师可能存在一种错误认识：想当然地以为学生能够理解平均速率和瞬时速率。因为物理课程中要学习相关概念，导致化学教师在教学过程中，没有给学生解释为什么化学反应速率会随着时间发生变化。

2. 影响化学反应速率的因素的误概念

调查和访谈结果显示，针对影响化学反应速率的因素，学生仍然存在一些误概念，主要体现在以下几点。

（1）学生常常忽视物质本身的性质是影响化学反应速率的主要因素。

（2）学生误认为可以用固体或纯液体来表示化学反应速率；或者认为改变固体和纯液体的量，会影响化学反应速率。科学上，通常不用固体或纯液体表示化学反应速率；改变固体或纯液体的量，不会影响化学反应速率。在实际应用中，学生很容易忽视固体或纯液体的影响。

（3）学生看到压强增大，就判断化学反应速率也增大。学生没有掌握影响化学反应速率变化的本质规律。只有在有气体参加的反应中，压强才可能会影响化学反应速率，而且，如果改变压强，没有造成反应物或生成物的浓度发生变化，压强不会影响化学反应速率。

在课堂教学中，温度、浓度、压强、催化剂对化学反应速率的影响是化学反应速率这一节内容的重点。在教学时，教师把重点放在这部分内容上，从而忽视了对“物质本身的性质是影响化学反应速率的主要因素”这一知识的强调。

当增加固体或纯液体的量时，因为浓度没有发生变化，并不影响化学反应速率。学生容易受定式思维的影响，认为增大反应物的量，正反应速率增大，从而导致错误的判断。

3. 碰撞理论、活化能的误概念

在调查访谈中发现，学生无法用自己的语言清楚地表述碰撞理论。让学生用自己的语言解释催化剂的作用机理，学生几乎都无法表达清楚。说明学生对碰撞理论、活化能的认识模糊，甚至连碰撞理论、活化能是什么都不清楚。

分析其原因，一方面是因为碰撞理论和催化剂作用机理的学习要求低，只是让学生初步了解，学生并没有认真深入地探讨。另一方面，是因为这部分知识理论性很强，非常抽象，学生难以理解。此外，教师在教学中，没有给学生仔细讲解，只是以让学生稍作了解为目的，简单地给学生做了介绍。在教材中，介绍碰撞理论、活化能的内容是放在选修《化学反应原理》（人民教育出版社，2007）的绪言中，学生很少注意绪言中的内容。但是，碰撞理论是分析影响化学反应速率因素的关键知识。学生通过经验、记忆等方式知道哪些因素会影响化学反应速率，但并不知道原因。知其然，不知其所以然。

第四节　化学反应速率概念转变的研究

咨询和访谈 10 名大学化学专业四年级优秀学生、1 名化学专业教授、2 名高二年级优秀化学教师，结合文献研究和课堂观察研究，探讨促进学生化学反应速率误概念转变的有效方式。

一、化学反应速率概念转变的研究

在教学中，教师如何消除学生在瞬时速率、平均速率上存在的误概念，采取哪些有效的方式进行概念转变呢？

与专家教师进行调查访谈，探讨研究有关瞬时速率、平均速率概念转变的策略，深入中学化学课堂，仔细观察和研究了相关的教学片段。

“平均速率”和“瞬时速率”概念的教学片段

【师】为了便于同学们理解化学反应中的平均速率和瞬时速率，我们看下面的表格。表格中左边一栏是一道计算速率的物理题目，右边一栏是计算锌与稀硫酸反应过程中的化学反应速率，首先大家分别把表格中左右两边问题的答案计算出来。

计算速率的物理题目	计算锌与稀硫酸反应过程中的化学反应速率
一物体在前3 min匀速前进9 m，后3 min匀速前进6m	收集锌与稀硫酸反应放出的氢气到1 L的容器中，实验记录如下： 时间/ min　1　2　3　4　5 $n(H_2)\times 10^{-3}$/mol　1.3　5.3　12.5　15.6　16.5
计算前3 min，物体运动的平均速率 计算6 min内，物体运动的平均速率 计算3 min末，物体运动的瞬时速率 计算6 min末，物体运动的瞬时速率	计算前1 min，生成氢气的平均速率 计算前2 min，生成氢气的平均速率

【生】学生计算。

【师】对比左右表格的内容。前3 min物体运动的平均速率是3 m/min，前6 min物体运动的平均速率是2.5 m/min，同学们可以发现什么问题？

【生】不同的时间段，平均速率是不一样的。
【师】对应右边化学反应中的化学反应速率，是否有相同的结论？
【生】是。不同的时间段，化学反应中的平均速率是不一样的。
【师】前6min物体运动的平均速率是2.5 m/min，3 min末物体运动的瞬时速率是3 m/min，同学们可以发现什么问题？
【生】瞬时速率是指某一时刻的速率。瞬时速率和平均速率是不一样的。
【师】从这个表格我们可以知道，选取不同的时间段，平均速率是不同的，也说明瞬时速率是指某一时刻的速率。瞬时速率和平均速率是不同的概念，化学反应过程的瞬时速率是在不断变化的。那么，瞬时速率是不断增大还是减小？是匀加速增大的，还是匀减速减小的？
以锌与稀硫酸反应为例，试画出化学反应速率对应时间的图像（不用非常精确，画出大致的曲线）。
【生】

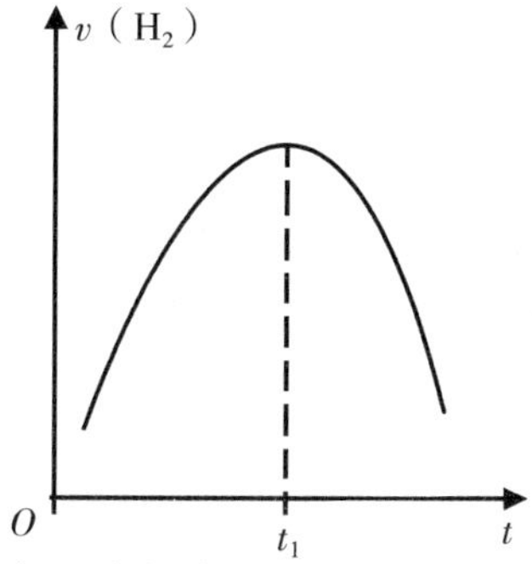

【师】化学反应速率不是以匀加速或匀减速变化的。那么，在时间t_1以前，化学反应速率为什么增大？时间t_1之后，化学反应速率为什么减小？
……
【师】下面我们做一个练习，来巩固一下刚才所学的知识。
在恒温、恒容的容器进行反应$H_2 \rightleftharpoons 2H$（正反应为吸热反应），若反应物的浓度由0.1 mol·L^{-1}降至0.06 mol·L^{-1}需20 s，那么由0.06 mol·L^{-1}降到0.036 mol·L^{-1}，所需反应时间（　　）。
A. 等于10 s　　B. 等于12 s　　C. 小于12 s　　D. 大于12 s

课后，选取部分听课学生进行访谈，询问学生的感受以及是否理解了平均速率和瞬时速率。学生的反应如下：

“老师通过这种类比的方式来讲解，我们觉得很容易理解。化学反应的速率实际上是随着反应的进行在不断变化的。化学反应速率是指某一段时间内反应的速率，是平均速率，取正值。而且老师紧接着给我们做了一个练习，及时加以巩固。

老师通过这种类比的教学，还给我们讲了通过图像来判断影响化学反应速率的因素。通过这一个题目，可以学到很多东西，前后也很连贯。”

分析上述教学片段，教师将化学反应中的平均速率和瞬时速率类比物理学科中的平均速率和瞬时速率，采用类比策略对误概念进行有效转化。类比策略就是通过运用已有的知识把不熟悉的、难以理解的知识与已经解决或易理解的事物进行类比，创造性地解决问题。通过类比策略教学，把易混淆、难以理解的知识变得简单易懂，训练学生的发散思维能力和归纳能力。从实际教学效果和学生的反馈来看，针对瞬时速率、平均速率的理解，类比策略能有效地促进学生进行概念转变。

同时，教材中关于化学反应速率的计算公式是 $v=\Delta c/\Delta t$。因为学生在数学中并没有学习极限的概念，此公式并不能有效地体现瞬时速率的含义，有一定局限性。为使学生更好地理解瞬时速率，教师在教学中介绍了化学反应速率方程：$v=kc_A^a c_B^b$。

“瞬时速率”教学片段

【师】平均速率是相对某一时间段而言的，瞬时速率是对某一时刻而言的。化学反应速率的计算公式是$v=\Delta c/\Delta t$。在计算化学反应速率时，通常选取的是一段时间，例如Δt=1 min，计算出的化学反应速率是平均速率。那有没有一种方式可以表示出化学反应的瞬时速率？

【生】学生讨论。

【师】对于反应$aA+bB \rightarrow yY+zZ$，给大家介绍另一个表示化学反应速率的公式——化学反应速率方程：$v=kc_A^a c_B^b$。其中A、B表示反应物，a表示反应物A的反应分子数，b表示反应物B的反应分子数，c表示反应物的物质的量浓度。只要测出某时刻反应物A、B的物质的量浓度，即可得到该时刻的瞬时速率。从这个速率表达式可以清楚地看出，反应物的浓度增大，化学反应速率也增大。固体、纯液体除外。为什么改变固体、纯液体的量，不会影响化学反应速率？

【生】学生讨论。

【师】这个反应速率的表达式在使用时有一定限制，有兴趣的同学可以自己去查阅资料。那么，对于教材给出的标准的化学反应速率的表达式，怎么体现瞬时速率？

【生】学生思考。

【师】瞬时速率是针对某一时刻而言的。Δt是时间差，代表时间段，例如在1 min4 s时开始反应，1 min9 s后，要计算反应的化学反应速率，此时Δt=5s。那么，如果Δt非常小，无限接近于0，相当于某一时刻。我们来看公式，此时计算的化学反应速率近似为瞬时速率。这就是我们用极限思维方式去思考问题。

课后，对听课学生进行访谈。学生的反应如下。

学生A：“老师讲的速率方程是一个新东西，教材上也没有。其实不是很理解这个方程从哪里来的。但是，从这个方程的角度出发去理解瞬时速率，确实要容易一些。课下我想去多了解一下这个方程的相关知识。”

学生B:“老师说的极限思维,其实不是很好理解,感觉太抽象了。但是物理课中，老师也说过用这种方式来理解瞬时速率，因为有物理课上的基础，仔细想想还是能够理解的。从老师的课上,又学到了一种新的方法,原来化学问题也可以这么思考。”

分析上述教学片段可以发现，教师在分析化学反应速率的表达式时，采用极限思维策略。极限思维策略就是把问题进行理想化假设，将问题的条件推至极端，从而发现问题的本质。极限思维策略是一种思维方法,能有效地训练学生的思维能力。从学生的反馈来看，虽然对于学生来讲，反应速率方程是一个教材上没有介绍的新知识，学生仍然想更详细地了解。而且化学反应速率方程可以让学生体会瞬时速率与浓度的对应关系，深化对化学反应速率的认识。教师可以通过补充材料或者知识拓展的形式让学生深入了解。此外，针对极限思维，学生认为比较抽象，不好理解。但是，从访谈中可以发现，学生对用极限思维解决化学问题感到奇妙。学生虽然未学习极限的概念，但在后面学习化学平衡时，需要学生用极限思维解决实际问题。在教学中，教师可以引导学生用极限思维去认识瞬时速率，教给学生一种新的方法，训练学生的思维。

二、影响化学反应速率因素概念转变的研究

学生在影响化学反应速率的因素上存在误概念，那么如何进行有效的概念转变？在访谈中学化学教师时发现，教师在教学中使用了概念图式策略、样例策略。

“物质本身的性质是影响化学反应速率的主要因素”教学片段

【师】影响化学反应速率的因素有两个：内因、外因。

影响化学反应速率的因素
- 内因：物质本身的性质
- 外因
  - 浓度
  - 温度
  - 压强
  - 催化剂

物质本身的性质 ⇒ 活化能的大小 ⇒ 单位体积内活化分子的百分数 ⇒ 碰撞频率

对学生进行访谈，摘录学生的部分回答如下。

问："听完老师讲课，你能否理解物质本身的性质是影响化学反应速率的主要因素？"

答："概念图的方式很直观形象，不仅让我明白为什么物质本身的性质是影响化学反应速率的主要因素，而且让我明白这些知识间的相互联系。"

在上述教学片段中，教师将知识用概念图的形式呈现出来，采用概念图式策略帮助学生转变误概念 4。概念图式策略就是把相关的知识结构化、网络化，更加简明直观地呈现知识以及知识间的联系，便于学生建构知识体系，全面掌握知识。从概念图式策略的优点以及学生反馈的结果来看，概念图式策略能够帮助学生理解"物质本身的性质是影响化学反应速率的主要因素"这一知识，进行有效的概念转变。

"压强影响化学反应速率"教学片段

【师】我们知道，压强会影响化学反应速率，同学们能否说出压强影响化学反应速率的本质原因是什么？

【生】学生回答。

【师】压强影响化学反应速率的本质是因为改变压强，实质上改变了参加反应的物质的物质的量浓度，从而影响化学反应速率。压强影响化学反应速率只针对有气体参加的反应。那下面我们来做几道练习题。

1. NO和CO都是汽车尾气里的有毒气体，它们能缓慢反应生成N_2和CO_2，对此反应下列说法不正确的是（　　）。（压强影响化学反应速率）

A. 降低压强能加快反应速率　　B. 使用适当的催化剂能加快反应速率

C. 改变压强对反应速率无影响　　D. 升高温度能加快反应速率

变式1：下列体系加压后，对化学反应速率没有影响的是（　　）。（无气体参加的反应，压强不影响化学反应速率）

A. $2SO_2+O_2 \rightleftharpoons 2SO_3$　　B. $CO+H_2O(g) \rightleftharpoons CO_2+H_2$

C. $CO_2+H_2O \rightleftharpoons H_2CO_3$　　D. $NaOH+HCl=NaCl+H_2O$

变式2：对于反应$2SO_2+O_2 \rightleftharpoons 2SO_3$，能增大正反应速率的措施是（　　）。（有气体参加的反应，压强不影响化学反应速率）

A. 通入大量O_2　　B. 增大容积

C. 移去部分SO_2　　D. 在恒容条件下通入惰性气体

访谈听课学生，学生反馈如下。

“老师把相似的题目放在一起让我们做，让我们自己去发现其中的规律和陷阱，让我们学会抓住问题的本质。压强影响化学反应速率最本质的原因是看是否改变了参加反应的物质的浓度。”

分析上述教学片段，教师在教学过程使用了变式训练的方法来帮助学生转变误概念 5，采用了样例教学策略。样例策略就是通过变更问题情境，把一组实例放在一起进行比较。这有利于改变学生的思维角度，引导学生多角度、多途径思考并解决问题，帮助学生深刻地认清问题的本质。从学生的反馈中可以发现，针对误概念 5，样例策略是一种有效的概念转变方式。

三、碰撞理论概念转变的研究

首先，教师应该意识到，碰撞理论的内容需要给学生仔细讲解，帮助学生理解概念的本质。

其次，由于碰撞理论、催化剂的作用机理的内容抽象，易造成学生理解上的困难。教师应该采取形象的方式帮助学生理解。

“碰撞理论”教学片段

【师】我们前面提到，要发生化学反应，反应物之间必须要发生碰撞。但是，并非所有的分子一经碰撞就能发生反应，分子碰撞时必须具有足够的能量和合适的取向，即有效碰撞才能发生反应。能够发生有效碰撞的分子叫活化分子，或者说，在相同温度下，分子的能量并不完全相同，有些分子的能量高于分子的平均能量，称为活化分子。就好比我们投篮，如果投球无力，球挨不着篮筐，投不中——能量不够，不是活化分子；如果投球力足，但方向不对，同样也投不中——是活化分子的碰撞，但方向不对；只有力足、方向正才能投中——活化分子有效碰撞，正确的取向。

如图所示：

在（1）中，运动员没有提供足够的能量，球没有落入篮筐；在（2）中，球虽然具有足够的能量，但没有合适的取向，球也没有落入篮筐；在（3）中，球具有足够的能量和合适的取向，球落入篮筐，这与导致发生反应的分子（或离子）间的碰撞相类似。

下面是$H_2+I_2 \rightleftharpoons 2HI$反应的碰撞模拟动画和图片。

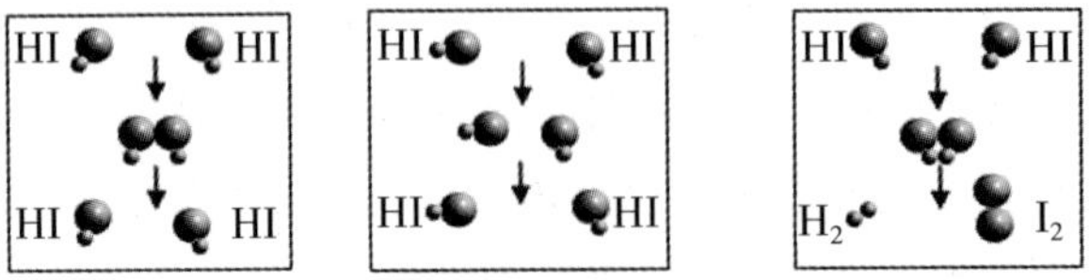

碰撞过轻　　碰撞取向不好　　活化分子的有效碰撞

对学生访谈了解教学效果，学生反馈如下。

学生 A："老师播放分子碰撞的视频非常形象，我自己看书预习的时候，发现碰撞还有取向和能量的要求，一直不明白。观看了老师播放的视频之后，一下子就理解了。而且视频很有趣，最喜欢老师在化学课上播放一些相关的视频，我们都非常喜欢。还有老师放在 PPT 上的图片，也帮助我们理解。"

学生 B："老师将有效碰撞比喻成投篮，有气无力投不中，就是能量不够，相当于我不是活化分子；我力气足了，取向不对，没投进去，也不能发生化学反应；只有力气足，是活化分子，而且取向对了，才能发生有效碰撞，才能发生化学反应。老师这种比喻很好。"

在上述教学片段中，教师把碰撞理论比喻成投篮，采用了隐喻策略。隐喻策略就是通过打比方的方式把一些概念用形象化的语言表达出来，使一些抽象难懂的概念变得容易理解。从学生的反馈可以发现，教师运用隐喻策略可以有效地帮助学生理解碰撞理论、活化能的概念。因此，隐喻策略是促进学生深刻理解碰撞理论、活化能概念的有效策略。

教师借助图片、动画向学生解释碰撞理论，采用了表象策略。表象策略是以图像、表象或者声音等方式来呈现知识，具有形象生动的特点，可以达到由浅入深的效果。一些抽象复杂的理论性知识尤其适用表象策略。从调查访谈的结果可以发现，视频播放、图片展示的方式可以有效地帮助学生理解碰撞理论、活化能的概念，同时可以吸引学生的学习兴趣。由此可以得出结论，表象策略是转变学生在碰撞理论、活化能上的错误认识的有效方式。

从误概念的调查分析可以发现，学生中普遍存在对化学反应速率相关概念的错误认识。通过分析误概念产生的原因，可以发现学生在学习化学反应速率时有许多共同特征。

（1）学生分析化学反应速率的影响因素时，缺乏对化学反应速率影响因素本质的认识。

（2）学生分析化学反应速率的影响因素时，忽视物质的物理状态如固体、纯液体等物理因素对化学反应速率的影响。

（3）学生在学习碰撞理论时，微观的分子看不见摸不着，增加了学生的理解难度。学生不能对抽象化学理论有很好的理解。

（4）知识的发展背景在一定程度上会影响学生的学习效果。

通过对课堂教学片段的研究，发现类比策略、极限思维、表象策略、隐喻策略、概念图式策略、样例策略能有效促使学生进行误概念的转变。

第十一章　热化学相关概念的认知研究

热化学（Thermochemistry）是化学热力学的一个分支。中学化学中采用“化学反应中的能量变化”来简单地介绍该内容。它根据化学变化过程的热效应来研究有关化学反应的现象及规律。热化学相关概念和具体的数据（如燃烧热、生成热等）在热力学计算、工程设计和科学研究等方面都具有广泛的应用。

热力学（Thermodynamics）是从宏观角度研究物质的热运动性质及其规律的学科。热力学第一定律是自然界的一条普遍规律，它是人们在生产实践和科学实验的基础上总结出来的，又叫作能量守恒和转化定律，即能量有各种不同的形式，能从一种形式转化为另一种形式，从一个物体传递给另一个物体，而在转化和传递中，能量的数值保持不变。热化学是把热力学第一定律具体运用到化学实验上，用实验测定和计算化学反应的热效应。

热化学相关概念是化学与物理学等自然科学的交叉性概念，需要物理学知识和经验的先行铺垫，而且较为抽象，对于高中阶段学生的学习存在较大的认知困难。本章主要研究不同学习阶段学生学习能量守恒、中和热、燃烧热、放热反应和吸热反应、活化能、热化学方程式等概念的认知特点。

本章着重探讨：

（1）调查研究学生在能量守恒、中和热、燃烧热、放热反应和吸热反应、活化能、热化学方程式等认识上存在哪些前概念和误概念?

（2）探索有哪些相应的“热化学”相关概念的转变策略?

第一节 热化学相关概念的本体特征

热化学主要是研究化学反应中的热量转化问题。“在化学反应中，在物质变化的同时，还伴随有能量的变化，这种能量变化，常以热能的形式表现出来。”这里的“常以”是指除以热的形式外，还以功的形式进行能量交换。应当指出，热化学里所讨论的化学反应，都是在一定条件下只做膨胀功（或叫体积功），而不做非膨胀功（如电功）的反应。焓是表征物质系统能量的一个重要状态参量，常用符号 H 表示，一定质量的物质按定压可逆过程（只做体积功）由一种状态变为另一种状态，焓的增量就等于此过程中吸入或放出的热量。同一化学反应，在不同条件下热量的变化不同。如果不指明反应条件而谈热量的多少，是没有意义的。同时，要想比较不同的化学反应的反应热，必须规定反应在同样的条件下进行。为此，规定在 101 kPa 和 25℃的条件下的反应热为标准反应热，以便于比较。按化学变化的类别不同，反应热可分为生成热、燃烧热、中和热等。能量守恒是热化学相关概念学习的基础；放热反应与吸热反应是化学反应热效应的表现形式；活化能涉及化学反应微观过程中的反应机理——有效碰撞理论，是让学生建立微观与宏观相互转化的化学反应本质的过程性概念；热化学方程式是反映化学反应过程中吸收或放出能量的表征方法。

一、能量守恒

使学生形成基本的化学观念是化学学科的一个重要教学目标。能量观是中学化学学习中的核心观念。能量观的建构有助于学生从能量的角度了解、研究物质及其转化。化学热力学主要研究如何定量研究化学反应过程中的能量变化；两种或多种物质反应的条件是什么；可以发生的化学反应，在一定条件下会达到怎样的平衡状态。将热力学的基本定律和方法用于研究化学反应过程以及化学反应过程中发生的物理变化。热化学的基础是能量守恒定律。在定量研究化学反应热的过程中，要以能量守恒定律为基础来引出焓变，使学生认识到盖斯定律实质上是能量守恒定律的延伸。判断化学反应在一定条件下能否发生的依据是吉布斯自由能，其表达式是：

$\Delta G=\Delta H-T\Delta S$。吉布斯自由能是在能量守恒定律的基础上推导出来的。

二、反应热

为了定量描述化学反应吸收或释放的热量，人们把一定温度下进行化学反应时所吸收或释放的热量称为该反应在此温度下的热效应，简称为“反应热”。反应热的数据可以通过实验测定，也可依据能量守恒定律运用理论计算求得。有关反应热的研究主要集中于反应热的计算和反应热的比较。

1. 反应热的计算

计算反应热的注意事项：

（1）反应热的数值与各物质的物质的量相对应。

（2）反应热指按所给形式完全反应时体系的能量变化。

（3）正反应和逆反应的反应热数值相等，符号相反。

（4）求总反应的反应热时，不能将各步反应的反应热直接相加，要看一步反应或分步反应的始态和终态是否一致，一致才能相加。

反应热可以根据化学键能、反应物和生成物的总能量或盖斯定律进行计算。

2. 反应热的比较

反应热的大小比较是化学反应与能量相关知识和技能的综合应用，它涉及反应热、燃烧热、盖斯定律等概念和物质的量在化学方程式中的计算等。其比较方法主要有直接比较法、盖斯定律比较法和图示比较法。直接比较法为根据规律、经验和常识（如物质由固态变为液态时要吸热）来直接判断。盖斯定律比较法指反应热只与始末状态有关，与反应途径无关。图示比较法即画出化学变化过程中的能量变化图后，依据反应物的总能量与生成物的总能量的高低关系来比较反应热的大小。

3. 反应热的相关概念

（1）化学键与反应热。利用已知键能计算反应的反应热。

（2）燃烧热与中和热。

（3）热化学方程式的书写及正误判断。

（4）反应热大小的比较。反应热的比较方法有直接比较法，盖斯定律比较法，根据反应物本质属性的比较，根据反应物的物质的量比较，根据化学反应进行的程度比较，根据反应物和生成物的键能大小比较等。

三、焓

焓是体系的状态函数，焓变的物理意义是：恒压、只做体积功的特殊条件下化学反应的热量变化。在等温等压下，化学反应能否自发进行是由化学反应的焓变和熵变共同决定的。化学反应总是向焓减小的方向和熵增加的方向进行。化学反应放热时，生成物的焓要小于反应物的焓，说明体系总是从高能状态转变为低能状态。

四、中和热

中和热指稀溶液中强酸和强碱生成 1 mol H_2O 时放出的热量。关键词包括稀溶液、强酸、强碱、1 mol H_2O。学生在对中和热这一概念进行理解和简单计算时经常出现偏差，主要原因是忽视了概念中的关键词或者对关键词理解不够全面。有关中和热测定实验的研究较多，有实验中常见问题及对策的研究，也有对测定实验进行改进的研究。提高中和热测定的准确性的方法主要有：（1）量热器的保温隔热效果要好；（2）盐酸和氢氧化钠的浓度配制要准确，且氢氧化钠的浓度须稍大于盐酸的浓度；（3）使用同一支温度计测定各溶液温度；（4）使用搅拌器匀速搅拌；（5）操作时动作要快，减少热量散失。

五、燃烧热

关于燃烧热的定义，普通高中化学教材选修《化学反应原理》（人民教育出版社，2007）中表述为：101 kPa 时，1 mol 纯物质完全燃烧生成稳定的氧化物时所放出的热量，叫作该物质的燃烧热[1]。《中国中学教学百科全书（化学卷）》中的定义：燃烧热又称燃烧焓，指在某一温度和压力下，1 mol 某物质完全燃烧时的反应热。完全燃烧的含义是指：C，H 和 S 与氧发生反应分别生成 $CO_2(g)$，$H_2O(l)$ 和 $SO_2(g)$，Cl 元素变为 $HCl(aq)$，对于其他元素，数据表中会注明[2]。由此可见完全燃烧后的产物只能称为稳定的化合物，而不能称为稳定的氧化物。又如《物理化学》中对于完全燃烧的定义：指燃烧产物处于稳定的聚集状态，规定燃烧物中的 C 转变为 $CO_2(g)$，H 转变为 $H_2O(l)$，S 转变为 $SO_2(g)$，N 转变为 $N_2(g)$ 等[3]。由此可以得出燃烧产物是稳定的物质，不一定是化合物，更不一定是氧化物。只规定产物是稳定的聚集状态，可以是稳定的单质，也可以是稳定的化合物。由燃烧热的定义中“放出的热量”可

[1] 人民教育出版社课程教材研究所，化学课程教材研究开发中心．化学反应原理［M］．北京：人民教育出版社，2007：7-15.
[2] 许嘉璐．中国中学教学百科全书：化学卷［M］．沈阳：沈阳出版社，1990：12.
[3] 朱传征，褚莹，许海涵．物理化学［M］．第 2 版．北京：科学出版社，2008：52-53.

知燃烧热的数值是正值。

六、键能

单独研究键能的不多，主要都是分析键能与反应热的关系。从微观角度来看化学反应热，是旧化学键断裂吸收热量与新化学键形成放出热量的差值，从本质上说明了化学反应热与键能的关系。根据反应物、生成物的键能可以计算反应热。

七、活化能

1889 年，瑞典科学家阿伦尼乌斯提出活化能概念。什么是活化能？研究者通过查阅文献得出活化能的几种定义：

（1）活化分子具有的最低能量与分子平均能量的差。

（2）活化分子的平均能量与分子平均能量的差。

（3）活化分子与所有分子平均能量的差。

（4）分子在碰撞时为了某种化学作用能发生而应具有的过剩能量。

（5）分子在化学反应时需要克服的一种峰值。

（6）超过分子平均能量的定值，使分子活性化而参加反应。

（7）使普通分子（具有平均能量的分子）变为活化分子（能量超出一定值的分子）所需的能量。

（8）反应物分子形成活化络合物时所吸收的能量。

通常在教学过程中，教师给学生的是第一种说法。

八、放热反应和吸热反应

如果在恒压条件下进行的化学反应的焓变 ΔH 是负值，此体系向环境放热，这种化学反应叫放热反应。如果在恒压下进行的化学反应的焓变 ΔH 是正值，体系从环境中吸收了热量，这种化学反应叫吸热反应。

依据已有的实验研究经验总结了相关放热和吸热的判断方法。

（1）根据具体化学反应判断，如常见的放热反应有燃烧、金属与酸的反应、中和反应等。

（2）根据反应物和生成物的相对稳定性判断：由稳定的物质生成不稳定的物质的反应为吸热反应，反之为放热反应。

（3）根据反应条件判断：持续加热才能进行的反应是吸热反应。

（4）根据反应物和生成物的总能量相对大小判断：反应物的总能量大于生成物的总能量为放热反应。

（5）溶解热：浓硫酸、强碱以及强碱的碱性氧化物溶于水时放热，铵盐溶于水时吸热。

九、热化学方程式

热化学方程式是表示化学反应中的物质变化和能量变化（焓变）的化学反应方程式。例如热化学方程式：

$$H_2(g)+Cl_2(g)=2HCl(g) \quad \Delta H=-183\ kJ/mol$$

ΔH 代表在标准态时，1 mol $H_2(g)$ 和 1 mol $Cl_2(g)$ 完全反应生成 2 mol HCl(g) 放热 183 kJ。这是一个假想的过程，实际反应中反应物的投料量比所需量要多，只是过量反应物的状态没有发生变化，因此不会影响反应的反应热。

书写和应用热化学方程式时必须注意以下几点。

（1）反应热与温度和压强等测定条件有关，所以书写时要指明反应时的温度和压强（25℃、101 kPa 时，可以不注明）。

（2）各物质化学式右侧用圆括弧“( )”表明物质的聚集状态。可以用 g，l，s 分别代表气态、液态、固态。固体有不同晶态时，还需将晶态注明，例如 S（斜方），S（单斜），C（石墨），C（金刚石）等。溶液中的反应物质，则须注明浓度，以 aq 代表水溶液，（aq，∝） 代表无限稀释的水溶液。

（3）热化学方程式中化学计量系数只表示该物质的物质的量，不表示物质的分子个数或原子个数，因此，它可以是整数，也可以是分数。

（4）ΔH 只能写在化学方程式的右边，若为放热反应，则 ΔH 为“–”；若为吸热反应，则 ΔH 为“+”；单位一般为 kJ/mol。同一化学反应，若化学计量系数不同，ΔH 的值不同；若化学计量数相同，反应物、生成物状态不同，ΔH 的值也不同。

（5）热化学方程式是表示反应已完成的数量。由于 ΔH 与反应完成的物质的量有关，所以方程式中化学式前面的化学计量系数必须与 ΔH 相对应。当反应逆向进行时，其反应热与正反应的反应热数值相等，符号相反。

本章旨在探讨研究热化学方程式的书写与计算问题。在课堂教学方法上，采用对比的方法，将化学方程式与热化学方程式进行比较，让学生探讨它们之间的联系与区别，并向学生说明书写时为什么要注明物质的聚集状态，ΔH 的“+”与“–”以及热化学方程式中各物质的化学计量系数为什么可以用分数表示等，使学生在理解的基础上正确书写热化学方程式。

十、盖斯定律

1840 年，化学家盖斯通过大量实验事实研究总结出一条规律：化学反应不管是一步完成还是分几步完成，其反应热相同。即化学反应的反应热只与各反应物的始态和各生成物的终态有关，与反应途径无关。盖斯定律反映了自然界中物质之间的转化都遵循能量守恒定律：物质在发生化学反应的过程中，其能量变化只与始态、终态物质的总能量有关，与中间过程无关。盖斯定律的应用：（1）利用已知的反应热计算未知的反应热；（2）利用已知的两个或两个以上的热化学方程式，得到一个新的热化学反应方程式。

第二节 热化学前概念的研究

一、研究的问题与方案

前概念通常指日常概念和前科学概念，是不经过专门教学，在同别人进行日常交际和积累个人经验的过程中形成的概念。研究者认为前概念指学生在正式学习科学概念前，由生活经验和先前知识积累起来的对于事物、现象的看法和观点。其中有的观点可能是正确的，有的观点可能是错误的。

在探讨前概念来源的研究中，杜伊特（R. Duit）认为前概念有多种来源：(1) 语言；(2) 同家庭成员、朋友、其他成人或者同伴群体之间的相互作用；(3) 大众媒介；(4) 感觉经验。[1]

结合普通高中化学教材必修《化学 2》（人民教育出版社，2007）和选修《化学反应原理》（人民教育出版社，2007）的相关概念，选择 174 名大一年级非化学专业的学生进行研究。在高中阶段，他们学习过必修《化学 2》（人民教育出版社，2007）中第二章第一节“化学能与热能”，初步了解了热化学相关概念，但没有进行大学阶段《普通化学原理》的学习。因此针对大一年级非化学专业的学生进行热化学前概念的调查研究。

本节旨在探查了解学生在学习热化学相关概念之前已经存在的前概念。学生针对题目中所给的选项，可以进行多项选择。同时设计了每道题目中第 2 段为填空题，目的是能够展现出所调查学生的真实看法。

自编热化学前概念的调查问卷。全问卷为 2 段式选择题（四选项），共计 14 题，每道题目的第 1 段是题干和选项，第 2 段是简答选择的理由。题目主要围绕能量守恒（盖斯定律）、中和热、燃烧热、放热反应与吸热反应、活化能、热化学方程式六个概念进行设计。学生针对题目所给的说法，可以有多个正确选项，问卷具体内容如下。

[1] DUIT R. Research on students' conceptions—developments and trends [J] .Institute for Science Education,1993 : 1-2.

前概念调查问卷

请根据已有知识，对以下问题做出选择。

1.1　下列说法正确的是（　　）。

A. 物质发生化学变化都伴随着能量变化

B. 化学反应过程中的能量变化除了热能外，也可以是光能、电能等

C. 伴有能量变化的物质变化都是化学变化

D. 即使没有物质的变化，也有可能有能量的变化

1.2　请解释选择上述选项的理由：________________。

2.1　关于能量的转化与守恒，下列说法正确的是（　　）。

A. 反应物的总能量与生成物的总能量一定相等

B. 化学反应的反应热与反应的路径无关

C. 能量耗散是指在一定条件下，能量在转化过程中总量减少了

D. 提高反应温度有利于加快反应速率，从而起到节能的目的

2.2　请解释选择上述选项的理由：________________。

3.1　关于燃烧的正确认识是（　　）。

A. 燃烧不一定需要氧气

B. 氧气能够燃烧

C. 燃烧需要点燃

D. 燃烧产物都是氧化物，而且不可以继续燃烧

3.2　请解释选择上述选项的理由：________________。

4.1　下列属于化石燃料的是________；属于新能源的是________。

①天然气　②煤　③核能　④石油　⑤太阳能　⑥生物质能　⑦风能　⑧氢能

4.2　请解释选择上述选项的理由：________________。

5.1　下列关于燃烧热的说法不正确的是（　　）。

A. 燃烧一定会发光发热

B. 在化学反应中只有燃烧反应才能放出热量

C. 物质的燃烧热可利用仪器由实验测得

D. 物质燃烧肯定是氧化还原反应

5.2 请解释选择上述选项的理由：________________________________。

6.1 下列说法不正确的是（　　）。

A. 中和反应过程中有热量的变化

B. 中和反应是放热反应

C. 同样生成 1 mol 的 H_2O，强酸强碱中和反应放出的热与弱酸弱碱反应放出的热相等

D. 测定中和热时，应该是酸碱的稀溶液发生中和反应

6.2 请解释选择上述选项的理由：________________________________。

7.1 你认为吸热反应是（　　）。

A. 吸收热量的反应

B. 需要加热才能发生的反应

C. 反应物所具有的总能量高于生成物所具有的总能量

D. $Ba(OH)_2 \cdot 8H_2O$ 和 NH_4Cl 的反应

7.2 请解释选择上述选项的理由：________________________________。

8.1 下列反应不是放热反应的是（　　）。

A. 活泼金属与酸的反应

B. 大多数化合反应

C. 所有的燃烧反应

D. 分解反应

8.2 请解释选择上述选项的理由：________________________________。

9.1 将铁粉和硫粉混合后加热，待反应一发生即停止加热，反应仍可持续进行，直至反应完全生成新物质硫化亚铁。这现象说明了（　　）。

A. 该反应是吸热反应

B. 该反应是放热反应

C. 铁粉和硫粉在常温下难以发生反应

D. 硫化亚铁的总能量高于铁粉和硫粉的总能量

9.2 请解释选择上述选项的理由：________________________________。

10.1　在化学反应中，只有活化分子才能发生有效碰撞而发生化学反应，使普通分子变成活化分子所需提供的平均能量叫活化能。那么能降低反应所需活化能的是（　　）。

A. 降低温度　　B. 使用催化剂　　C. 增大压强

10.2　请解释选择上述选项的理由：________________________________。

11.1　下列说法不正确的是（　　）。

A. 自发反应在恰当条件下才能实现

B. 升高温度，活化分子百分数增大，化学反应速率一定增大

C. 一般使用催化剂能够增大活化分子百分数，增大反应速率，从而提高反应物的转化率

D. 反应放出的热量多少与物质的状态有关

11.2　请解释选择上述选项的理由：________________________________。

12.1　你认为（　　）是化学反应，你认为化学反应的本质是（　　）。

A. 有新物质生成的反应

B. 有能量变化的过程

C. 有化学键断裂、生成的反应

D. 能用化学方程式表示的反应

12.2　请解释选择上述选项的理由：________________________________。

13.1　你认为化学反应放出的热量的多少与哪些因素有关？（　　）

A. 反应物物质的量的多少

B. 反应物和生成物的状态

C. 温度和压强

D. 反应物和生成物自身能量的高低

13.2　请解释选择上述选项的理由：________________________________。

14.1　有关催化剂、化学反应速率的正确说法是（　　）。

A. 使用催化剂一定可以加快化学反应速率

B. 催化剂自身不参加化学反应

C. 蛋白酶是一种生物催化剂

D. 化学反应速率越快则产物的量越多

14.2 请解释选择上述选项的理由：________________。

二、研究结果

通过对调查数据的统计和分析，学生的前概念调查结果如下。

（1）能量守恒

表11-1 能量守恒前概念的调查结果

科学性	前概念内容	持该观点人数比例
正确的认识	①物质发生化学变化都伴随能量变化	42%
	②化学反应能量转化形式可以是热能、光能或电能	73%
	③化学反应的反应热与反应路径无关	27%
	④化石燃料有煤、石油、天然气	65%
	⑤核能、太阳能、生物质能、风能、氢能属于新能源	58%
错误的认识	⑥伴有能量变化的物质变化都是化学变化	4%
	⑦能量耗散时，能量在数量上减少了	15%
	⑧提高温度加快反应速率，是节能的	31%
	⑨即使没有物质变化，也可能有能量变化	46%
	⑩反应物的总能量与生成物的总能量一定相等	38%
	⑪反应放出的热量与物质状态无关	8%

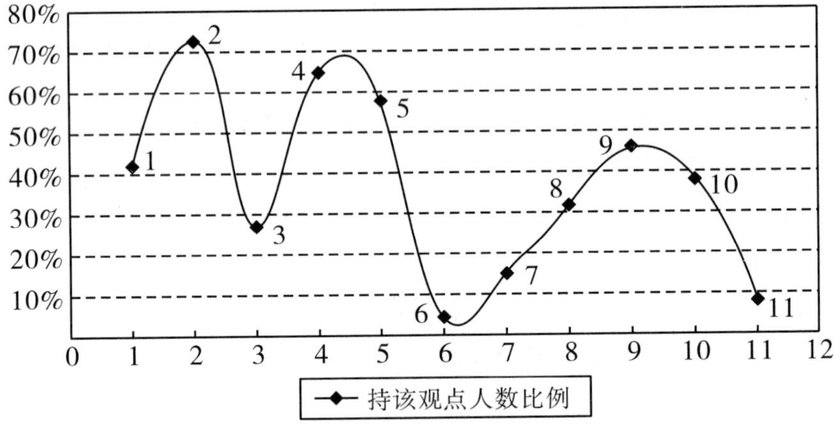

注：横坐标1、2、3、4、5、6、7、8、9、10、11分别代表表11-1的前概念观点，纵坐标是相应的人数比例。

图 11-1 能量守恒前概念的调查结果

调查结果显示，学生对于能量守恒存在着前概念，这些前概念有正确的，也有错误的。

正确的认识所占的比例较大，说明大部分学生在学热化学相关概念之前对能量守恒有正确的认识。通过与学生的深度访谈，了解到这些认识的主要来源。

①生活经验。例如，物质发生化学变化时伴随能量变化；提高温度可以加快反应速率从而实现节能目的。

②大众传媒。例如，化石燃料有煤、石油、天然气。

③物理学科。例如，热量与物质状态有关；转化前后总能量相等。

④实验经验。例如，伴有能量变化的物质变化不一定都是化学变化（浓硫酸的稀释等）。

而错误的认识，包括：伴有能量变化的物质变化都是化学变化；能量耗散时，能量在数量上减少了；即使没有物质变化，也可能有能量变化。

究其原因，主要是学生对能量变化的过程、物质与能量的关系、化学反应中能量变化的过程等不了解，主要以主观或从字词表面的理解来认识，认识较为片面和不科学。

（2）中和热

表11-2　中和热前概念的调查结果

科学性	前概念内容	持该观点人数比例
正确的认识	①中和反应过程中有热量的变化	85%
	②中和反应是放热反应	23%
	③强酸强碱反应放出的热量和弱酸弱碱反应放出的热量不相等	62%
	④测定中和热时应该用酸碱的稀溶液	85%

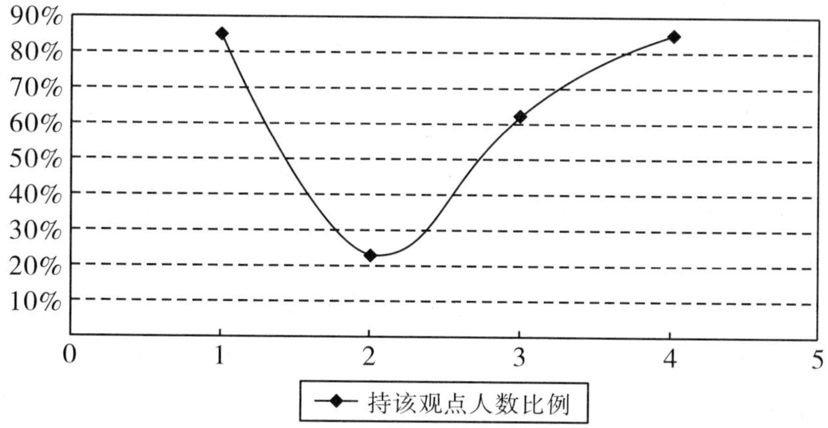

注：横坐标1、2、3、4分别代表表11-2的前概念观点，纵坐标是相应的人数比例。

图11-2　中和热前概念的调查结果

调查结果显示，学生对中和热存在着前概念。85% 的学生知道中和反应中有能量的变化，只有 23% 的学生知道中和反应是放热反应。通过与学生沟通了解到，学生是凭直觉认为强酸强碱反应放出的热量比弱酸弱碱反应放出的热量多。学生根据化学实验经验知道浓溶液稀释时会有能量的变化，由此推出“浓溶液的稀释会有能量的变化”的结论，因此认为测定中和热时要用酸和碱的稀溶液。

（3）燃烧热

表11-3 燃烧热前概念的调查结果

科学性	前概念内容	持该观点人数比例
正确的认识	①燃烧不一定需要氧气	50%
	②燃烧一定会发光发热	92%
	③可以用仪器测出燃烧热	84%
	④物质燃烧肯定是氧化还原反应	81%
错误的认识	⑤氧气能够燃烧	15%
	⑥燃烧需要点燃	19%
	⑦燃烧产物都是氧化物，且不可以继续燃烧	23%
	⑧只有燃烧反应才能放出热量	23%

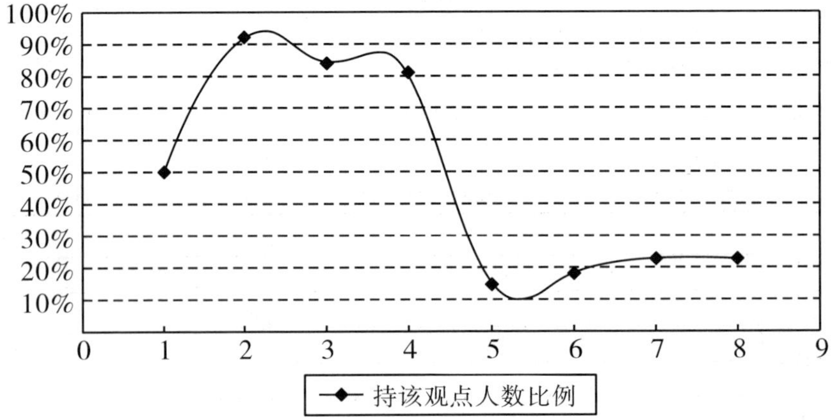

注：横坐标 1、2、3、4、5、6、7、8 分别代表表 11-3 的前概念观点，纵坐标是相应的人数比例。

图 11-3 燃烧热前概念的调查结果

调查结果显示，学生对于燃烧热存在的前概念，种类各异。探查原因，主要是由于学生在生活和化学实验中经常见到燃烧现象，此概念为经常遇到的日常概念。

大部分学生对于燃烧及燃烧热的认识是正确的，根据生活经验知道燃烧一定会发光发热；根据已学知识知道燃烧不一定需要氧气，但物质燃烧一定是氧化还原反应。

少部分学生存在一些错误的认识，主要原因是生活中常见的燃烧都是要点燃的，因此学生很容易误认为“燃烧需要点燃”。学生都知道燃烧时需要氧气，但是少部分学生将氧气“助燃”与氧气“燃烧”概念混淆，误认为氧气可以燃烧，同时认为“燃烧的产物都是氧化物”，忽略了其他化合物，如物质在氯气中燃烧。

（4）放热反应与吸热反应

表11-4　放热反应与吸热反应前概念的调查结果

科学性	前概念内容	持该观点人数比例
正确的认识	①吸热反应就是吸收热量的反应	42%
	②反应物的能量低，生成物的能量高时，反应吸热	54%
	③ $Ba(OH)_2 \cdot 8H_2O$ 和 NH_4Cl 的反应是吸热反应	4%
	④活泼金属与酸的反应是放热反应	12%
	⑤大多数化合反应是放热反应	65%
	⑥燃烧反应都是放热反应	77%
错误的认识	⑦需要加热的反应是吸热反应	8%
	⑧大多数分解反应是放热反应	58%

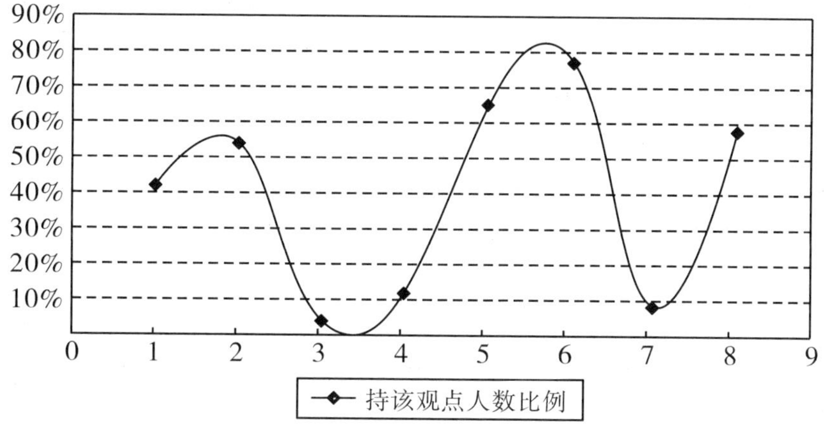

注：横坐标1、2、3、4、5、6、7、8分别代表表11-4的前概念观点，纵坐标是相应的人数比例。

图11-4　放热反应与吸热反应前概念的调查结果

调查结果显示，学生对于放热反应与吸热反应存在很多前概念。有的学生从字词表面意义上错误地理解“吸热反应就是吸收热量的反应”；有的学生根据触觉感受温度的变化而知道燃烧反应都是放热反应。通过逻辑推理，大部分学生知道生成物能量比反应物能量高时，反应要吸热。根据已学知识知道 $Ba(OH)_2 \cdot 8H_2O$ 与

NH_4Cl 的反应是吸热反应。但也有学生简单地错误地认为“需要加热的反应就是吸热反应”，没有认识到反应条件与反应能量变化没有直接的必然联系，出现以偏概全的错误。对于哪些类型的化学反应是放热反应，哪些类型的反应是吸热反应，学生还存在认识局限。

（5）活化能

表11-5　活化能前概念的调查结果

科学性	前概念内容	持该观点人数比例
正确的认识	①催化剂能降低反应活化能	38%
	②使用催化剂可以增大活化分子百分数	69%
	③使用催化剂可以增大反应速率	77%
	④升高温度，活化分子百分数增大，化学反应速率一定增大	38%
	⑤催化剂自身不参加化学反应	65%
	⑥蛋白酶是一种生物催化剂	50%
错误的认识	⑦降低温度能降低反应活化能	50%
	⑧增大压强能降低反应活化能	27%
	⑨催化剂可以提高反应物的转化率	31%
	⑩反应速率越快，产物的量越多	4%

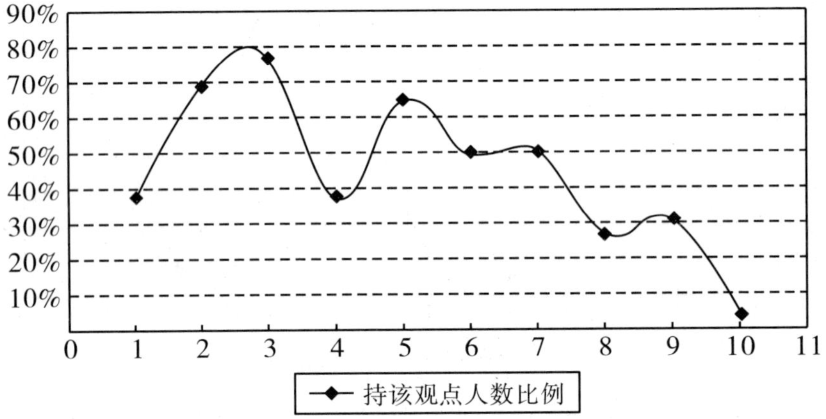

注：横坐标 1、2、3、4、5、6、7、8、9、10 分别代表表 11-5 的前概念观点，纵坐标是相应的人数比例。

图 11-5　活化能前概念的调查结果

学生对于活化能可能并不熟悉，但是说到催化剂，他们就有很多认识。知道催化剂可以降低反应活化能，催化剂可以增大反应速率，催化剂自身不参加反应，可以循环利用。学生在生物课程的学习中了解到蛋白酶也是一种催化剂。但是对于其他降低化学反应活化能的因素并不了解，例如错误地认为升高温度或降低压强同样可以降低反应活化能。部分学生的这种错误认识，主要源于主观感觉和猜测。少部分学生还存在一种错误的认识，认为反应速率提高，反应物的转化率就会提高，产物的量就会增多。通过与学生的沟通，了解到他们还没有学过可逆反应的化学平衡，这些认识都是基于以前的认识推测所得。

（6）热化学方程式

表11-6 热化学方程式前概念的调查结果

科学性	前概念内容	持该观点人数比例
正确的认识	①化学反应放出的热量与物质的状态有关	92%
	②化学反应放出的热量与反应物的物质的量有关	58%
	③化学反应放出的热量与温度和压强有关	46%
	④化学反应放出的热量与反应物和生成物自身能量高低有关	50%

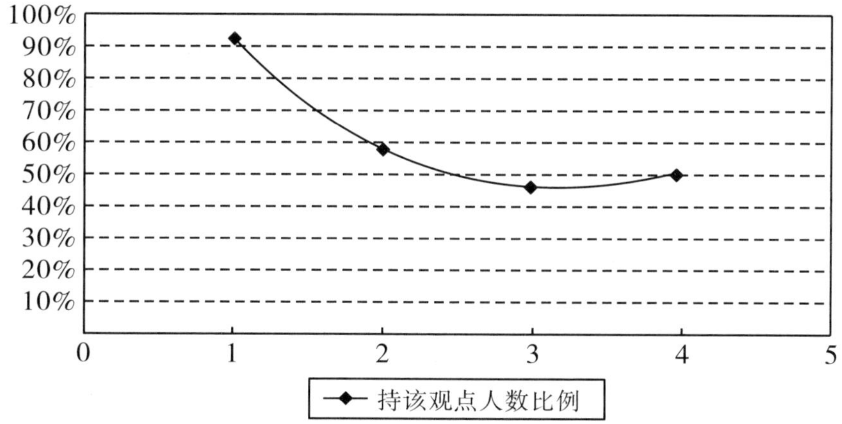

注：横坐标 1、2、3、4 分别代表表 11–6 的前概念观点，纵坐标是相应的人数比例。

图 11–6 热化学方程式前概念的调查结果

通过调查和访谈，了解到大部分学生根据生活经验知道反应放出的热量与物质的状态、反应物物质的量有关。近一半的同学推测得出：化学反应放出的热量与温度和压强，反应物和生成物自身能量的高低有关。无论通过何种方式，大部分学生对于影响反应热的因素有了一定的了解，这就为学习热化学方程式概念做好了准备，学生就不难理解为什么书写热化学方程式时需要注明物质的状态、温度和压强，以及反应热必须与热化学方程式中的化学计量系数相符。

通过调查和访谈，了解到学生在学习科学概念之前，就已经对热化学相关概念有了各种各样的认识和理解，形成了前概念。

本节研究中定义拥有某个前概念的人数占总人数百分比大于 50% 的前概念为普遍存在的前概念，拥有某个前概念的人数占总人数的百分比大于 20% 且小于 50% 的定义为部分存在的前概念。

表11-7　热化学相关概念前概念总结

概念	科学性	普遍存在的前概念	部分存在的前概念
能量守恒（盖斯定律）	R	①化学反应能量转化形式可以是热能、光能或电能等 ②化石燃料有煤、石油、天然气；核能、太阳能、生物质能、风能、氢能是新能源	①物质发生化学变化都伴随能量变化 ②化学反应的反应热与反应路径无关
	W		①提高温度加快反应速率，是节能的 ②即使没有物质变化，也可能有能量变化 ③反应物的总能量与生成物的总能量一定相等
中和热	R	①中和反应中有能量变化 ②测定中和热时应该用酸碱的稀溶液 ③强酸强碱反应放出的热量和弱酸弱碱反应放出的热量不相等	中和反应是放热反应
燃烧热	R	①燃烧不一定需要氧气 ②燃烧一定会发光发热 ③燃烧是氧化还原反应 ④可以用仪器测出燃烧热	
	W		①燃烧产物都是氧化物，且不可以再燃烧 ②只有燃烧反应才能放出热量
放热反应与吸热反应	R	①反应物的能量低，生成物的能量高时，反应吸热 ②大多数化合反应是放热反应 ③燃烧反应都是放热反应	吸热反应就是吸收热量的反应
	W	大多数分解反应是放热反应	

续表

概念	科学性	普遍存在的前概念	部分存在的前概念
活化能	R	①催化剂可以增大活化分子百分数 ②催化剂可以增大反应速率 ③催化剂自身不参加化学反应 ④蛋白酶是一种生物催化剂	①催化剂可以降低反应活化能 ②升高温度，活化分子百分数增大，化学反应速率一定增大
	W	降低温度能降低反应活化能	①增大压强能降低反应活化能 ②催化剂可以提高反应物的转化率
热化学方程式	R	①反应放出的热量与物质的状态有关 ②反应放出的热量与反应物的物质的量有关 ③反应放出的热量与反应物和生成物自身能量的高低有关	反应放出的热量与温度和压强有关

注：字母 R 表示与科学概念相符的前概念，字母 W 表示与科学概念相悖的前概念。

三、分析讨论

通过问卷调查，分析学生头脑中有关热化学相关概念的前概念，结合学生的访谈结果，得出前概念的主要来源有日常生活经验，社会交往及大众传媒，学科间概念的相互渗透，学生的直觉思维，学生的实验经验等，如图 11–7 所示。

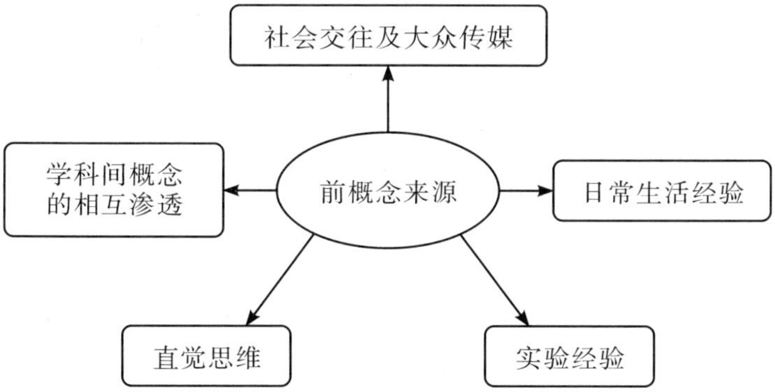

图 11–7　前概念的来源

1. 源于日常生活经验

化学与日常生活息息相关，学生在日常生活中通过直接观察和感知，从大量的自然现象中获得了不少化学热力学方面的感性认识，例如“燃烧一定发光发热”“燃烧反应一定是放热反应”等，虽然这些凭直觉或感觉得到的认识不一定正确，但却相当稳定。

2. 源于社会交往及大众传媒

在当下的信息化时代，学生的信息更多地来源于社会交往及大众传媒（报纸杂志、电视广播、互联网等），学生会接触到大量的科学知识和经验，如“化石燃料包括煤、石油、天然气”“核能、太阳能、生物质能、风能、氢能属于新能源”等。

3. 源于学科之间概念的相互渗透

化学不是一门单一的学科，与物理、数学、生物等学科都有交叉。例如学生在生物学中知道生物酶也是一种催化剂，通过学习生物酶的特性，也就会了解一些有关催化剂的特征，为学习化学学科中的催化剂概念提供很多前概念。学生在初中物理学中就知道物质状态发生变化时会吸热或放热，也为学习热力学相关概念提供了前概念。

4. 源于直觉思维

有些前概念是由于学生没有明确的思考步骤，对自己的思维过程没有清晰的认识而直接得出的结论，即通过直觉思维所得。例如认为需要加热的反应就是吸热反应，看似合理，实际是错误的、片面的认识。当然，学生的认知能力影响着化学前概念。受学科知识阶段性学习的制约，学生对很多概念的理解囿于知识范围和水平，导致其对概念内涵的认识不全面、不准确，容易把概念错误地扩大或缩小。例如认为“燃烧产物都是氧化物”“只有燃烧反应是放热反应”等。

5. 源于化学实验的经验

实验是学习化学科学的重要手段，它能给学生带来多种感官的刺激，加深学生的印象。通过访谈学生，了解到学生看到催化剂时，会联想到初中做过的有关使用催化剂的化学实验，例如过氧化氢分解实验，加入 MnO_2 可以加快反应速率，加热也可以加快反应速率，从而形成“催化剂可以加快反应速率”“升高温度可以增大反应速率”的前概念。

第三节　热化学误概念的研究

误概念（Misconception）指的是个体拥有的与科学概念不一致的认识和想法，有的是前科学概念中与当前科学理论对事物的理解相违背的理解。本节中误概念指对各种化学现象、化学变化过程的有别于科学家的认识和理解。

杜伊特（R. Duit）认为错误概念的来源有以下几方面：教师的以讹传讹；大众科普传媒的误导（如德国某科学博物馆提供完全错误的牛顿第三定律说明长达数年）；学生的错误理解（学生基于原有的错误概念，用完全不同于教师所设想的方式来理解教师呈现的内容）等。

霍华德（Howard）在皮亚杰认知发展理论的基础上，从图式的角度分析了误概念出现的原因：（1）概念是长时间形成的结果，学生的各种图式也在不断地积累形成；（2）通常学生认为自己已有的图式足以应付日常生活，没必要改变已有图式从而将学校的新知识纳入已有的图式中；（3）有些课程短时间内介绍了很多概念，学生在没有深入思考和确切理解的情况下，只是机械地记忆；（4）当新的图式与学生已有图式发生冲突时，学生通常表现为拒绝接受新图式。霍华德还认为错误概念不单单是由于理解偏差或遗忘而造成的，而是常常与学生的日常生活经验相联系，根植于一个与科学理论不相容的概念体系中。学生原有的前概念影响着科学概念的形成，若学生的前概念在教学过程中不能很好地转化，则很可能演变成错误概念。

一、研究的问题与方案

本节采用文献研究、问卷调查、访谈等研究方法，探讨大学生学习能量守恒、中和热、燃烧热、放热反应和吸热反应、活化能、热化学方程式等概念时存在的误概念。

以 68 名化学专业大一年级学生和 96 名化学专业大三年级学生为调查对象。

化学专业大一年级学生对化学专业知识的了解不是很多，且由于大一年级刚刚参加完高考，对于热化学概念的认知主要以高考考查的概念为主。

化学专业大三年级学生经过了物理化学课程中热化学的深入学习，对于热化学有关概念有了比较深入、透彻的理解。对化学专业大一年级和大三年级的学生进行误概念和概念应用的调查，探究不同年级的大学生对热化学相关概念存在的误概念及在问题解决中概念应用的差异，继而探索学生热化学相关概念认知发展的特点。

自编热化学误概念的调查问卷，全卷为 2 段式选择题和填空题，共计 12 道题目。主要考查学生对能量守恒（盖斯定律）、中和热、燃烧热、放热反应与吸热反应、活化能、热化学方程式六个概念的误概念。问卷具体内容如下。

误概念调查问卷

1.1　下列说法中正确的是（　　）。

A. 能量耗散表明，能量在数量上并未减少，但在可利用的品质上降低了

B. 化学反应的过程总是伴随着能量的变化

C. 某种形式的能量增加 10 J，一定有其他形式的能量减少 10 J

D. 某个物体的能量减少 10 J，一定有其他物体的能量增加 10 J

1.2　请解释选择上述选项的理由：________________________________。

2.1　下列说法正确的是（　　）。

A. 反应热就是反应中放出的热量

B. 一般使用催化剂可以降低反应的活化能，增大活化分子百分数，增大化学反应速率，从而提高反应物的转化率

C. 升高温度，活化分子百分数增大，化学反应速率一定增大

D. 即使没有物质变化，也有可能有能量的变化

2.2　请解释选择上述选项的理由：________________________________。

3.1　关于燃烧热的说法中正确的是（　　）。

A. 1 mol 纯物质完全燃烧时所放出的热量，叫该物质的燃烧热

B. 燃烧需要点燃

C. 101 kPa 时，1 mol 碳燃烧所放出的热量为碳的燃烧热

D. 在 25℃，101 kPa 下，1 mol 硫和 2 mol 硫燃烧热相等

3.2　请解释选择上述选项的理由：________________________________。

4.1　50 mL 0.50 mol/L 盐酸与 50 mL 0.55 mol/L NaOH 溶液在装置中反应，通过测定反应过程中所放出的热量可计算中和热。实验中若改用 60mL 0.50mol/L 盐酸跟 50 mL 0.55 mol/L NaOH 溶液进行反应，与上述实验相比，所放出的热量____

____，所求中和热________(　　)。

A. 相等　不等　　B. 不等　相等　　C. 相等　相等　　D. 不等　不等

4.2　请解释选择上述选项的理由:________________________________。

5.1　对下列化学反应热现象，正确的说法是(　　)。

A. 生成化学键要吸热，破坏化学键要放热

B. 破坏化学键要吸热，形成化学键要放热

C. 生成物的总能量大于反应物的总能量时，反应放热

D. 生成物的总能量小于反应物的总能量时，反应放热

5.2　请解释选择上述选项的理由:________________________________。

6.1　下列说法不正确的是(　　)。

A. 测定中和热时，酸碱混合后要及时搅拌

B. 在稀溶液中，所有酸和碱反应的中和热值都相等

C. 中和反应实质是 H^+ 和 OH^- 结合生成水，若有其他物质生成，这部分反应热不在中和热内

D. 在稀溶液中，酸跟碱发生中和反应生成 1 mol 水所放出的能量称为中和热

6.2　请解释选择上述选项的理由:________________________________。

7.1　下列说法正确的是(　　)。

A. 在相同条件下，1 mol 硫蒸气要比 1 mol 硫固体完全燃烧放出的热量多

B. 热值是指 1 mol 物质完全燃烧生成稳定氧化物的反应热

C. 理论上，煤炭直接燃烧与转化为水煤气燃烧放出的热量不同

D. 根据盖斯定律，热化学方程式中 ΔH 直接相加即可得总反应热

7.2　请解释选择上述选项的理由:________________________________。

8.1　下列说法正确的是(　　)。

A. 自然界里氮的固定途径之一是在闪电的作用下，说明该反应所需活化能很高

B. 使用催化剂，可降低反应的活化能，加快反应速率，改变反应限度

C. 吸热反应一定是非自发的化学反应

D. 吸热反应一定是贮存能量的过程

8.2 请解释选择上述选项的理由：________________________________。

9.1 下列热化学方程式正确的是（　　）。

A. $CH_4(g)+2O_2(g)=CO_2(g)+2H_2O(g)$　$\Delta H=-890.3$ kJ/mol

B. 500℃，30M Pa 下，将 1 mol N_2 和 3 mol H_2 置于密闭的容器中充分反应生成 $NH_3(g)$，放热 38.6 kJ，其热化学方程式为：$N_2(g)+3H_2(g) \rightleftharpoons 2NH_3(g)$　$\Delta H=-38.6$ kJ/mol

C. $H_2(g)+\frac{1}{2}O_2(g)=H_2O(l)$　$\Delta H=-285.5$ kJ/mol

D. $C(s)+O_2(g)=CO_2(g)$　$\Delta H=-393.5$ kJ/mol

9.2 请解释选择上述选项的理由：________________________________。

10.1 下列说法正确的是（　　）。

A. 强酸强碱的中和热为 −57.3 kJ/mol，则 $Ba(OH)_2(aq)+2HCl(aq)=BaCl_2(aq)+2H_2O(l)$　$\Delta H=-114.6$ kJ/mol

B. 热化学方程式中的化学计量系数指的是分子数

C. 已知 C（石墨，s）=C（金刚石，s）　$\Delta H>0$，则金刚石比石墨稳定

D. 已知 $2C(s)+O_2(g)=2CO(g)$　ΔH_1；$2C(s)+2O_2(g)=2CO_2(g)$　ΔH_2。则 $\Delta H_2>\Delta H_1$

10.2 请解释选择上述选项的理由：________________________________。

11.1 某反应的反应过程中能量变化如图 I 所示（图中 1 表示正反应，2 表示逆反应）。下列有关叙述正确的是（　　）。

A. 该反应为吸热反应

B. 催化剂能改变反应的焓变

C. 催化剂能够降低反应的活化能

D. 逆反应的活化能大于正反应的活化能

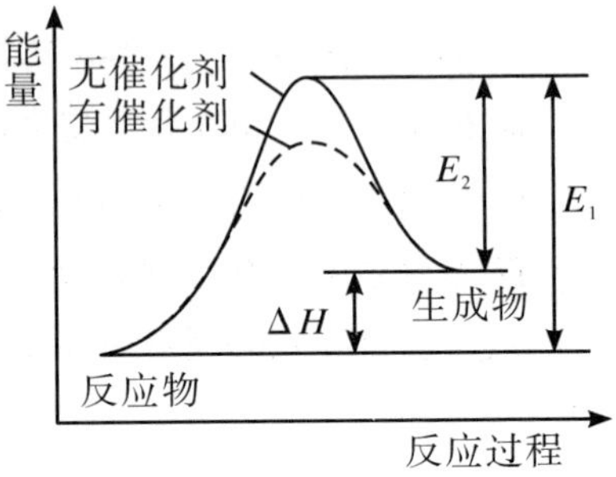

图 I

11.2 请解释选择上述选项的理由：________________________________。

12.1 下列为放热反应的化学变化是（　　）。

A. $H_2O(g) \rightarrow H_2O(l)$　$\Delta H=+44$ kJ/mol

B. $2HI(g) \rightarrow H_2(g)+I_2(g)$　$\Delta H=-14.9$ kJ/mol

C. 浓硫酸溶于水

D. 能量变化如图 II 所示的化学反应

12.2　请解释选择上述选项的理由：____。

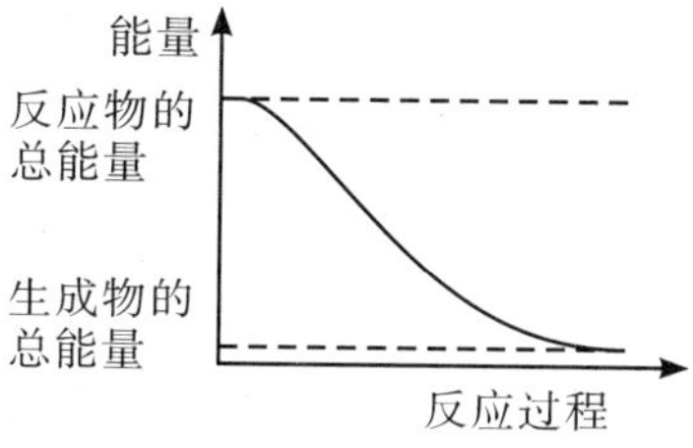

图Ⅱ

二、结果及分析

通过问卷调查的统计结果，发现每个概念存在的误概念的比例（拥有该误概念的人数占总被试人数的百分比）不同。统计结果如下。

（1）能量守恒

表11-8　能量守恒误概念的调查结果

误概念＼年级	大一年级	大三年级
①能量耗散说明能量降低	74%	50%
②化学反应不伴随能量的变化	24%	6%
③不同形式的能量不能等量转化	38%	8%
④能量在不同物体间不能等量转化	82%	77%
⑤直接燃烧与转化为其他形式物质燃烧放出的热量不同	74%	15%
⑥总反应热为各个热化学方程式的 ΔH 直接相加	24%	6%
⑦没有物质变化，也会有能量变化	88%	69%

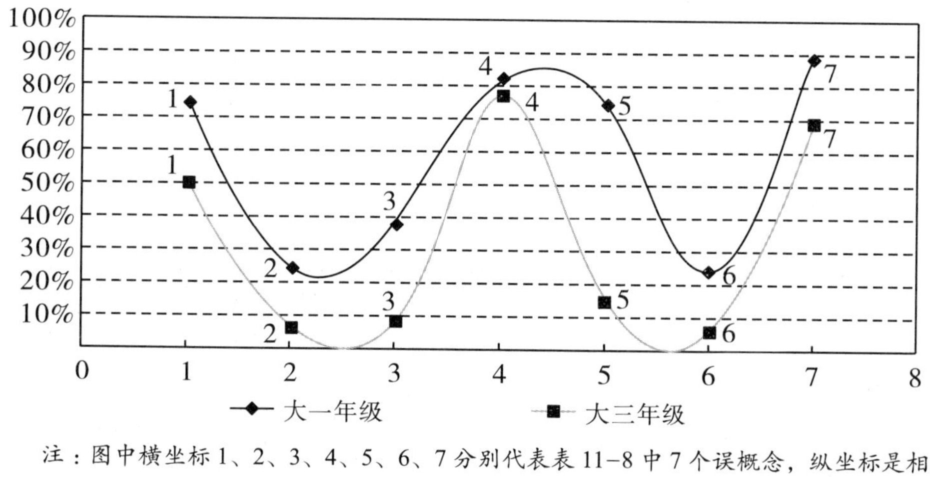

注：图中横坐标 1、2、3、4、5、6、7 分别代表表 11-8 中 7 个误概念，纵坐标是相应的人数比例。

图 11-8　能量守恒误概念的调查结果

大一、大三年级学生都具有表中所列有关能量守恒的误概念，但两类学生拥有各种误概念的人数比例不同。总体来看，大三学生出现误概念的人数比例较低，这与大学高年级学生对能量守恒概念本质认识较深有关。而多数大一年级学生和一半的大三年级学生（分别为 74% 和 50%）却片面地认为能量耗散说明能量在数量上是减少的。他们（分别为 82% 和 77%）认为在一个体系当中，一个物体能量减少量不一定等于另一个物体能量增加量。通过与学生的访谈，了解到他们过多地考虑体系中可能还有其他物质发生能量变化，反映出两个年级学生考虑问题均具有一定的局限性。

多数的大一年级学生（74%）认为，可以用实验证实直接燃烧与转化为其他形式物质燃烧放出的热量不同。在物质和能量的关系上，大一和大三年级学生（分别为 88% 和 69%）大多存在"没有物质变化也会有能量变化"的误概念，这说明他们对物质和能量的关系还没有一个辩证统一的认识。大三年级学生尽管所学的化学知识比较丰富，但早年形成的一些误概念仍然根深蒂固地影响着后续的化学学习。

（2）活化能

表11-9　活化能误概念的调查结果

误概念 \ 年级	大一年级	大三年级
①使用催化剂可以增大活化分子百分数，增大反应速率，从而提高反应物的转化率	12%	4%
②升高温度，活化分子百分数不一定增大	44%	25%
③反应条件越苛刻，不能说明活化能越高	21%	6%
④使用催化剂，可改变反应限度	6%	15%
⑤催化剂可以改变反应焓变	12%	4%
⑥催化剂不能降低反应活化能	3%	0
⑦吸热反应，逆反应活化能大于正反应活化能	82%	0

统计结果显示，除第⑦条外，大一、大三年级学生具有的误概念比例总体较低，其中大三年级学生比大一年级学生更低（除第④条）。这说明两个年级学生掌握相关知识内容的情况还是不错的，基本上都能认识"活化能越高，反应越难发生，反应条件越苛刻"的关系，并了解"催化剂可以降低反应活化能，但不能改变反应焓变"的结论。

在微观方面，大一年级学生和大三年级学生（分别为 44% 和 25%）出现误概念的人数比例都较大，如"升高温度，活化分子百分数不一定增大"。说明无论是

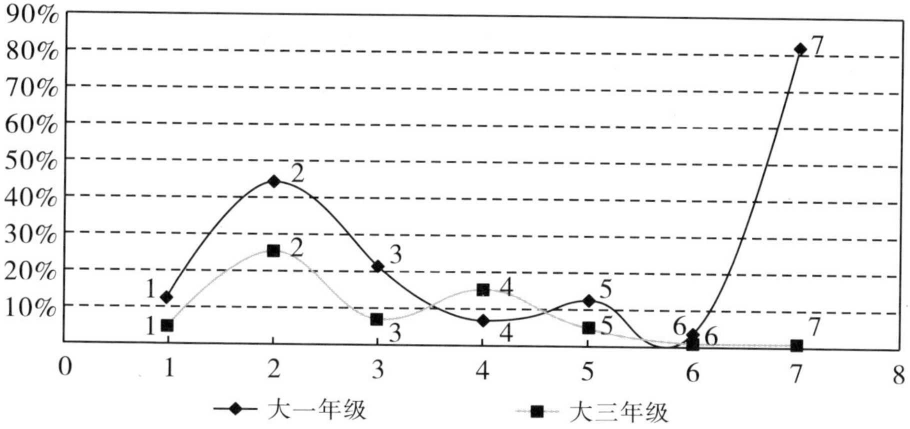

注：图中横坐标1、2、3、4、5、6、7分别代表表11–9中7个误概念，纵坐标是相应的人数比例。

图 11–9　活化能误概念的调查结果

从高中阶段定性学习的视角，还是从大学物理化学课程定量学习的视角，学生在温度对化学反应速率影响的本质因素（有效碰撞）的认识上都不够清晰。通过访谈大一年级学生，了解到出现误概念的原因主要是高中课程学习中没有从微观角度认识活化分子、有效碰撞等概念，温度对活化分子有什么影响也并不清楚，只是结合实验现象笼统地感知“升高温度，化学反应速率增大”的结论。至于化学反应速率增大的本质原因，学生还是不清楚。大三年级学生出现该误概念的原因，则是物理化学课程中虽细致地讲解了碰撞理论，并使用数学公式对活化能进行表述和计算，但学生在学习中往往会忽略公式中各个化学量的实际含义。

针对正、逆反应活化能大小来判断化学反应是吸热还是放热等问题时，大一年级学生存在误概念的人数比例很大（82%）。访谈结果表明，高中化学教材中仅给出了有催化剂的反应与无催化剂的反应过程中能量的变化图，强调的是催化剂可以降低反应活化能，并没有分析正、逆反应活化能与反应热的关系。而大学物理化学课程中对此有详细介绍，反应物要吸收 E_1 能量达到过渡态，再释放 E_2 能量生成产物，因此当 $E_1>E_2$ 时，反应吸热。

需要特别指出的是，对“使用催化剂，可改变反应限度”（表11–9第④条）而言，两个年级学生存在误概念的比例都较低，但反常的是大三年级学生比例却高于大一年级学生。对两个年级学生进行访谈，了解到“限度”一词在高中化学中被提及，但大学学习中很少将其与化学平衡概念联系起来，导致大三年级学生存在此误概念的比例偏高。

（3）燃烧热

表11–10 燃烧热误概念的调查结果

误概念 \ 年级	大一年级	大三年级
①燃烧热与压强无关	12%	31%
②燃烧需要点燃	6%	0
③燃烧热与是否完全燃烧无关	38%	17%
④燃烧热与物质的量多少有关	9%	4%
⑤燃烧热与物质状态无关	74%	52%
⑥热值就是燃烧热	24%	31%
⑦直接燃烧与间接燃烧放出的热量不同	50%	17%

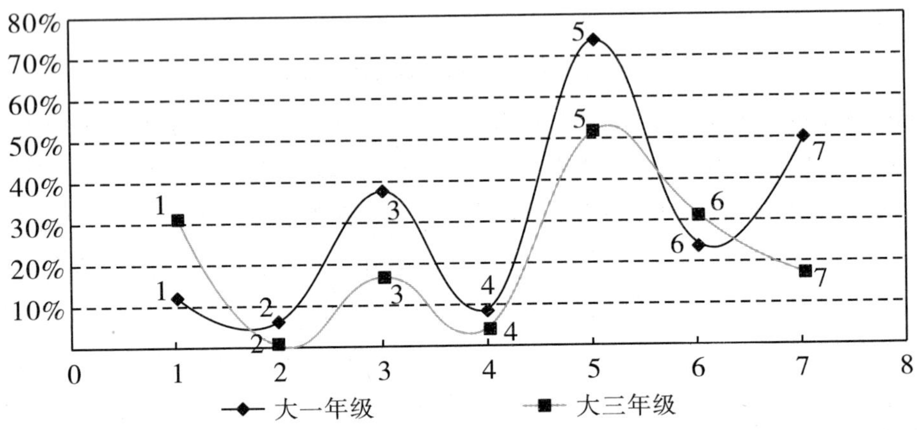

注：图中横坐标1、2、3、4、5、6、7分别代表表11–10中7个误概念，纵坐标是相应的人数比例。

图 11–10 燃烧热误概念的调查结果

统计结果显示，在对燃烧热的认识上，大三年级学生具有的误概念总体上少于大一年级学生。但在描述燃烧热的定义时，大一年级学生（12%）比较注意压强条件 101 kPa，而大三年级学生（31%）反而忽略了压强的影响。

从图 11–10 可知，大一、大三年级学生（分别为 74% 和 52%）均易忽略物质状态对燃烧热的影响。通过访谈了解到学生在考虑化学问题时只想到书中的定义，很少联想具体的实例。定义中仅指定 1 mol 物质是可燃的，但状态没有固定，可以是固态，也可以是气态，但它们完全燃烧生成稳定的化合物时放出的热量显然不同。

大一、大三年级学生（分别为 24% 和 31%）都易将热值和燃烧热的概念混淆，认为热值就是燃烧热。其实两者有联系，但又有区别。热值的定义是“单位质量某种燃料完全燃烧放出的热量"[1]，与燃烧热的定义明显不同。

大一年级学生（50%）从能量角度分析燃烧热时出现了误概念，认为直接燃烧与间接燃烧放出的热量不同，这是因为没有抓住盖斯定律的本质："反应的热效应与反应体系的始态和终态有关，而与反应的途径无关。"大三年级学生（17%）在该误概念上的人数比例则要低得多。

（4）中和热

表11–11　中和热误概念的调查结果

误概念 \ 年级	大一年级	大三年级
①中和热与酸、碱的物质的量有关	18%	19%
②测定中和热时不能立即搅拌酸碱混合液	6%	10%
③在稀溶液中，所有酸碱反应的中和热都相等	15%	31%
④中和热与除 H_2O 外的其他物质的生成无关	74%	21%
⑤中和热是酸和碱的稀溶液发生中和反应生成 1 mol 水时放出的能量	38%	33%
⑥生成沉淀对中和热无影响	91%	48%

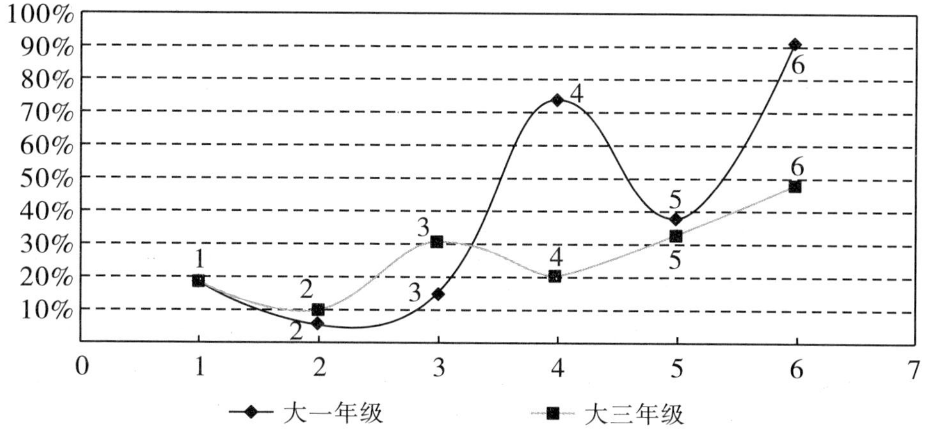

注：图中横坐标 1、2、3、4、5、6 分别代表表 11–11 中 6 个误概念，纵坐标是相应的人数比例。

图 11–11　中和热误概念的调查结果

[1] 人民教育出版社课程教材研究所，物理课程教材研究开发中心．物理八年级上册 [M]．北京：人民教育出版社，2012.

调查显示，中和热的误概念，大一年级和大三年级学生都有出现，但是大一年级有多达 74% 的学生存在错误的认识，远高于大三年级学生 21% 的误概念比例。

大部分大一年级学生误认为中和热与除 H_2O 外的其他物质的生成无关，生成沉淀对中和热无影响。通过访谈沟通了解到，他们误认为生成其他物质过程中不会伴随有能量的变化。

大三年级学生对于反应热的认识有更加深入的理解，知道沉淀溶解和弱酸弱碱的电离都会伴有能量的变化，因此能够较容易地判断出生成沉淀或其他物质对中和热有影响。由此可见，知识的丰富程度和学科专业知识的积累量可以减少误概念的产生。

（5）放热反应与吸热反应

表11–12　放热反应与吸热反应误概念的调查结果

误概念＼年级	大一年级	大三年级
①反应热就是反应中释放出的能量	6%	2%
②生成化学键要吸热，破坏化学键要放热	30%	10%
③生成物的总能量大于反应物的总能量时，反应放热	18%	4%
④吸热反应一定是非自发的化学反应	6%	2%
⑤吸热反应不是贮存能量的过程	71%	52%
⑥水由气态变为液态是吸热过程	3%	8%
⑦分解反应是放热反应	42%	65%
⑧浓硫酸溶于水是放热反应	15%	27%
⑨稳定的物质转化为不稳定的物质时，反应吸热	15%	10%

上表中所列放热反应与吸热反应的误概念，在大一和大三年级学生中均存在。对于吸热反应是贮存能量的过程，两个年级的大部分学生都判断有误，这是因为学生对化学反应能量变化的本质没有透彻地理解，而且大一年级学生出现该误概念的比例要高于大三年级学生。

对于一些比较简单，需要只靠记忆概念或细心审题就能避免的错误，大一年级学生出现的概率较小，例如“分解反应是放热反应”“浓硫酸溶于水是放热反应”。究其原因主要还是因为经过系统的、严格的高考复习之后，他们对一些概念的记忆非常牢固，也养成了做题细心的好习惯。

对于深层次的化学反应的能量变化的本质原因进行分析时，大一年级学生出现

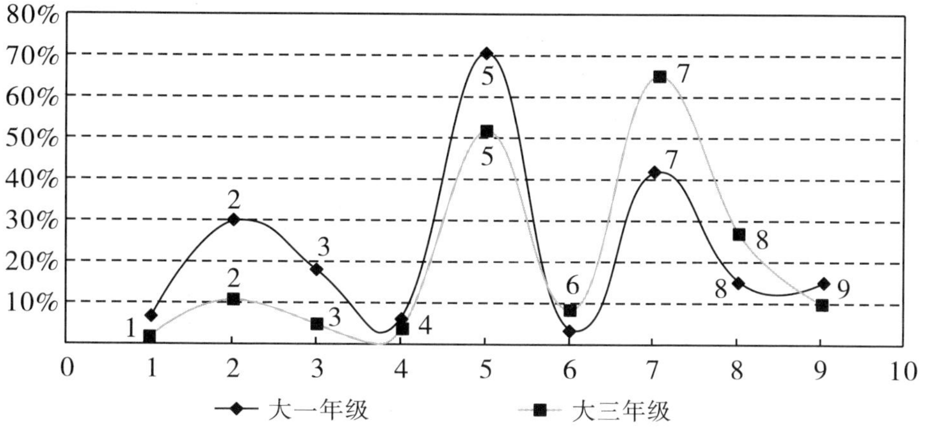

注：图中横坐标1、2、3、4、5、6、7、8、9分别代表表11-12中9个误概念，纵坐标是相应的人数比例。

图11-12　放热反应与吸热反应误概念的调查结果

错误的比例明显增大，说明他们对于能量变化的本质原因和变化过程没有很深入地探究和理解，导致不会依据化学键能量高低和反应物与生成物稳定性强弱来判断化学反应是吸热还是放热。

（6）热化学方程式

表11-13　热化学方程式误概念的调查结果

误概念＼年级	大一年级	大三年级
①燃烧反应的热化学方程式中 H_2O 做生成物，可以是气态	18%	15%
②可逆反应放出的热量即为该反应的反应热	74%	15%
③热化学方程式中的 ΔH 的单位是 kJ	30%	44%
④热化学方程式中的化学计量系数指的是分子数	12%	4%

分析上表，可以发现有关于热化学方程式的误概念较少，但还是存在一些规律性的调查结果。

纸笔测验上解题细心、对概念记忆牢固的大一年级学生在书写热化学方程式时注意了生成物的状态和反应热 ΔH 的单位这些细节，因此在这些方面出错的概率要比大三年级学生小。

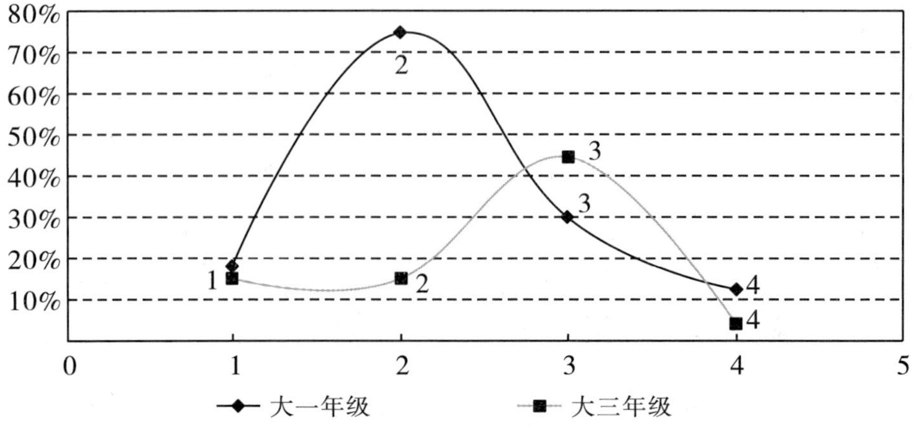

注：图中横坐标1、2、3、4分别代表表11–13中4个误概念，纵坐标是相应的人数比例。

图 11–13 热化学方程式误概念的调查结果

但是在热化学方程式表示的意义上，大一年级学生还不能够深入剖析热化学方程式中化学计量系数与反应热、可逆反应的反应热与焓变的关系。在这些概念中，大一年级学生出现错误的比例明显大于大三年级学生。因此在热化学方程式概念教学中，应该剖析化学计量系数与反应热的关系，进一步解释物质与能量的关系。在讲化学平衡时可以再对可逆反应的反应热与焓变进行加深讲解，达到温故知新的目的。

三、结论

结合调查统计结果，研究者将误概念拥有人数占总人数的百分比大于50%的称为普遍存在的误概念，将百分比大于20%且小于50%的误概念称为部分存在的误概念。大一年级和大三年级化学专业学生在学习能量守恒（盖斯定律）、中和热、燃烧热、放热反应与吸热反应、活化能、热化学方程式六个热化学相关概念时存在的误概念统计结果如表11–14所示。

表11-14　普遍存在的热化学误概念统计表

概念	普遍性	普遍存在的误概念
能量守恒（盖斯定律）	B	①能量耗散说明能量降低 ②能量在不同物体间不能等量转化 ③没有物质变化，也会有能量变化
	O	直接燃烧与转化为其他形式物质燃烧放出的热量不同
活化能	B	无
	O	吸热反应，逆反应活化能大于正反应活化能
燃烧热	B	燃烧热与物质状态无关
	O	直接燃烧与间接燃烧放出的热量不同
中和热	B	无
	O	①中和热与除 H_2O 外的其他物质的生成无关 ②生成沉淀对中和热无影响
放热反应与吸热反应	B	吸热反应不是贮存能量的过程
	O	无
热化学方程式	B	无
	O	可逆反应放出的热量即为该反应的反应热

注：字母 B 表示两个年级学生均有的误概念；字母 O 表示仅大一年级学生拥有的误概念。

大三年级学生普遍存在的误概念的数量小于大一年级学生普遍存在的误概念数量。分析存在差异的原因，主要是两个年级学生对热化学相关概念本质的理解程度不同。随着年级的增长和学习的深入，大三年级学生经过对化学专业基础课程——物理化学的系统学习之后，掌握了热力学第一定律、碰撞理论、温度对反应速率的影响等理论知识，形成了牢固、稳定的认知结构。因此大三年级学生更容易提取相关知识，运用热化学相关概念的本质特征对相关问题进行准确的判断。而大一年级学生则倾向于用一些热化学相关概念的非本质特征进行判断，如在比较煤炭直接燃烧与转化为水煤气燃烧放出的热量时，大一年级学生很容易猜想“既然转化成了水煤气，那么水煤气燃烧放出的热量肯定比煤炭直接燃烧放出的热量多，否则就没有转化的价值了”。这是一种主观的想法，没有抓住“能量与转化途径无关，只与初末状态有关”的本质。

通过访谈学生，结合文献研究，分析得出学生存在误概念的原因有以下几种可能。

（1）阶段性学习的影响

高中和大学是两个学习阶段，高中阶段的教材中没有对概念进行详细介绍，教师也没有注重从多角度对概念进行剖析和解释，例如活化分子、有效碰撞、活化能与反应热之间的关系等，导致大一年级学生对这些概念一知半解，或者只是记住了类似于“催化剂能够降低反应活化能”的结论，对原因并不了解，没有形成判断概念本质特征的认知结构，从而出现误概念。

（2）教材中相关内容安排设置的顺序相隔较远，学生难以建立联系

例如大学教材《物理化学》（科学出版社，2008）中“关于物质的热力学标准态的规定”是在第 1 章第 7 节介绍的，而“标准摩尔燃烧焓”是在第 1 章第 8 节介绍的，此时教材中也没有再次强调对标准态的规定，导致学生很容易忽略压强对于燃烧焓的影响。教材中相关内容安排的顺序相隔较远，没有联结，易使学生概念零散化，知识链条不紧密，难形成稳定的、牢固的认知结构，导致提取时发生困难。

（3）学生头脑中错误的前概念影响了科学概念的建构

学生头脑中一些先入为主的日常生活经验（如燃烧需要氧气、燃烧产物都是氧化物等），非常牢固，很难改变，很大程度上影响了化学科学知识的建构，对科学概念的形成造成负面影响，导致产生误概念。

（4）对概念的理解不透彻

学习新的科学概念，除了辨析概念的内涵所包含的各个要素和属性特征之外，还要进行有针对性的辨析，在不同的问题情境中熟悉概念的本质内涵。如果对概念只有表面的认识，或者只知道和记忆它的定义，则不能够真正理解它的本质。例如在学能量守恒概念时，学生出现“能量耗散说明能量在数量上减少了”的误概念，就是因为没有牢牢把握住能量守恒的本质，被“能量耗散”字词表面意思迷惑而出现误概念。

（5）教材中对概念的表述不完善

高中教材选修《化学反应原理》（人民教育出版社，2007）中对燃烧热的定义是“101 kPa 时，1 mol 纯物质完全燃烧生成稳定的氧化物时放出的热量，叫作该物质的燃烧热”。这个定义限定了燃烧反应的生成物只能是氧化物。而完全燃烧的一种定义为：C，H 和 S 与氧发生反应分别生成 $CO_2(g)$，$H_2O(l)$ 和 $SO_2(g)$，Cl 元素变为 HCl(aq)，对于其他元素，数据表中会注明[1]。完全燃烧还有一种定义：“燃烧产物处于稳定的聚集状态，规定燃烧物中的 C 转变为 $CO_2(g)$，H 转变为 $H_2O(l)$，S 转变为

[1] 许嘉璐 . 中国中学教学百科全书：化学卷［M］. 沈阳：沈阳出版社，1990 ：12.

$SO_2(g)$，N 转变为 $N_2(g)$ 等。”[1] 由此可见，高中教材对燃烧热的定义是不完善的，导致学生产生“燃烧反应的产物都是氧化物”的误概念。

（6）学生不会分析化学反应过程中能量变化的影响因素的作用原理

学生只知道什么是中和热，但对于沉淀的生成、弱酸弱碱的生成如何影响中和热并不清楚。这说明学生不会联系相关知识来分析影响因素的作用原理，学到的知识是惰性知识。

[1] 朱传征，褚莹，许海涵. 物理化学［M］. 第 2 版. 北京：科学出版社，2008.

第四节　热化学概念转变的研究

基于前概念和误概念调查结果，自编热力学概念转变研究的专家访谈提纲，咨询中学教师及化学教育专家有关对学生进行概念转变的教学策略和教学建议。

热化学概念转变研究访谈提纲

一、中学教师访谈问题

1. 请问能量耗散与能量守恒矛盾吗？为什么？

2. 无论是强酸和强碱反应，还是弱酸和弱碱反应，只要都生成 1 mol H_2O，那么它们放出的热量就应该相等。请问这个想法对吗？为什么？

3. 如果酸碱中和反应不仅生成了 H_2O，还生成了沉淀，对中和热有影响吗？

4. 通过调查了解到学生在学习燃烧热时，存在一些错误的认识。例如他们认为“燃烧产物都是氧化物，而且不能再继续燃烧”“燃烧热与物质状态无关”“直接燃烧与间接燃烧放出的热量是不同的”。在教学过程中，您怎么处理这些问题？

5. 对于哪些反应是放热反应，哪些反应是吸热反应，该如何判断呢？学生总是会记混淆，如何才能清晰、准确地判断反应是吸热还是放热呢？

6. 请问活化能的意义是什么？学生不容易理解什么是活化能，活化能与反应的热效应有什么关系？

7. 可逆反应也会有能量的变化。那么可逆反应的反应热能够得到吗？

二、化学教育专家访谈问题

对于一些比较难理解的概念，例如化学能、活化能、盖斯定律、热化学方程式等，您认为哪些方法有助于学生更好地理解、巩固知识难点？

针对学生存在的误概念，教师有哪些教学策略能够帮助学生进行概念转变呢？通过对高中优秀化学教师、高校的化学教育专家进行咨询访谈，探讨概念转变的教学策略。访谈的问题和探讨的方向来源于前概念和误概念的调查结果。字母 A 表示研究者，其他字母表示访谈对象姓名的首字母。

一、能量守恒概念转变策略

为了探究教师将学生学习能量守恒概念过程中普遍存在的误概念转化为科学概念的教学策略，研究者对优秀化学教师进行了访谈。

“能量守恒”访谈记录

A：请问能量耗散与能量守恒矛盾吗？为什么？

B：能量耗散是对一个体系或一个物体而言的。而体系与体系、物体与物体之间都会发生或多或少的能量交换，这种能量交换有时是有益的，例如系统降低的内能转化为机械能。但也有一些内能由于摩擦而产生热量，从而使体系中可用于转化为有用功的能量降低。因此耗散的能量是指系统损失的能量中不能提供有用功的部分。能量守恒指的是体系始末状态不变，体系的总能量不变。如果体系当中一个物体的能量减少了 10 J，那么肯定有另一个物体的能量增加了 10 J，即能量在不同物体间是可以等量转化的。但是能量变化的基础是物质变化，如果没有物质变化，就不可能有能量变化。这里的物质变化不仅指化学变化，也可以是物理变化，如物质状态的变化，溶解过程等。

根据能量守恒的访谈内容分析，教师运用对比法，对能量耗散和能量守恒两个概念进行对比。用学生可以理解的语言文字描述这两个概念的本质特征，让学生理解能量耗散是指可利用的有用功的能量减少，与能量守恒并不矛盾，帮助学生将科学概念内化到自己的认知结构中。

二、中和热概念转变策略

针对两个年级的学生在学习中和热过程中普遍存在的酸碱的强弱对中和热的影响、沉淀的生成对中和热的影响两个问题对化学教师进行访谈。

“中和热”访谈记录

A：无论是强酸和强碱反应，还是弱酸和弱碱反应，只要都生成 1 mol H_2O，那么它们放出的热量就应该相等。请问这个的想法对吗？为什么？

B：先不评判这个的想法正确与否。我先问个问题，稀释浓硫酸是放出热量还是吸收热量？

A：放出热量。

B：对的。那么强碱溶于水是放出热量还是吸收热量？

A：放出热量。强酸强碱稀释时都会有能量的变化，所以同样生成 1 mol H_2O，强酸和强碱反应放出的热量应该要比弱酸和弱碱反应放出的热量多。

A：如果酸碱中和反应不仅生成了 H_2O，还生成了沉淀，对中和热有影响吗？

B：酸和碱反应生成的是什么物质呢？

A：盐和水。

B：在讲酸碱盐在水溶液中的电离时讲过盐是电解质，在水溶液中会电离生成自由移动的阴阳离子，即使是难溶盐也是如此。升高温度可以使电解质的电离程度增大，由此能判断出难溶盐的电离是吸热反应还是放热反应吗？

A：应该是吸热反应。

B：如果还不是很确定，再用流程图的形式进行表述，解释一下。

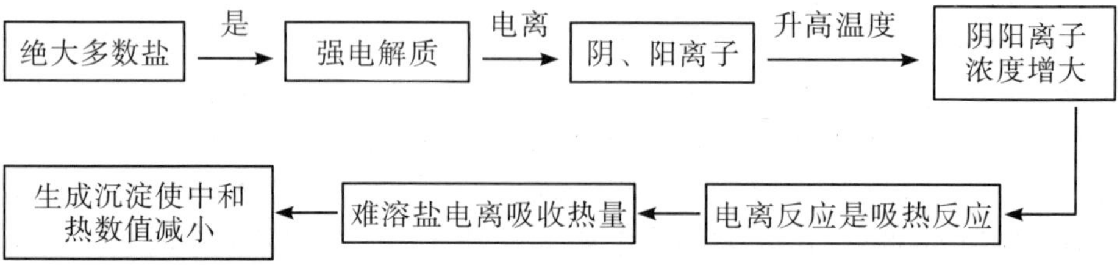

A：现在非常清楚了。

分析上述访谈记录的内容，教师在转变学生学习中和热的错误理解时，运用了图式的表征方法，将不可见的概念用可见的概念图式表达出来，生动形象地反映出了酸碱反应生成的难溶盐是强电解质，在水溶液中电离会吸热的关系，学生就不难得到沉淀的生成对中和热是有影响的结论。通过访谈学生，研究者了解到当教师单纯地用文字描述概念之间的关系时，学生会觉得一团乱麻；但如果教师用图式的方法，那么学生就可以自己观察和思考，从而发现自己的错误，得到正确的结论，且印象非常深刻。因此图式表征是一种高效的概念转变的教学策略。

三、燃烧热概念转变策略

在学习燃烧热概念时，学生普遍存在错误的认识。针对这些错误认识，研究者对教师进行了访谈，探查如何转变学生错误的认识，使其形成科学认识的教学策略。

“燃烧热”访谈记录

A：通过调查了解到学生在学习燃烧热时，存在一些错误的认识。例如他们认为“燃烧产物都是氧化物，而且不能再继续燃烧”“燃烧热与物质状态无关”“直接燃烧与间接燃烧放出的热量是不同的”。在教学过程中，您怎么处理这些问题？

B：①对于燃烧，学生初中就接触过，可以先让学生说出初中课本对燃烧的定义——燃烧是一种发光、发热的剧烈的氧化反应[1]。再请同学们回忆钠、铜、铁等与氯气反

[1] 人民教育出版社课程教材研究所，化学课程教材研究开发中心．化学（九年级上册）[M]．北京：人民教育出版社，2006.

应的现象，询问这些反应是否为燃烧反应。学生就会思考得到“燃烧不一定需要氧气，但肯定是氧化还原反应，而不是初中所讲的氧化反应”的结论。这是一种新旧知识的联系与对比，让学生感受到科学知识是在不断地完善。

②对于“燃烧热是否与物质状态有关”的问题，我会让学生先观察这两个热化学方程式：$H_2(g)+\frac{1}{2}O_2(g)=H_2O(l)$　$\Delta H_1=-285.8$ kJ/mol，$H_2(g)+\frac{1}{2}O_2(g)=H_2O(g)$　$\Delta H_2=-242$ kJ/mol。给他们一些思考的时间，大部分学生都能发现生成物 H_2O 的状态不同，反应放出的热量也不同。这是客观事实，我们也可以根据已有经验推理，物质由气态转化为液态时放出热量，那么生成前者放出的热量就要小于后者。由此可见物质状态对燃烧热是有影响的，而且物质状态对所有类型的反应热都是有影响的。

③直接燃烧和间接燃烧，反应放出的热量是否相同？

可以类比学生熟悉的生活实例——登山。如右图所示。

一个人要从山底的 A 点到达山顶的 B 点，从 A 点出发，无论通过何种方式到达 B 点，他所处的 B 点位置的海拔高度相对于 A 点来说都是 400 m，因此山的高度与上山的途径无关。可以将 A 点看作是反应物体系的初始状态，将 B 点看作生成物体系最终状态，山的高度相当于反应热，那么无论中间经过多少步反应，反应热都是不变的。因此无论是直接燃烧还是间接燃烧，放出的热量是相同的。

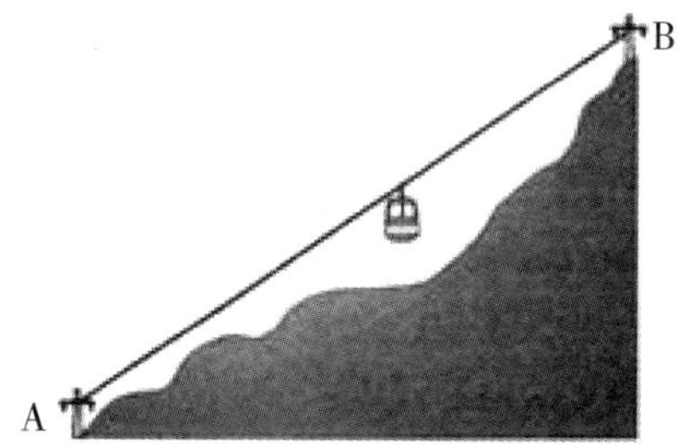

山的高度与上山的途径无关

分析“燃烧反应必须有氧气的参与”的误概念转变策略时，教师运用了样例的方法，举出了学生已学的、熟悉的、典型的燃烧反应——钠与氯气的燃烧反应，学生会立即明白燃烧反应不一定有氧气的参与，再稍加思考就会推断出燃烧反应可以没有氧气的参与，但燃烧反应必然是氧化还原反应，从而认识到初中课本对于燃烧反应的定义是狭隘的、偏颇的，甚至可以说是错误的。课堂教学中所列举的样例必须具有典型性、代表性，是能够表现事物或现象的本质属性的具体实例[1]。

在解决学生存在的“燃烧热与物质状态无关”的问题时，教师不是直接告诉学生答案，而是让学生观察和比较两个简单的、熟悉的热化学方程式。经过观察和分析，学生会发现 H_2O 的状态不同，燃烧热的数值也不同，从而得到燃烧热与物质状态有关的正确结论。在这里，教师运用了学科专业符号——热化学方程式进行表征，更简明、直观地表现出燃烧热与物质状态的关系。

[1] 丁伟. 氧化还原反应相关概念内部表征的研究 [D]. 上海：华东师范大学，2008.

为了让学生理解等物质的量的物质直接燃烧与间接燃烧放出的热量是一样的，教师运用了抽象概念具体化模型，将抽象的反应物的初始状态和生成物的最终状态用实际生活当中的山脚（A）和山顶（B）来类比，将反应热类比为B相对于A的海拔高度。当然这里也必须用到图式的方法，将图画出来或者投影出来，让学生更直观地观察、思考。然后教师用语言描述从山脚出发，无论是坐缆车直接到达山顶，还是步行攀登到达山顶，山顶（B）的海拔相对于山脚（A）来说都是不变的。而对于燃烧反应来说，只要反应体系的初始状态和最终状态不变，无论是一步反应还是多步反应，总的反应热是不变的。抽象概念是指没有具体对象的概念。这些抽象概念难以理解，必须将其具体化、实例化、形象化、直观化，才能更容易理解。将抽象概念具体化、实例化的过程就是抽象具体化模型。

四、放热反应与吸热反应概念转变策略

一个化学反应是放热反应还是吸热反应，学生难以辨别。针对这个问题，研究者对中学优秀化学教师进行了访谈。

“放热反应与吸热反应”访谈记录

A：对于哪些反应是放热反应，哪些反应是吸热反应，该如何判断呢？学生总是会记混淆，如何才能清晰、准确地判断反应是吸热还是放热呢？

B：判断反应吸热还是放热的方法主要有四种。

①根据反应物和生成物能量的高低来判断。一种是直接给出反应物和生成物的能量数值，另一种是通过化学反应过程中的能量变化图，如右图所示。无论通过何种方式表达，如果反应物的总能量大于生成物的总能量，是放热反应；反之，则是吸热反应。

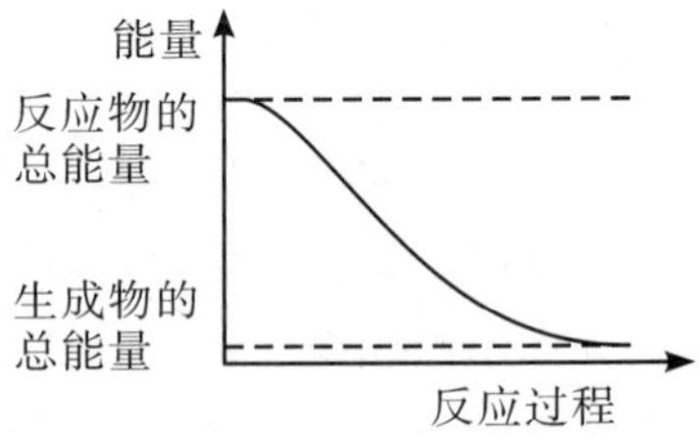

化学反应中的能量变化

②根据反应物和生成物总键能的高低来判断。在讲有机化学时，我们就知道物质的键能越高，物质越稳定，能量越低。因此，如果反应物的总键能高于生成物的总键能，反应吸热；反之反应放热。

③根据正、逆反应的活化能高低来判断。正反应的活化能高于逆反应的活化能时，正反应为吸热反应。

④根据实验现象来判断。例如将铁粉和硫粉放在试管中，点燃酒精灯加热，会看到铁粉和硫粉剧烈反应，有红热现象。移去酒精灯，红热现象依然存在。说明该反应是放热反应。同样，我们根据大量的实验事实归纳得到如下结论。

放热反应和吸热反应的类型

放热反应	吸热反应
中和反应、燃烧反应、活泼金属与酸的反应 大多数化合反应 大多数氧化还原反应 （特例：$C+CO_2=2CO$ 是化合反应，但也是吸热反应）	弱电解质的电离反应 盐类的水解反应 $Ba(OH)_2 \cdot 8H_2O$ 与 NH_4Cl 的反应 特殊反应：$C+CO_2=2CO$　$C+H_2O=CO+H_2$

基于上述访谈结果进行分析，在讲授放热反应与吸热反应时，教师从两个角度来总结。一种是从化学反应过程中的能量变化角度，包括：反应物和生成物总能量的高低，反应物和生成物总键能的高低，正反应和逆反应活化能的高低。另一种是从大量的实验经验中总结归纳出来的放热反应和吸热反应的反应类型。这是一种原型的表征形式，原型是包含类别中的所有特征的抽象物，原型可以是类别中具体的样例，也可以是使用大量样例的综合形式[1]。例如，所有的中和反应、燃烧反应和活泼金属与酸的反应都是放热反应，这并没有举出具体的实例，而是对大量样例的简单描述。

五、活化能概念转变策略

活化能是一个非常抽象的概念，学生对于"什么是活化能？"问题的回答总是"不知道"。虽然知道催化剂可以降低反应活化能，但不知道活化能概念的内容，分析活化能与反应热的关系对学生来说就更困难了。因此非常有必要与教师进行访谈沟通，了解他们在活化能教学过程中比较好的概念转变策略。

"活化能"访谈记录

A：请问活化能的意义是什么？学生很难理解这个概念，活化能与反应的热效应有什么关系？

B：我们来看化学反应过程中的能量图，其实活化能就好比跨栏运动员要跨的栏高。跨栏运动员要想达到终点，必须要跨过每一个栏杆。而反应物分子要想参与反应，也必须要越过能垒，使其能量高于分子的平均能量，高出

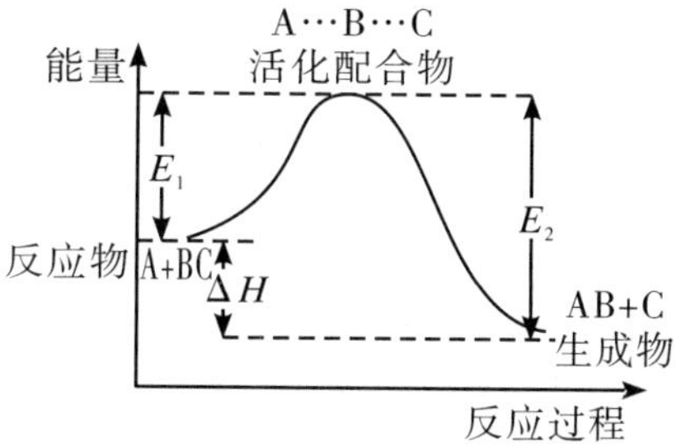

反应过程的能量图

[1] 丁伟. 氧化还原反应相关概念内部表征的研究［D］. 上海：华东师范大学，2008.

部分的能量称为活化能。能垒越高，越过能垒的分子越少，反应越难进行。这就很容易理解为什么活化能越高，反应越难进行，反应条件越苛刻了。

如果设 E_1 为正反应的活化能，E_2 为逆反应的活化能，则反应物需要吸收能量 E_1 达到活化状态，然后再释放出能量 E_2 达到生成物终态。如果 $E_1>E_2$，则说明吸收的热量多，放出的热量少，反应为吸热反应；反之，为放热反应。

活化能的概念非常抽象，学生头脑中没有与活化能对应的对象，因此就难以理解它的意义。针对这个问题，B 老师运用具体化模型，将化学反应所需要的活化能类比为具体的、可见的跨栏运动员必须要跨过的跨栏栏杆，并且将其简单地解释为反应物要想参与反应，必须越过的能垒。这样学生头脑中对活化能就有了对应匹配的对象，形成映射。通过访谈学生，了解到他们很希望老师用通俗易懂的语言，或者用他们见过的事物来类比这些抽象的概念，这样他们不但更容易理解这些概念，而且还会印象深刻。因此，抽象具体化模型是一种较好的概念转变模型，尤其是针对抽象概念。在用抽象具体化模型使学生理解了活化能的定义之后，教师再结合图式的方法来讲解正、逆反应活化能与反应热的关系，就比较容易了。

六、热化学方程式概念转变策略

学生在学习热化学方程式时知道化学反应伴随能量的变化，可以用热化学方程式来表示反应过程中的能量变化。但是学生会误认为可逆反应过程中的能量变化就是该可逆反应的热化学方程式中的反应热值。那么教师是如何针对这个问题对学生进行概念转变的呢？

“热化学方程式”访谈记录

A：可逆反应也会有能量的变化。那么可逆反应的反应热能够得到吗？

B：可逆反应热化学方程式中的反应热，表示的是各物质物质的量按照计量系数完全反应时的能量变化。但是可逆反应是不可能进行完全的，因此可逆反应的反应热是得不到的。例如“$N_2(g)+3H_2(g)=2NH_3(g)\quad \Delta H=-92.0\ kJ/mol$”表示的是 1 mol $N_2(g)$ 和 3mol $H_2(g)$ 完全反应放出 92.0 kJ 的热量。但实际反应是不可能完全进行的，因此反应放出的热量小于 92.0 kJ。

对于可逆反应实际反应中的能量变化，学生普遍认为可逆反应的反应热就是热化学方程式中的反应热。针对这个问题，B 老师采用学科专业符号表征方法与样例法，对“$N_2(g)+3H_2(g)=2NH_3(g)\quad \Delta H=-92.0\ kJ/mol$”这个热化学方程式进行剖析，强调热化学方程式中的反应热是指反应物的物质的量按化学反应方程式中各物质的化学计量系数完全反应时放出的能量。而对于可逆反应来说，化学反应是不可能进行到底的，即反应物是不能完全反应的，那么放出的热量也就会小于热化学方程式中的反应热。

七、概念转变策略

通过对教师的访谈，研究者总结出了教师在热化学相关概念教学过程中运用的概念转变策略：对比策略、图式策略、样例策略、化学语言策略、模型策略、原型策略、变式策略等。针对不同的热力学相关概念，应选择合适的概念转变策略。详见图 11–14。

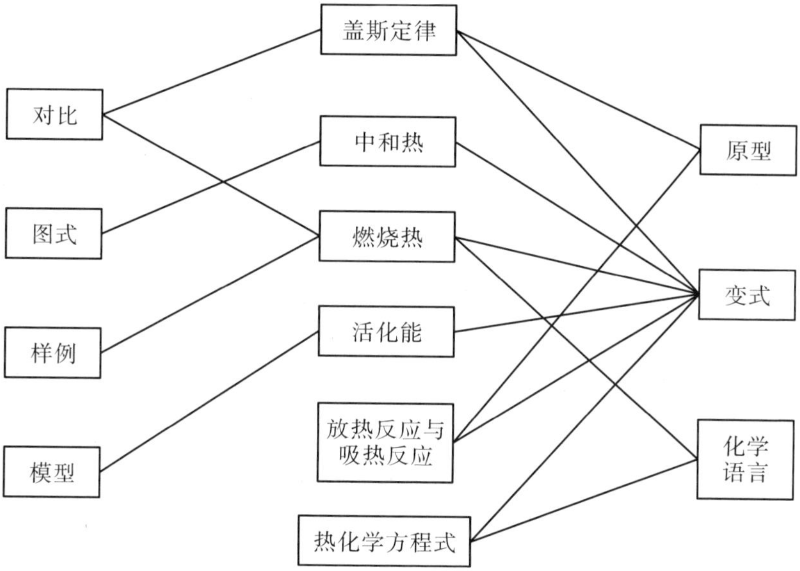

图 11–14　热化学概念转变的教学策略

1. 对比策略

对比策略是用对照的方式确定事物的相同点和不同点，发现概念的本质特征的方法。

2. 图式策略

在讲关系比较复杂的概念时，教师可以运用图式法将概念之间的关系清晰、准确地表达出来，帮助学生梳理概念之间的关系。图式是一种综合的表征形式，包括组块结构化、命题网络化、情境模型等表征形式[1]。图式策略是一种高效的、受学生欢迎的概念转变方法。

[1] 丁伟. 氧化还原反应相关概念内部表征的研究［D］. 上海：华东师范大学，2008.

3. 样例策略

样例策略是用能够代表概念本质属性的典型的、具体的实例来表达概念的方法。

4. 化学语言策略

化学语言策略是用化学学科专业符号来表示概念特征的方法。化学的专业符号有化学式、化学方程式等。运用化学专业符号可以让学生从化学角度高效地分析物质的性质及影响物质的因素等。

5. 模型策略

模型策略是用生活中常见的具体物体或现象来对应学生头脑中没有对应对象的抽象概念。

6. 原型策略

原型策略是将具有相同性质的大量样例，用简单的、综合的方法表示出来。如在讲放热反应时，教师不必将所有的燃烧反应的实例都列举出来，可以用“燃烧反应”这四个字来综合描述所有的实例。

7. 变式策略

变式策略是指改变概念的非本质特征，学生通过分析、比较，归纳、总结出概念的本质特征。例如有关盖斯定律计算的题目成千上万，不同的都是非本质特征，而本质特征都是一样的，即抓住能量守恒，只要系统的始末状态相同，系统的能量就不变。教师在设计变式练习时，要注意知识和方法的迁移，包括新的科学概念与已学科学概念的联系和差异，微观与宏观相互转化的角度等，帮助学生从多个角度来认识概念。

八、概念巩固策略的探讨

基于前概念和误概念的调查结果，研究者咨询优秀中学教师及化学教育专家，探讨有关学生进行概念转变的教学策略和教学建议。

概念巩固的访谈记录

A：对于一些比较难理解的概念，例如化学能、活化能、盖斯定律、热化学方程式等，您认为哪些方法有助于学生更好地理解、巩固知识难点？

Z：学习完概念，教师可以让学生做教材上的典型例题。盖斯定律的应用是一个重点，也是学生深刻理解能量守恒的关键。教材中对盖斯定律计算例题的处理有两种方式，一种是化学方程式的相加减，另一种是画出图式，清晰地表示出各反应之间的关系。那么教师以此为启发，用这两种方式或者自己设计更多的方式去进行例题或习题分析，给学生以指导，让学生从多角度认识概念，理解概念的本质，这样就巩固了盖斯定律。教师还需要提供一些补充练习、小测等，较多的习题练习能够让学生在做题过程中明白哪些是重点概念，对这些重点概念的考查题型有哪些。例如学生通过较多地练习就会发现热化学相关概念的题目主要考查的知识点：（1）根据文字描述或反应过程图式写出热化学方程式，在书写过程中要注意注明物质的状态、反应热的正负号、反应热与物质的量相对应等。（2）对燃烧热的概念的理解。这里要注意的是生成物的状态必须是稳定的状态，常考的有水必须是液态 $H_2O(l)$。还要注意燃烧热指的是 1 mol 纯物质燃烧生成稳定的物质放出的热量，所以该物质必须是 1 mol，如 H_2 的燃烧热是 −285.8 kJ/mol，那么 H_2 燃烧的热化学方程式就应该这样写：$H_2(g)+\frac{1}{2}O_2(g)=H_2O(l)\quad \Delta H=-285.8\ kJ/mol$。（3）盖斯定律的计算，教师可以用学生生活中非常熟悉的例子，将抽象的概念类比到具体的情境中，那么学生理解起来就比较容易了，也能够很快地找到概念的本质特征。

化学教育专家分析认为，最主要的概念巩固方法是变式法。变式法是在教学过程中，通过变换概念的非本质特征的方式，请学生多次尝试去辨析和区分，让学生准确掌握概念的主要本质特质，从而达到巩固概念本质内涵的目的。改变事物的非本质特征来突出事物的本质特征，是为了让学生对概念有多角度的认识。教师在教学中可以创新性地设计变式练习，帮助学生对概念本质的理解。

九、概念的学习路径

第一，从前概念到科学概念。学习者所持有的前概念经过教学后转变为科学概念，概念转变指将与科学概念相悖的前概念转变为科学概念的过程。

第二，直接建构科学概念。零起点上形成科学概念，它是一个从无到有的过程，从片面的概念转变为完善的科学概念的过程。

第三，从误概念到科学概念。从误概念转变为科学概念的过程，概念转变指个体原有的某种知识经验由于受到与此不一致的新经验影响而发生的重大改变，即从已有知识经验到科学概念的变化。

波斯纳（G. J. Posner）在皮亚杰的认知建构主义理论和库恩的科学史与科学哲学对知识的范式更替观点的基础上提出了概念转变模型。他提出了促使学生进行概念转变的四个条件[1]。

[1] PONSER G J，SKRIKE K A，HEWSON P W，et al.Accommodation of a scientific conception: Toward a theory of conceptual change [J]. Science Education,1982，66（2）：211-227.

（1）学生必须对已有概念不满（Dissatisfied）：学生在进行问题解决时，头脑中已有的概念难以解决问题，此时学生才愿意进行概念转变。

（2）学生必须对新概念有最低限度的理解（Intelligibility）：学生对于新概念有一定的理解，并能够把握概念之间的关系。

（3）新概念初次出现时必须显得合情合理（Plausibility）。

（4）新概念的有效性（Fruitfulness）：学生能够运用新概念有效地解决问题。

泰森（Tyson）等提出根据概念转变水平以及已有认知结构的改变方式，将概念转变归纳为两种途径：充实和重建。充实是在现存的概念结构中增加或删减概念，或是对现存的概念结构进行区分、合并或增加层级组织。重建是为了解释旧知识或说明新知识而创造的新结构，在某一概念或某一整套概念的内部结构中，要考虑理论中的变化对概念进行重组。

第五节　不同年级大学生热化学概念的认知比较

一、研究的问题与方案

本节旨在探查不同年级大学生在应用热化学相关概念解决问题时存在的差异。

概念的认知发展与问题解决紧密相连。为了探查学生应用概念解决问题的情况，进一步揭示学生认知热化学概念的一般规律，深入了解学生对热化学相关概念之间关系的理解情况，探讨学生对热化学概念及原理的本质是否有深刻的理解，研究者试图在热化学问题解决中寻找答案。

依据现行高中化学教材必修《化学 2》（人民教育出版社，2007），选修《化学反应原理》（人民教育出版社，2007）及《物理化学（第二版）》（科学出版社，2008）的相关内容，编制了热化学概念应用测验。

全卷测验题目类型为简答形式，共四题。主要探讨在运用所学的六个热化学相关概念到具体的问题情境中时，不同年级大学生问题解决的差异。

为了更深入地探查学生对热化学相关概念的认知情况，研究者对部分学生进行了深度访谈，细致了解大学生对热化学相关概念的理解及认知差异。问卷具体内容如下。

热化学概念应用测验

1. 根据右图，回答问题。

（1）右图所示的反应是放热反应还是吸热反应？

（2）你的判断依据是什么？

（3）请写出该反应的热化学方程式。

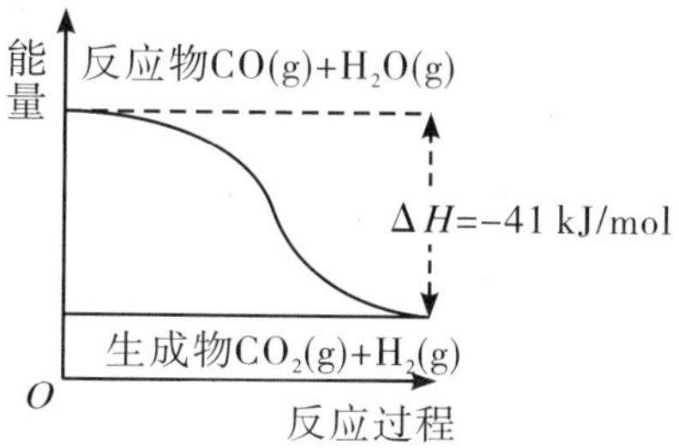

能量变化图

2. 依据事实，写出下列反应的热化学方程式。

（1）1 mol N_2 与适量 H_2 反应生成 NH_3，放出 92.2 kJ 热量。

（2）已知 H_2 的燃烧热为 −285.8 kJ/mol。

3. 工业制氢气的一个重要反应是 $CO(g)+H_2O(g)=CO_2(g)+H_2(g)$。

已知在 25℃时：

（1）C（石墨）+ $\frac{1}{2}O_2(g)=CO(g)$　　$\Delta H_1=-111$ kJ/mol

（2）$H_2(g)+\frac{1}{2}O_2(g)=H_2O(g)$　　$\Delta H_2=-242$ kJ/mol

（3）C（石墨）$+O_2(g)=CO_2(g)$　　$\Delta H_3=-394$ kJ/mol

试计算 25℃时 CO 与 H_2O 作用转化为 H_2 和 CO_2 反应的反应热。请写出计算过程。

4. 你能从下图中获取哪些信息？（E_1 是正反应活化能，E_2 是逆反应活化能。）

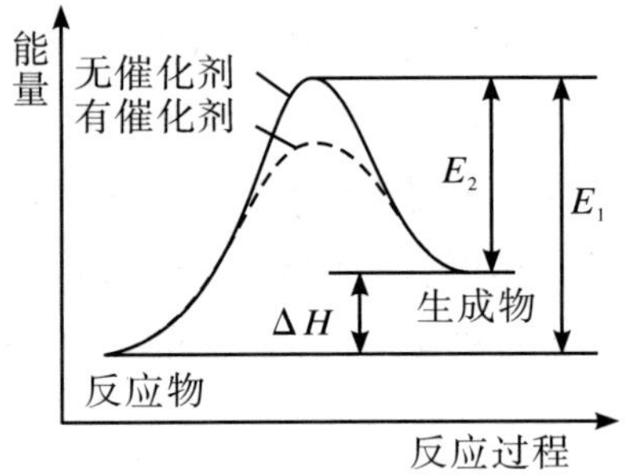

反应进程图

本节采用自编热化学概念应用测验为研究工具，其内容包括：放热反应与吸热反应的判定及判定依据，热化学方程式的书写，盖斯定律的应用，反应过程与能量图式的解读等。每个题目以“0”“1”进行记分，如题目 4 中常规问题有 6 个得分点，答对一个给 1 分，答错给 0 分，评分标准如表 11–15 所示。

表11–15　概念应用测验题目和评分标准

考查内容	题目	表述角度（总分 6 分）
能量与反应进程图式的信息获取	你能从下图中获取哪些信息？（注：E_1 是正反应的活化能，E_2 是逆反应的活化能。）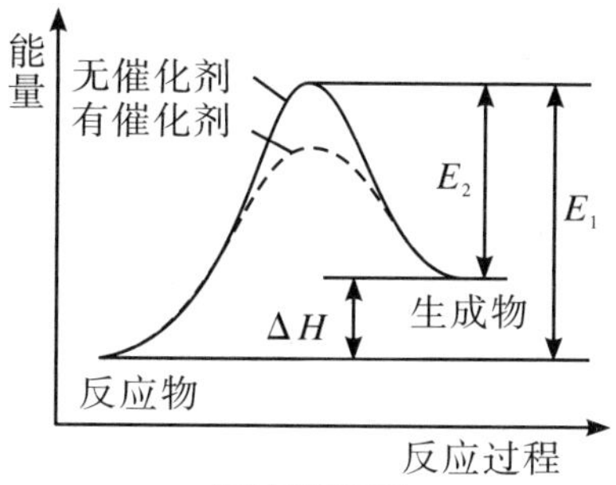反应进程图	①反应热 $\Delta H=E_1-E_2$（1 分） ②催化剂能够降低反应活化能（1 分） ③正反应活化能大于逆反应活化能（或 $E_1>E_2$）（1 分） ④正反应吸热（或 $\Delta H>0$）（1 分） ⑤逆反应比正反应更容易发生（1 分） ⑥正逆反应需要经过相同的中间状态（1 分）

为了探查学生的思维过程，研究者对部分学生进行了访谈沟通。了解到有些学生只是将图中直观反映出的信息写出来，如表述①、表述②、表述③。研究者将写出表述①、②、③的学生的认识层次定义为浅层次认知。还有一些表述内容，如表述④、⑤、⑥，是学生经过更深入地思考才得出的信息。研究者将写出表述④、⑤、⑥的学生的认识层次定义为深层次认知。

二、结果与分析

在获取相关测试数据后，运用统计软件对测试数据进行了统计，以探查不同年级学生在问题解决中概念应用的差异及影响因素。概念应用中测验分数统计结果如表 11–16 所示。

表11–16　热化学概念应用测验统计结果

	平均分	最高分	最低分	方差	标准差	t	Sig.（2–tailed）
大一年级	15.8	21	5	20.3	4.6	4.143	0.001
大三年级	17.9	22	7	14.2	3.8		

注：$p \leqslant 0.05$

从表 11–16 中的数据可以看出，随着年级的升高，学生在热化学概念应用测试中的平均分、最高分和最低分都越高，而且成绩的稳定性也高，分散程度低。这与学生的知识背景和热化学概念的认知结构有一定的关系。通过研究分析学生的测验结果，发现不同年级学生在准确书写热化学方程式，从反应过程与能量图式中获取信息等方面存在较大不同。原因可能在于大三年级学生第一学期已经学习了物理化学中有关热化学的内容，对热化学相关概念本质理解得比较深刻，而低年级学生不具备这些专业知识，因此在这方面失分比较多。

为了进一步详细分析两个年级的学生在应用热化学概念进行问题解决上的差异及学生在概念应用上存在的问题，研究者对学生的测验卷进行了初步分析，发现在放热反应与吸热反应的判定以及运用盖斯定律计算反应热方面，学生没有表现出较大差异。判断依据主要有“反应物和生成物总能量高低”及“反应热 ΔH 的正负号”。因此，这些内容的得分计入热化学概念应用测试的总分中，但不展开详细分析。主要对热化学方程式的书写，以及从反应过程与能量图式中获取信息两个方面进行具体分析。

（1）热化学方程式的书写

测验结果显示，如果给出反应物和生成物及其状态，学生基本都能准确书写热化学方程式。而如果只是语言描述，学生会出现漏写或错写物质状态，用箭头代替等号，写反应条件，反应热的正负号及单位写错，反应热的数值与化学计量系数的关系不符等问题。下面就对两个年级学生在热化学方程式书写方面出现的问题进行统计（数值表示拥有该错误的学生人数占总人数的百分比）。

表11–17 热化学方程式书写错误原因的统计结果

出错原因＼年级	大学一年级学生	大学三年级学生
①漏写或错写物质状态	38%	17%
②箭头代替等号	23%	32%
③写了反应条件	11%	12%
④反应热的正负号或单位写错	12%	6%
⑤反应热的数值与化学计量系数不符	23%	10%
⑥合成氨反应没写可逆号	70%	85%

从数据统计结果可以看出，在箭头代替等号，书写反应条件，合成氨反应没写可逆号这几个方程式书写规则方面，大一年级学生出错的比例比大三年级学生小。与学生进行访谈后，研究者了解到大一年级学生刚经过高考复习训练，对于书写格式的要求比较清楚。但是在漏写或错写物质状态，反应热的正负号或单位写错，反应热的数值与化学计量系数不符等反映热化学方程式的内在意义的题目中，大一年级学生出错的比例明显高于大三年级学生，说明大一年级学生对于反应热的意义，影响反应热的因素，热化学方程式中化学计量系数与反应热的关系的理解不深刻。相反大三年级学生在学过物理化学后，对于热化学相关概念的理解比较深刻、透彻，

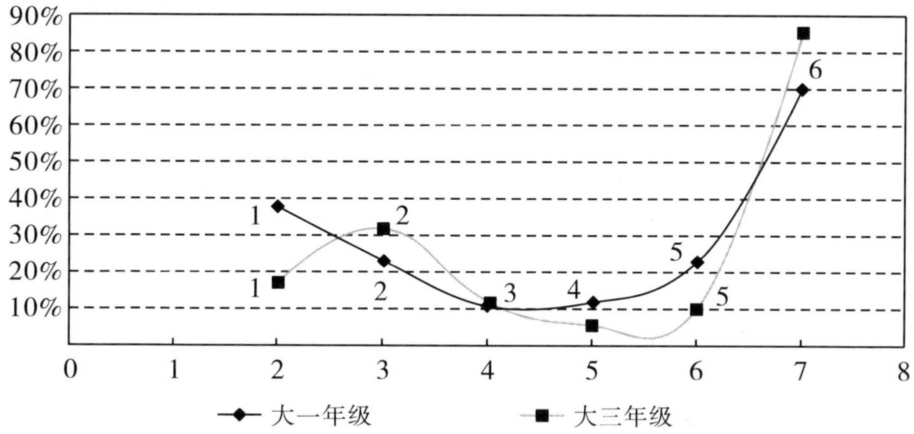

注：图中横坐标2、3、4、5、6、7分别代表表11–17中6个错误，纵坐标是相应的人数比例。

图11–15　热化学方程式书写错误原因的统计结果

能够从本质上分析反应热与热化学方程式的关系，了解影响反应热的因素，从而能够写出正确的热化学方程式。

（2）从化学反应过程的能量变化图中获取信息

测验结果显示，大一年级学生在本题中的得分明显低于大三年级学生，而且他们从图中获取的信息大都是浅层次的认知。将表11–15中“③正反应活化能大于逆反应活化能，②催化剂能降低反应活化能，①反应热 $\Delta H=E_1-E_2$”定为浅层次认知，因为这都是学生已有的知识或者可以直接根据图中可以得到的信息。将“④正反应吸热（或 $\Delta H>0$），⑤逆反应比正反应更容易发生，⑥正逆反应需要经过相同的中间态（催化剂不能改变反应热）”定为深层次认知，这是学生经过深层次的思考后得到的信息。现就对两个年级学生从反应过程与能量图式中获取信息的得分情况及认知层次进行统计和分析。

表11–18　化学反应过程与能量图式信息获取情况

	大一年级	大三年级
0~2分	68%	57%
3~5分	32%	43%
6分	0	0
无认识	23%	12%
浅层次认知	56%	52%
深层次认知	21%	36%

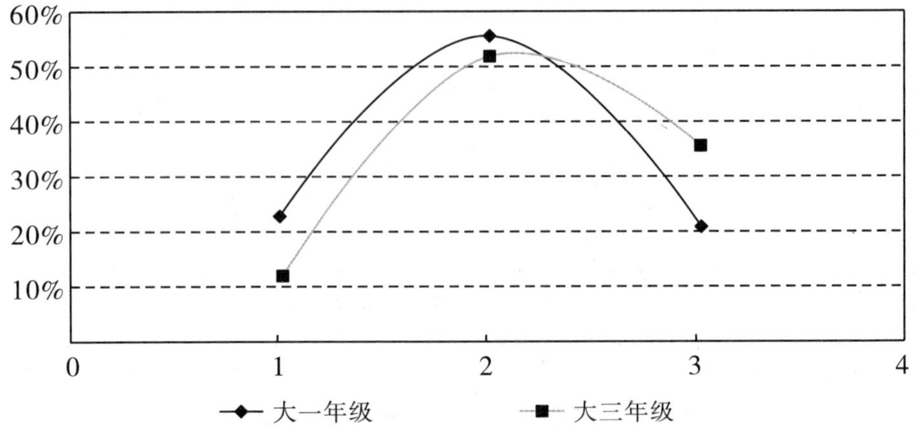

注：图中横坐标1、2、3分别代表表11–18中无认知、浅层次认知、深层次认知，纵坐标是相应的人数比例。

图 11–16 不同年级学生认知层次的比较

统计结果显示，大部分大一年级和大三年级学生都能从图式中获取浅层次认知。但深层次认知方面，对于大一年级学生来说只有小部分同学能做到，因为他们主要以记忆书本上的概念为主，如“催化剂能够降低反应的活化能”等。大三年级学生在学完物理化学后，对于化学反应的实质、催化剂的作用、活化能的意义认识得比较深刻，能够从反应过程与能量图式中发掘出深层次的信息并准确地表示出来。如果学生只停留在了解概念的定义，简单机械地联系概念的阶段，忽略概念内在的逻辑关系，就会影响知识的提取从而影响信息的获取，导致他们在应用概念解决问题的过程中力不从心。

为了探究在概念应用过程中教师如何设计问题情境，研究者对教育专家进行了访谈。

基于概念应用于问题解决调查结果的专家访谈

问：当学生学完某一概念时，通常都会去做练习。您认为什么样的题目能够帮助学生很好地应用概念解决问题呢？

答：在应用概念解决问题时，必须注意这样几个问题。首先，所设置的问题情境，考查的内容不能超过要求范围，否则学生很难应用概念解决问题；其次，题目的针对性要尽量比较强，便于学生提取概念；最后，必须借用具体的情境来促进学生对概念的理解。

分析专家的建议，研究者总结出教师在设计问题情境，让学生应用概念解决问题时要注意的几个问题：

（1）设置的问题情境考查的内容不能超过所学习内容的深度和广度范围。

（2）题目呈现的信息要具体明确，针对性强，便于学生提取概念。

（3）借助具体的，学生比较熟悉的情境设置问题。

（4）以不同的视角和不同的题型设计问题情境，发散学生的思维。

三、原因探析

1. 不同年级学生在应用概念解决问题的过程中存在显著性差异

随着年级的升高，学生在热化学概念应用测试中的得分越高。高年级学生经过了一段知识积累和发展变化的过程，热化学相关概念的认知水平得到了提高。高年级学生较清晰地理解概念的本质内涵，了解概念使用的条件，并且熟悉在不同任务情境中应用概念解决问题的方法，能够将问题解决的整个程序自动化联结，内化成自己随时可以提取的有用知识。大一年级学生应用概念解决问题的能力较弱，究其原因，主要有以下可能：

（1）没有形成判断热化学相关概念本质特征的认知结构。

（2）形成的认知结构不稳定，提取困难。

（3）没有形成应用概念解决问题的程序性方法。

2. 对概念本质的理解可以提高概念应用水平

应用热化学相关概念进行问题解决时，包含对热化学原理及基本概念的理解，不仅要求学生要有足够的知识背景，还要求学生对化学反应中能量变化的本质原因有清晰准确的认识。对概念的本质有准确的认识，可以促进学生对概念的理解，也可以帮助学生更容易地提取相关知识。如果学生对化学反应过程中能量变化的本质没有深刻的认识，那么他们的思维就很容易陷入呆板和保守的境地，难以创新和发现，甚至找不到问题的突破口。因此，加强学生对化学反应中能量变化的本质原因的理解可以提高概念应用的水平。

3. 设计问题情境时的注意事项

（1）考查内容不能超过要求范围。

（2）题目的针对性要强。

（3）借助具体的，学生比较熟悉的情境设置问题。

（4）以不同的角度、不同的题型设计问题情境。

因此，不同年级学生在问题解决中应用概念存在差异，总的趋势是随着年级的升高，学生概念应用的水平也在提高。但是，学生对化学反应中能量变化的本质认识普遍不够，因此在教学中，教师应该重视培养学生对化学反应中能量变化的本质认识。

第十二章 有机化学反应相关概念的认知研究

有机化合物指的是大部分含碳的化合物。碳元素在大自然中的含量较少，在地壳中所占的质量分数为0.087%，但是碳元素的化合物广泛分布于生产生活中。进入21世纪后，科学技术迅猛发展，被发现的天然有机物和人工合成的有机物已经超过8000万种。有机化学是研究有机物的组成、结构、性质、制备方法与应用的科学。有机物特定的化学组成和结构，决定了有机物在物理性质和化学性质上的特殊性，从而决定了其在社会生活和科学研究上的特殊用途。有机化学与生产生活有着极为密切的联系。

化学知识体系可分为有机化学和无机化学，其中有机化学知识内容在中学化学内容中所占的比例较小。初中化学知识内容中有机化学学习只是停留在两种常见有机物（酒精和醋酸）和营养物质的简单介绍层面。高中阶段有机化学知识编排在必修《化学2》和选修《有机化学基础》之中。

有机化合物、有机化学反应和有机官能团三部分构成了有机化学的基本内容，其中有机化学反应中的化学反应条件和化学反应机理是有机化学反应的核心内容。化学反应机理涉及官能团的结构、性质和转化，同时化学反应机理还与有机物的转化密切联系。因此，有机化学反应是将有机化合物和有机官能团联系在一起的桥梁。

有机化学知识是高中化学课程的重要内容之一。在中学化学中，有机化学概念具有数目繁多，难以被学生已有知识同化的特点。有机化学概念繁杂，死记硬背的方式令学生记忆困难，学习负担加重。学生先前一直在学习无机化学，突然转换到有机化学学习领域，在学习方法和学习基础上，都会略显陌生，在已有的无机化学学习策略中找不到有机化学知识同化的“固着点”。鉴于思维定式和迁移作用的学习心理，学生学习无机化学的方法会习惯性迁移到有机化学的学习中，从而造成了学习方法的误区。

有机化学反应即涉及有机化合物的化学反应。高中阶段化学课程内容涉及的主要基本有机化学反应类型包括取代反应、加成反应和消去反应。取代反应是指有机分子中的一个原子或原子团被其他原子或原子团所代替的化学反应。加成反应是指有机物分子中不饱和碳原子与其他原子或原子团直接结合生成新物质的化学反应。消去反应是有机化合物在一定条件下，从一个分子中脱去一个或几个小分子，生成含不饱和键化合物的化学反应。

本章聚焦于有机化学反应类型即取代反应、加成反应、消去反应等概念，着重探讨以下几个问题：

（1）学生对取代反应、加成反应、消去反应等有机化学反应类型的认识中存在哪些前概念？

（2）学生对取代反应、加成反应、消去反应等有机化学反应类型的理解中存在哪些误概念？

（3）基于学生在取代反应、加成反应、消去反应等有机化学反应类型上的误概念，如何将其转化为科学概念？

第一节　有机化学反应前概念的研究

一、研究的问题与方案

本节采用文献研究、问卷调查、个案访谈等研究方法，以某高级中学 76 名高一年级学生为研究对象，探讨高中一年级学生对取代反应、加成反应、消去反应等概念存在的前概念。

自编有机化学反应类型前概念调查问卷，题目内容遵循学生的认知规律。初中阶段没有学习过有机化学反应概念，学生对于有机化学反应类型前概念的认知停留在无机化学反应类型基础上。有机化学反应前概念调查问卷在内容设计上，首先给出学生已经学习过的化合反应、分解反应、置换反应、复分解反应、取代反应、加成反应相对应的具体化学反应方程式实例；然后请学生判断哪些反应是取代反应、加成反应或消去反应；最后归纳出取代反应、加成反应和消去反应的定义。

有机化学反应前概念调查问卷

判断下列化学反应是取代反应，加成反应，还是消去反应。

① $CH_4+Cl_2 \xrightarrow{\text{光照}} CH_3Cl+HCl$　　② $Zn+CuSO_4=Cu+ZnSO_4$

③ $Na_2CO_3+CaCl_2=CaCO_3\downarrow+2NaCl$

④ $CH_3COOH+C_2H_5OH \underset{\Delta}{\overset{\text{浓}H_2SO_4}{\rightleftharpoons}} CH_3COOC_2H_5+H_2O$

⑤ $C+O_2 \xlongequal{\text{点燃}} CO_2$　　⑥ $CaCO_3 \xlongequal{\text{高温}} CaO+CO_2\uparrow$

⑦ $C_2H_5OH \xrightarrow[170℃]{\text{浓}H_2SO_4} CH_2=CH_2\uparrow+H_2O$　　⑧ $CH_2=CH_2+H_2 \xrightarrow{\text{催化剂}} C_2H_6$

1. 依据上面对取代反应的判断，请你说说，取代反应是什么样的反应？可以结合具体例子进行解释。哪些物质可以发生取代反应？

2. 依据上面对加成反应的判断，请你说说，加成反应是什么样的反应？可以结合具体例子进行解释。哪些物质可以发生加成反应？

3. 依据上面对消去反应的判断，请你说说，消去反应是什么样的反应？可以结合具体例子进行解释。哪些物质可以发生消去反应？

二、研究结果

回收有效问卷 76 份，进行数据统计，运用统计软件对数据进行分析。

调查的统计结果显示，有关取代反应、加成反应、消去反应等概念的前概念是普遍存在的，分别占被调查人数的百分比为 73.2%、58.4% 和 47.5%。详见表 12–1。

表12–1 有机化学反应前概念占被调查总人数的百分比

题目（编号）	概念内容	前概念人数比例
1	取代反应	73.2%
2	加成反应	58.4%
3	消去反应	47.5%

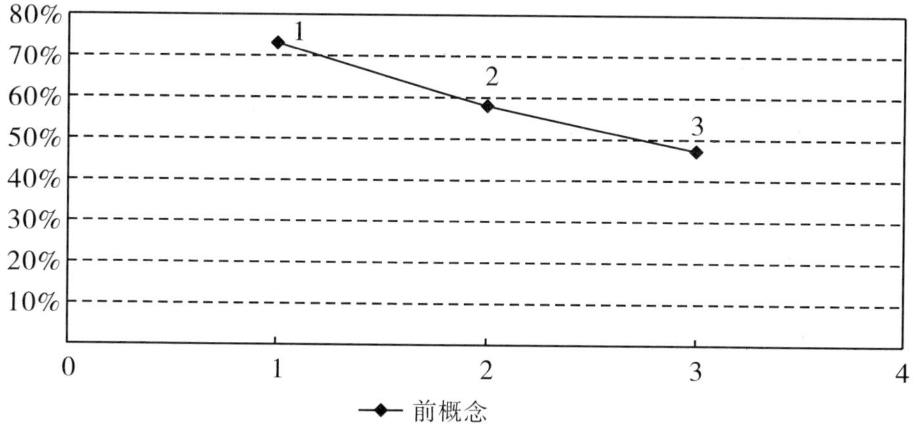

注：横坐标 1、2、3 分别代表取代反应、加成反应和消去反应三个概念，纵坐标是相应的人数比例。

图 12–1 具有前概念的人数的百分比

结合调查研究的数据统计结果，对存在前概念的学生进行访谈，探查了解学生对有机化学反应类型相关概念的先前认识。

1. 取代反应前概念的研究

问 1：依据上面对取代反应的判断，请你说说，取代反应是什么样的反应？可以结合具体例子进行解释。哪些物质可以发生取代反应？

答：取代反应是指单质与化合物发生反应生成另一种单质和化合物的反应。如：$Fe+CuSO_4=Cu+FeSO_4$。

取代反应是指两种物质相互交换阴阳离子，生成新的两种物质的反应。如：

$2NaOH+CuSO_4=Cu(OH)_2\downarrow+Na_2SO_4$。

访谈结果显示，学生的前概念有：

①将取代反应当作置换反应。

②将取代反应当作复分解反应。

以上两种观点对于取代反应的理解都是不准确的。

结合深入访谈，研究者发现，学生将“取代”按照字词表面意思理解为“一种物质替代（替换）另一种物质”和“阴阳离子相互交换（替换、替代）”。学生头脑中存在化合反应、分解反应、置换反应、复分解反应等化学反应类型的先前认知，而学生基于头脑中存在的化学反应类型的认知基础，结合取代反应的字词表面意思，将取代反应与置换反应（一种单质与一种化合物发生化学反应生成另一种单质和化合物的反应）、复分解反应（两种化合物相互交换阴阳离子，生成新的两种化合物的反应）进行类比认知理解。

很多学生经常把取代反应与置换反应做反应类型的比较，也有学生认为它与复分解反应更像。以 CH_4 与 Cl_2 反应为例，原理是一个 H 被一个 Cl 取代，即 C—H 键变为 C—Cl 键，剩下的 Cl 与被取代的 H 生成 HCl；特点就是一个 H 被取代，消耗一个 Cl_2，产生一个 HCl。

2. 加成反应前概念的研究

问 2：依据题目中对加成反应的判断，请你说说，加成反应是什么样的反应？可以结合具体例子进行解释。哪些物质可以发生加成反应？

答：加成反应是指几种物质加在一起生成新物质的反应。如：$2Mg+O_2\xlongequal{点燃}2MgO$。

访谈结果显示，许多学生的前概念为：

③将加成反应当作化合反应。

该观点对于加成反应的理解是不准确、不科学的。

对具有加成反应前概念的学生进行深入访谈发现，学生将“加成”按照字词表面意思理解为“一种物质与另一种物质或者几种物质加和在一起”。学生在学习有机化学知识之前，头脑中存在化合反应、分解反应、置换反应、复分解反应等化学反应类型的认知。化合反应的定义为“一种物质与另一种物质或者几种物质发生化学反应，生成一种物质的反应”，而学生基于头脑中存在的化学反应类型的认知基础，结合加成反应的字词表面意思，将加成反应与化合反应归为同类进行理解。以 $CH_2{=}CH_2$ 与 Br_2 反应为例，原理是 C═C 中的双键断开其中一个，两个 C 各形成一个半键，分别与两个 Br 结合；特点是双键变单键，不饱和烃变饱和烃。

3. 消去反应前概念的调查研究

问 3：依据题目中对消去反应的判断，请你说说，消去反应是什么样的反应？可以结合具体例子进行解释。哪些物质可以发生消去反应？

答：消去反应是指一种物质消失生成新的物质的反应。如：$CaCO_3 \xlongequal{高温} CaO+CO_2\uparrow$。

访谈结果显示，学生的前概念为：

④将消去反应当作分解反应。

该观点对于消去反应的理解是不准确、不科学的。

对存在消去反应前概念的学生进行深入访谈发现，学生将“消去”按照字词表面意思理解为“物质发生化学反应而消失”。学生在学习有机化学知识之前，头脑中存在化合反应、分解反应、置换反应、复分解反应等化学反应类型的认知。分解反应的定义为“一种物质发生化学反应，生成一种物质或者几种物质的反应”，而学生基于头脑中存在的化学反应类型的认知基础，结合消去反应的字词表面意思，将消去反应与分解反应进行类比认知理解。学生认为消去反应是分解反应，是因为消去反应为一个分子变为两个分子的反应。

三、结论

分析有机化学知识的学习顺序的安排，高中阶段有机化学知识编排在必修《化学 2》（人民教育出版社，2007）和选修《有机化学基础》（人民教育出版社，2007）之中，同时初中化学中有机化学学习也只是停留在两种常见有机物（酒精和醋酸）和营养物质的简单介绍层面。学生头脑中存在化合反应、分解反应、置换反应、复分解反应等无机化学反应类型的认知基础。调查结果显示，学生具有的前概念如下。

①取代反应是指单质与化合物发生反应生成另一种单质和化合物的反应。如：$Fe+CuSO_4=Cu+FeSO_4$。

②取代反应是指两种物质相互交换阴阳离子，生成新的两种物质的反应。如：$2NaOH+CuSO_4=Cu(OH)_2\downarrow+Na_2SO_4$。

③加成反应是指几种物质加在一起生成新物质的反应。如：$2Mg+O_2 \xlongequal{点燃} 2MgO$。

④消去反应是指一种物质消失生成新的物质的反应。如：$CaCO_3 \xlongequal{高温} CaO+CO_2\uparrow$。

对 76 份有机化学反应前概念调查问卷的结果进行数据统计发现，大部分学生存在取代反应、加成反应、消去反应等概念的前概念。基于问卷调查结果与分析，得出如下结论。

（1）学生对于取代反应、加成反应、消去反应前概念的认知是基于先前学习过的四大无机化学反应类型（化合反应、分解反应、置换反应和复分解反应）的认知，并结合概念字词表面意思的理解进行认知的。

（2）先前知识的学习是后续知识学习的基础，并影响着后续化学知识概念的科学认知、理解的程度。基于问卷调查结果与分析，发现学生将取代反应与置换反应、复分解反应，加成反应与化合反应，消去反应与分解反应进行类比认知和理解。由于没有学习过有机立体化学的微观反应机理，学生还不能科学、准确地理解和掌握有机化学反应类型的相关概念。

第二节　有机化学反应误概念的研究

一、研究的问题和方案

本节采用文献研究、问卷调查、个案访谈等研究方法，以 82 名某高级中学高三年级学生为研究对象，探查学生头脑中存在哪些有关取代反应、加成反应和消去反应的误概念。

自编有机化学反应误概念调查问卷，其中题目内容遵循学生的认知规律。学生在高二年级已经分别学习了必修《化学 2》和选修《有机化学基础》中的有机化学知识，对有机化学知识概念有比较详细、系统的认知。有机化学反应类型可分为取代反应、加成反应、消去反应，调查问卷主要调查以下内容：第 1 题调查的是学生对能发生取代反应物质的认知；第 2 题调查的是学生对取代反应机理的认知；第 3 题调查的是学生对能发生加成反应物质的认知；第 4 题调查的是学生对加成反应机理的认知；第 5 题调查的是学生对能发生消去反应的物质和消去反应机理的认知。

首先让被试完成有机化学反应误概念调查问卷；然后回收、整理调查问卷，对相应知识概念回答错误的学生进行个案访谈研究；最后整理出有机化学反应误概念。

有机化学反应误概念调查问卷

1. 下列哪些物质能与 CH_4 发生取代反应？若能，请写出反应方程式。

①氯气　②氯水　③液溴　④溴水

2. 判断下列反应是否为取代反应。

① $C_2H_6+Cl_2 \xrightarrow{光照} C_2H_5Cl+HCl$

② $C_2H_5Br+NaOH \xrightarrow[\Delta]{水溶液} C_2H_5OH+NaBr$

③ $CH_3COOH+C_2H_5OH \underset{\Delta}{\overset{浓H_2SO_4}{\rightleftharpoons}} CH_3COOC_2H_5+H_2O$

④ 

3. 下列哪些物质能与 H_2 发生加成反应？

① $CH\equiv CH$　② $CH_2=CH_2$　③ CH_3COOH　④ CH_3CHO　⑤ $CH_3\overset{\overset{O}{\|}}{C}CH_3$　⑥ 

4. 写出下列物质与 HBr 发生的加成反应的化学方程式。

① $CH_3CH=CH_2$　② $CH_2=CHCH=CH_2$

5. 先判断下列物质能否发生消去反应，如果能，请写出相应的消去反应方程式。

① $CH_3C(CH_3)_2CH_2OH$　② $CH_3CH(CH_3)CH_2OH$　③ $CH_3CH(CH_3)CHBrCH_3$

二、研究结果

回收有效测试卷 78 份，对数据进行统计分析，见表 12-2。误概念率是指被调查学生中回答对应题目错误的人数与有效测试卷总人数的百分比。

表12-2　有机化学反应误概念测试统计

题目（编号）	回答正确人数	误概念率	总人数
1	65	16.7%	
2	58	25.6%	
3	43	44.9%	78
4	62	20.5%	
5	37	52.6%	

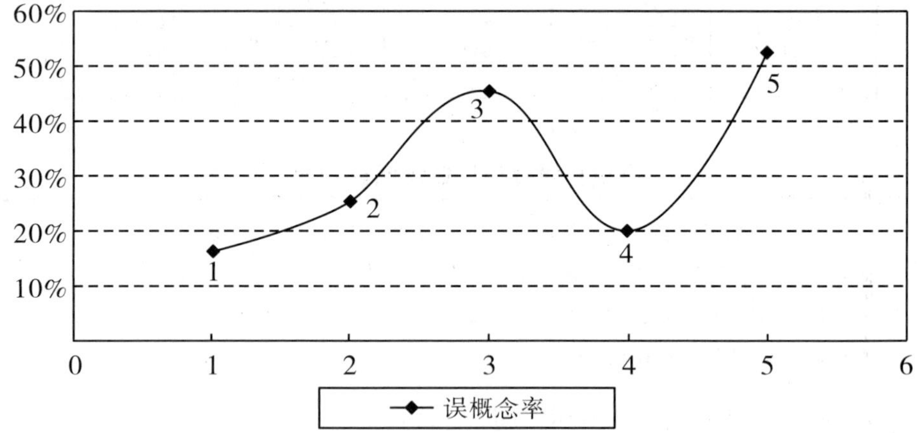

注：横坐标 1、2、3、4、5 分别代表题目 1、2、3、4、5，纵坐标是相应的误概念率。

图 12-2　误概念率

对调查结果进行统计分析，结合个案访谈研究，探讨形成相应误概念的深层次原因。

1. 取代反应误概念的研究

1. 下列哪些物质能与 CH_4 发生取代反应？若能，请写出其反应方程式。

①氯气　②氯水　③液溴　④溴水

有机化学反应误概念测验问卷调查结果显示，16.7% 的学生不能准确地回答第 1 题。学生能正确判断选项①和选项③能与 CH_4 发生取代反应，而不能准确地判断出②④是否能与 CH_4 发生取代反应。该题回答错误的学生认为：氯水中有氯气单质成分，Cl_2 能与 CH_4 发生取代反应，那么氯水也能与 CH_4 发生取代反应。

随后的个案访谈显示，在取代反应知识内容的教学过程中，教师没有做甲烷与氯气在光照条件下发生取代反应的演示实验，也没有指导学生观看 Cl_2 与 CH_4 发生取代反应的化学实验视频，因而学生没有在具体情境中获得化学实验现象的印象，也并没有通过图像或声音来直观地形成 CH_4 与 Cl_2 发生取代反应的事实性知识。化学事实性知识的教学，一般是通过具体物质的化学实验演示或学生操作，透过实验现象，揭示物质的本质规律或微观实质。运用单一方式学习某个知识，通过死记硬背只会形成机械记忆和惰性知识，从而容易形成误概念。

学生在学习氯水和氯气知识时，老师反复强调氯水是浅黄绿色的原因是氯水中有 Cl_2 单质。学生虽然已经学习了氯水和氯气的知识，但由于“氯水是浅黄绿色的原因是氯水中有 Cl_2 单质”等先前知识的影响，头脑中会存在氯水与氯气都可以用化学式 Cl_2 表示的认知。因此，学生对氯水与氯气知识掌握的片面性和对取代反应认知的局限性，导致了误概念的产生。

误概念 1：甲烷能与氯水发生取代反应。

科学概念：甲烷不能与氯水发生取代反应，能与氯气发生取代反应。[1]

---

[1] 刑其毅，裴伟伟，徐瑞秋，等. 基础有机化学：上册［M］. 第 3 版. 北京：高等教育出版社，2005：141–142.

注释：甲烷是饱和烃，与氯气发生的取代反应是自由基反应。自由基在水中是不能稳定存在的，所以氯水不能与甲烷发生取代发生。CH_4 与 Cl_2 发生取代反应的反应机理：链引发，Cl_2=2Cl·（第一步，产生高能量的自由基 Cl·，引发反应）；链转移，Cl·+CH_4=CH_3·+HCl（第二步），CH_3·+Cl_2=CH_3Cl+Cl·（第三步，一个自由基消失，产生另一个自由基，反复循环）；链终止，Cl·+·Cl=Cl_2（第四步），CH_3·+·CH_3=CH_3CH_3（第五步），CH_3·+·Cl=CH_3Cl（第六步，反应物浓度降低，自由基碰撞机会增加，自由基消失，反应结束）。

2. 判断下列反应是否为取代反应。

① $C_2H_6 + Cl_2 \xrightarrow{\text{光照}} C_2H_5Cl + HCl$

② $C_2H_5Br + NaOH \xrightarrow[\Delta]{\text{水溶液}} C_2H_5OH + NaBr$

③ $CH_3COOH + C_2H_5OH \underset{\Delta}{\overset{\text{浓 } H_2SO_4}{\rightleftharpoons}} CH_3COOC_2H_5 + H_2O$

④ 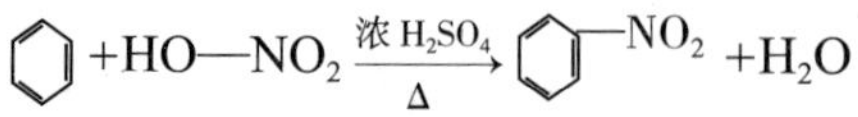

调查结果显示，25.6% 的学生不能准确地回答第 2 题。学生能正确判断选项①是取代反应，而不能准确地判断出选项②、选项③、选项④也是取代反应，其中许多学生漏选了选项③。对于乙醇与乙酸发生的酯化反应，许多学生在此题目上表现出困难情绪，不能判断酯化反应是否是取代反应。

虽然学生知道取代反应是指有机物分子里的某些原子或者原子团被其他原子或者原子团所替代的反应，但是还不能深入地理解取代反应的含义。

在随后的个案访谈研究中发现，在取代反应的教学过程中，老师只对烷烃与卤素单质发生的取代反应进行教学，而没有对非烷烃物质发生的取代反应进行教学说明，从而让学生形成了只有烷烃才能发生取代反应的思维定式。

对于卤代烃发生的水解反应、乙醇与乙酸发生的酯化反应、硝化反应等取代反应的认识，学生也会存在误概念。究其原因，认为是在教学过程中，老师经常说这些化学反应的名字而很少强调其化学反应的本质为取代反应，所以学生的大脑中形成了“乙醇与乙酸发生的是酯化反应，而不能称之为取代反应”的认知。

学生对取代反应概念理解的片面性和认知的局限性，在取代反应的判断上不能准确地举一反三，影响到问题解决的准确性。烷烃是学生学习有机化学最初学到的知识，学生的热情高，但由于有机化学知识储备少，也最容易对概念认识片面和一知半解。因此，在取代反应的概念上产生了误概念。

误概念 2：烷烃与卤素单质在光照下发生的反应才能称为取代反应，非烷烃的物质发生的反应不能称为取代反应。

科学概念：取代反应是指有机物分子里的某些原子或者原子团被其他原子或者原子团所替代的反应。

2. 加成反应误概念的调查研究

3. 下列哪些物质能与 H_2 发生加成反应？

① $CH\equiv CH$　　② $CH_2=CH_2$　　③ CH_3COOH

④ CH_3CHO　　⑤ $CH_3\overset{\overset{O}{\|}}{C}CH_3$　　⑥ 

调查结果显示，有 44.9% 的学生不能准确地回答第 3 题。学生能正确判断选项①②⑥能与 H_2 发生加成反应，而不能准确地判断出选项③④⑤是否能与 H_2 发生加成反应。选择乙酸能与 H_2 发生加成反应的学生认为："乙醛中存在碳氧双键，能与 H_2 发生加成反应；乙酸中也有碳氧双键，因此也能像乙醛那样能与 H_2 发生加成反应。"

在随后的个案访谈研究中发现，学生清晰地知道双键和三键能与氢气发生加成反应，同时学生掌握乙醛具有氧化性和还原性，能与氢气发生反应生成乙醇，与氧化剂发生反应生成乙酸。因此，学生根据无机化学中"同一主族元素的单质具有相似的性质，如 Na、K 与水发生反应都能生成相应的碱和氢气"的学习思维，联系乙酸的结构特点与乙醛进行类比，乙酸结构中也存在碳氧双键，从而误认为乙酸也能与氢气（还原剂）发生反应生成乙醇。先前知识的学习对后续知识的学习产生了负迁移，从而学生在发生加成反应的物质上产生了误概念。

误概念 3：乙酸能与氢气发生加成反应。

科学概念：乙酸不能与氢气发生加成反应[1]。

需要向学生说明其中的原因是，乙酸不可以和氢气加成，所有的羧基双键氧都不可以和氢气加成。只有强氢给予物，比如 $LiAlH_4$，才可以把羧基还原为醇，但是该反应不是加成反应。如果乙酸和氢气能够发生加成反应，将会有两个 –OH 接在一个 C 上，这种结构是不稳定的，会自动脱水，变为原来的结构，因此不会发生加成反应。

4. 写出下列物质与 HBr 发生的加成反应的化学方程式。

① $CH_3CH=CH_2$　　② $CH_2=CHCH=CH_2$

调查结果显示，学生对于共轭烯烃的加成反应表现出困难情绪，20.5% 的学生不能准确地回答第 4 题。学生能正确完成选项①与 HBr 发生加成反应的化学方程式，而不能准确地写出共轭烯烃②与 HBr 发生的加成反应方程式。回答错误的学生认

[1] 刑其毅，裴伟伟，徐瑞秋，等．基础有机化学：上册［M］．第 3 版．北京：高等教育出版社，2005：582–583.

为，$CH_2{=\!=}CHCH{=\!=}CH_2$ 是不饱和的烯烃，与 HBr 发生加成反应，一定是只生成饱和的卤代烃 $CH_3CHBrCHBrCH_3$。

学生在该问题上的误概念较多。随后的个案访谈结果反映，学生头脑中固化了烯烃发生反应生成烷烃的思维，不能灵活运用烯烃发生加成反应的知识正确地思考问题。$CH_2{=\!=}CHCH{=\!=}CH_2$ 与 HBr 等物质的量发生加成反应生成的是 $CH_3CHBrCH{=\!=}CH_2$，与过量 HBr 发生加成反应生成的才是 $CH_3CHBrCHBrCH_3$。因此，学生在加成反应的反应机理上产生了"烯烃与卤化氢发生加成反应都生成饱和卤代烃"误概念。

学生没有把具体的化学反应条件例如"物质发生化学反应时，在质量上或物质的量方面是存在比例关系的"或者"物质发生化学反应时，反应物是否过量"等因素考虑进去，对于具体问题，思虑不周。

误概念 4：烯烃与卤化氢发生加成反应都生成饱和卤代烃。

科学概念：烯烃与卤化氢发生加成反应可以生成饱和卤代烃、不饱和卤代烯烃，生成的具体物质要依据反应条件而定。

3. 消去反应误概念的调查研究

5. 先判断下列物质能否发生消去反应，如果能，请写出相应的消去反应方程式。

① $CH_3C(CH_3)_2CH_2OH$　② $CH_3CH(CH_3)CH_2OH$　③ $CH_3CH(CH_3)CHBrCH_3$

调查结果显示，52.6% 的学生不能准确地回答第 5 题。学生认为卤代烃和醇在一定条件下，都能发生消去反应，从一个分子中脱去一个小分子（HBr、H_2O）生成相应的不饱和有机物，因此选项①②③都能发生消去反应，生成相应的烯烃。在随后的个案访谈研究中发现，学生误认为醇分子中有羟基（—OH），有机物中都有氢原子（H），羟基与氢原子相结合就能生成 H_2O，因此醇都能发生消去反应，脱去一个 H_2O 生成相应的烯烃。

学生误认为醇都能发生消去反应的原因在于没有理解消去反应中 H_2O 形成的机理，即不清楚氢原子（H）源于哪里。因此，学生若能准确掌握醇发生消去反应的反应机理，就能正确地判断出哪些醇是不能发生消去反应的。个案访谈研究发现，学生对有机化学反应机理不重视，擅长题海战术，思维停留在机械记忆层次。因此，学生能否正确地理解和掌握消去反应这一概念，与对消去反应的化学反应机理的了解程度有重要联系。

误概念 5：醇都能发生消去反应。

科学概念：与—OH 相连的碳原子的相邻碳上有氢原子的醇（有机物分子中的碳原子数≥ 2）能发生消去反应。

此外，学生只能正确判断出 $CH_3CH(CH_3)CHBrCH_3$ 能发生消去反应，但不能准确写出其发生消去反应的化学反应方程式。不能准确写出该化学反应方程式的学生认为：$CH_3CH(CH_3)CHBrCH_3$ 发生消去反应的机理是 Br 从卤代烃中脱去，与 NaOH 中 Na 结合生成 NaBr，同时生成烯烃 $CH_3(CH_3)C{=}CHCH_3$。

之后的个案研究中发现，学生对卤代烃的消去反应与水解反应产生了混淆。学生知道卤代烃发生消去反应是生成烯烃，但不清楚卤代烃如何形成烯烃（即卤代烃消去反应的反应机理）。由于卤代烃的水解反应很容易理解与掌握，学生就容易把消去反应机理与其混为一谈。同时，卤代烃的消去反应和水解反应都要用到 NaOH 溶液，如果学生不能清晰地理解卤代烃的消去反应和水解反应的反应机理，就会将它们理解为同一种反应机理。

误概念 6：卤代烃与 NaOH 的乙醇溶液共热，发生消去反应生成烯烃和卤化钠。

科学概念：卤代烃与 NaOH 的乙醇溶液共热，发生消去反应生成烯烃、卤化钠和水。

三、结论

学生在有机化学反应类型、化学反应物质性质和化学反应机理上产生了误概念，其中在化学反应机理上产生的误概念较多。学生存在的误概念列举如下：

①甲烷能与氯水发生取代反应。

②烷烃与卤素单质在光照下发生的反应才能称为取代反应，非烷烃的物质发生的反应不能称为取代反应。

③乙酸能与氢气发生加成反应。

④烯烃与卤化氢发生加成反应都生成饱和卤代烃。

⑤醇都能发生消去反应。

⑥卤代烃与 NaOH 的乙醇溶液共热，发生消去反应生成烯烃和卤化钠。

学生在发生取代反应的物质上产生了“甲烷能与氯水发生取代反应”误概念。在取代反应概念的定义上产生了“烷烃与卤素单质在光照下发生的反应才能称为取代反应，非烷烃的物质发生的反应不能称为取代反应”误概念。产生相应误概念的原因都源于对知识概念的片面理解。“甲烷能与氯水发生取代反应”误概念的原因是先前知识对后续知识学习的负影响。

学生在发生加成反应的物质上产生了“乙酸能与氢气发生加成反应”误概念，在加成反应的反应机理上产生了“烯烃与卤化氢发生加成反应都生成饱和卤代烃”

误概念。误概念产生的来源为先前知识学习产生的思维定式。因此，在概念转变过程中应合理培养学生综合分析问题的科学思维，合理设置教学环节解决先前知识与后续知识的差异性问题。

学生在醇发生消去反应的化学反应机理上产生了“醇都能发生消去反应”误概念，在卤代烃发生消去反应的化学反应机理上出现“卤代烃与 NaOH 的乙醇溶液共热，发生消去反应生成烯烃和卤化钠”误概念。有机化学反应机理具有抽象、知识综合性强、难于理解的特征，易产生误概念。消去反应的误概念主要来源于对概念本质理解存在误区。因此，在化学反应机理的教学过程中，应该合理利用反应机理的特点引导学生渐进、深入地学习。

分析认为，本节探讨的误概念可能来源于：

（1）对概念的一知半解，断章取义，形成概念的片面理解。

（2）先前无机化学相关语义相近术语的学习对后续有机化学概念的学习具有负迁移影响。

（3）有机化学反应机理具有抽象性和复杂性等认知特点，导致理解困难。

有机化学反应是微观粒子的相互作用，微粒的立体空间位置的想象能力是学习和理解有机立体化学的基本思维方式，该思维方式的缺乏则会产生学习困难。

第三节　有机化学反应概念转变的研究

针对有机化学反应认识中存在的误概念，如何进行概念转变呢?

对一些高中化学教师和化学教育专家进行了咨询访谈，分析得到如下的概念转变策略。

一、有机化学反应类型概念转变研究

有机化学知识编排在高中必修《化学 2》和选修《有机化学基础》之中，同时初中化学中有机化学知识也只是停留在两种常见有机物（酒精和醋酸）和营养物质的简单介绍层面。学生头脑中已经具备了化合反应、分解反应、置换反应、复分解反应等化学反应类型的认知基础。学生关于有机化学反应类型的前概念主要有:（1）学生对于取代反应、加成反应、消去反应前概念的认知是基于先前学习过的无机化学反应四大类型（化合反应、分解反应、置换反应和复分解反应）的认知基础，并结合该概念字词表面意思的理解进行认知的;（2）先前知识的学习是后续知识的学习的基础，并影响着后续知识概念的科学认知、理解。学生将取代反应与置换反应、复分解反应，加成反应与化合反应，消去反应与分解反应进行类比认知理解。

概念转变的具体有效的教学方法有哪些呢? 为了解决这个问题，研究者咨询了一些优秀的高中教师，并深入课堂进行细致的观察研究，从中研究探讨概念转变的有效教学方法。

以下是某高级中学“甲烷”优质课中“取代反应”教学片段记录。

“取代反应”教学片段

【小组讨论】

（1）完成下表，并讨论置换反应、复分解反应与取代反应有什么差别。

反应类型	反应定义	具体实例
置换反应		
复分解反应		
取代反应		

（2）判断下列反应是否为取代反应，并讨论非烷烃的物质发生的反应是否也可以为取代反应。

① $C_2H_6+Cl_2 \xrightarrow{光照} C_2H_5Cl+HCl$

② $C_2H_5Br+NaOH \xrightarrow[\Delta]{水溶液} C_2H_5OH+NaBr$

③ $CH_3COOH+C_2H_5OH \underset{\Delta}{\overset{浓H_2SO_4}{\rightleftharpoons}} CH_3COOC_2H_5+H_2O$

【总结】取代反应是指有机物分子里的某些原子或者原子团被其他原子或者原子团所替代的反应。非烷烃的物质发生的反应也可以为取代反应。取代反应与水解反应、酯化反应、硝化反应等实质为取代反应的概念图式联系，如下图所示。

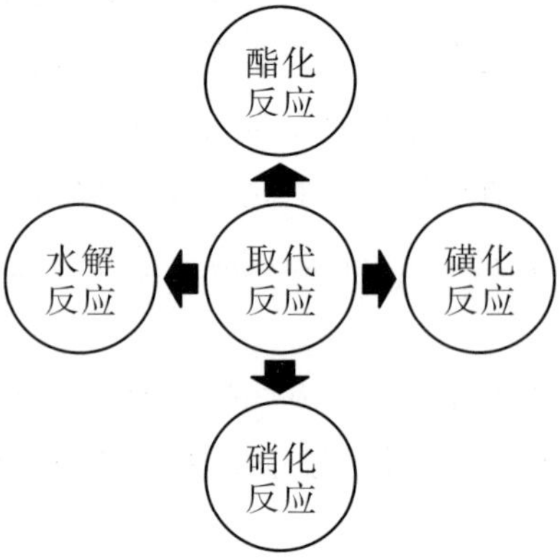

对听课的学生进行个别访谈，了解学生对该课的感受。学生的反馈如下。

学生 A：“学习取代反应之前，认为取代反应和复分解反应差不多，阴阳离子相互替代。老师以图表的形式将取代反应与置换反应、复分解反应进行对比讲解，我对取代反应的理解更清晰了。”

学生 B：“我提前预习了取代反应的知识，头脑中一直认为只有像甲烷之类的物质才能发生取代反应。老师让我们对不是烷烃的物质发生的反应进行判断，在小组讨论中，自己思维打开了，对取代反应有了深入的理解。”

学生C："老师画了一个取代反应的概念图，我感觉这样去理解与记忆什么叫取代反应，哪些反应是取代反应很有帮助。"

取代反应的定义的教学过程中，教师首先基于学生已有的认知基础，以图表的表征方式，引导学生学习取代反应的定义，从而合理地将先前知识与后续知识的学习联系起来，温故而知新。其次，设置多种非烷烃物质发生的取代反应实例，进行变式训练，提高学生对概念本质属性的辨析水平。结合小组讨论、合作学习等活动方式，引导学生理解取代反应概念的本质内涵。最后，以网络结构概念表征方式，将取代反应与水解反应、酯化反应、硝化反应等实质为取代反应的化学反应建立网状联系，使学生头脑里形成了概念网状结构，从而深入地理解取代反应的本质内涵。

上述教学片段综合地体现了多种教学表征方法的应用。取代反应、加成反应、消去反应等化学反应的定义也可以运用图表、网络结构和变式等概念表征的方法呈现出来，实现了概念转变。

因此在有关化学反应类型概念转变的过程中，应该注意先前知识的学习对后续知识学习的影响，让学生科学地理解先前知识与后续知识的差异性。利用图表、网络结构和变式等多种概念表征的教学方法进行有机化学反应类型的概念转变，这将有利于学生科学理解先前知识与后续知识的差异性，同时可以深入地掌握概念的本质内涵。

二、化学反应物质性质概念转变研究

基于有机化学反应误概念的调查研究，学生在化学反应物质性质上产生的误概念的来源有：（1）对知识概念的片面理解，大脑中没有进行概念网状结构的建构；（2）先前知识（学习思维）对后续知识的学习产生负影响。

例如，学生掌握乙醛具有氧化性和还原性，能与氢气发生反应生成乙醇，与氧化剂发生反应生成乙酸。学生根据无机化学中"同一主族元素的单质具有相似的性质，如Na、K与水发生反应都能生成相应的碱和氢气"的先前知识，联系乙酸的结构特点与乙醛进行类比，乙酸结构中存在碳氧双键，从而认为乙酸也能与氢气（还原剂）发生反应生成乙醇。因此，在发生加成反应的物质上产生了"乙酸能与氢气发生加成反应"误概念。

为了探讨有效的概念转变策略，研究者咨询了一些优秀的中学化学教师，并走入课堂，深入观察研究教师的课堂教学。以下是某高级中学"乙酸"优质课中"乙醇、乙醛、乙酸三者相互转化”教学片段记录。

“乙醇、乙醛、乙酸三者相互转”教学片段

学生活动：

【讨论】分别写出乙醇合成乙醛、乙醛合成乙醇、乙醛合成乙酸的化学方程式。

教师活动：

【投影】醇、醛、酸三者相互转化的模型，如图所示。

化学反应① $2CH_3CH_2OH+O_2 \xrightarrow[\Delta]{催化剂} 2CH_3CHO+2H_2O$

化学反应② $CH_3CHO+H_2 \xrightarrow[\Delta]{催化剂} CH_3CH_2OH$

化学反应③ $2CH_3CHO+O_2 \xrightarrow[\Delta]{催化剂} 2CH_3COOH$

【总结】乙醛能与氢气发生加成反应生成乙醇；由于氢气的还原活性不强，乙酸与氢气不能发生加成反应生成乙醛。

学生活动：

【讨论】哪些物质能与氢气发生加成反应？

教师活动：

【投影】与 H_2 发生加成反应的物质的概念图式，如图所示。

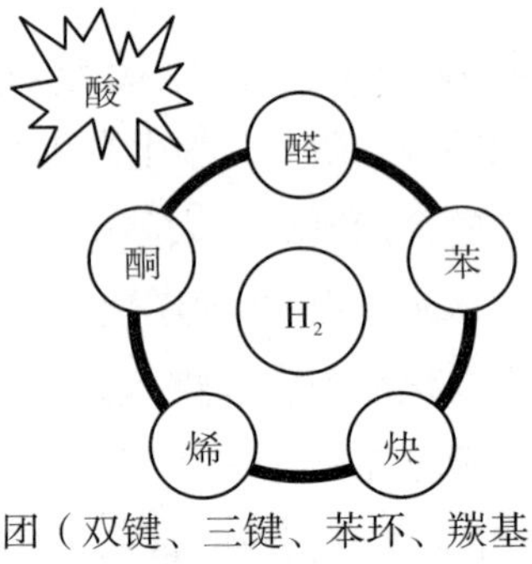

【总结】含有不饱和官能团（双键、三键、苯环、羰基）的物质能与 H_2 发生加成反应，如：烯、炔、苯、醛、酮。羧基不能与 H_2 发生加成反应。

与听课的学生进行沟通，请他们谈谈对该课的感受。学生们反馈如下。

学生 A：“老师用醇、醛、酸三者的转化模型讲解乙醇、乙醛、乙酸三者之间的相互转化，把它们三者的相互转化清晰地再现，使我更容易理解与记忆三者的转化关系。”

学生 B：“有机物的性质有很多，理解与记忆起来很辛苦，老师用醇、醛、酸三者的转化模型具体地展现了它们转化的实质为氧化性与还原性的相互转化，让我更加深入地理解了乙醇、乙醛和乙酸的性质。”

学生 C：“自己的大脑里认为只要含有不饱和键的有机物都能发生加成反应，老师用思维导图，形象地展示了哪些物质不能与氢气发生加成反应，这比机械记忆感觉要轻松些。”

乙醇、乙醛、乙酸三者相互转化的教学过程中，教师建构了醇、醛、酸三者的转化模型，通过模型的表征方式，形象地、具体地展示了醇、醛、酸三者的转化关系，让学生的思维得以可视化，搭建起了简明扼要的概念图式。同时还引导学生将能与氢气发生加成（还原）反应的物质以图式的形式构建起来，烯、炔、苯、醛、酮都能与 H_2 发生加成（还原）反应，而酸不能与 H_2 发生加成（还原）反应，从而让学生形象、具体、准确地理解和掌握相关知识内容。

综上，对取代反应、加成反应、消去反应等化学反应物质性质，利用模型、图式等概念表征的方法进行概念转变，有利于学生在大脑中加工处理并建构概念图式，利于学生理解化学反应物质的性质。

三、化学反应机理概念转变研究

为了探讨有效的概念转变策略，研究者咨询了一些优秀的中学化学教师，并走入课堂，深入观察研究教师的课堂教学。

教学中，运用 PPT 图示技术和 Flash 动画技术，将溴乙烷发生消去反应的反应机理以 PPT 形式进行展示，如图所示。

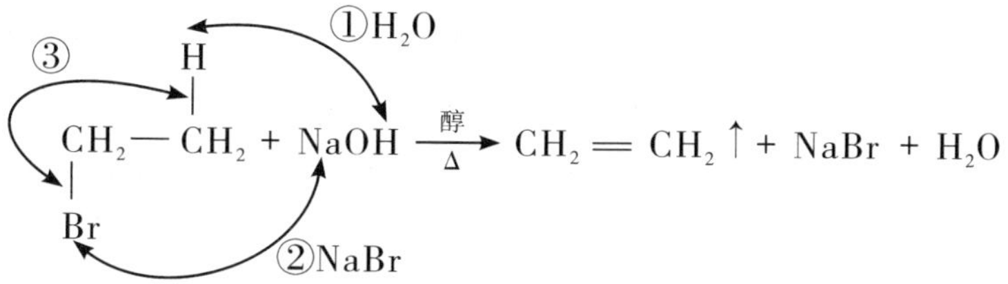

图中，①表示溴乙烷上的 H 与 NaOH 中的 OH 结合形成 H_2O 的过程；②表示溴乙烷上的 Br 与 NaOH 中的 Na 结合形成 NaBr 的过程；③表示乙烯中碳碳双键的形成。同时将溴乙烷发生消去反应的整个过程制作成 Flash 动画，让学生动态地理解与记忆溴乙烷发生消去反应的反应机理。继而组织学生讨论：依据溴乙烷发生消去反应的反应机理，思考“是不是所有的卤代烃都能发生消去反应”。

与听课的学生进行沟通，请他们谈谈对该课的感受。学生们反馈如下。

学生 A：“预习过程中，一直不清楚 H_2O 是怎么生成的。老师用 Flash 动画形象地展示了溴乙烷发生消去反应的反应机理，自己的大脑中形成了一个动态的反应过程。因此，对 H_2O 的形成原因理解得很清晰了。”

学生 B：“我最怕学习反应机理，感觉很高深莫测。但是老师讲解这个内容时，用动画生动地呈现了反应过程，很喜欢这样的上课方式。”

学生 C：“溴乙烷发生消去反应的反应机理学习起来很生动、很形象，理解与记忆起来很轻松。”

溴乙烷发生消去反应的反应机理的教学过程中，教师运用了表象表征的教学方法，通过 PPT 展示和 Flash 动画技术，将溴乙烷发生消去反应的反应机理中肉眼看不到的微观过程形象化、立体化、动态化地展现出来，既明白清晰地表示出了溴乙烷发生消去反应的化学反应过程，又说明了与卤原子相连的碳原子的相邻碳上必须有氢原子的卤代烃（有机物分子中的碳原子数≥ 2）才能发生消去反应的特征。

化学反应机理具有抽象性、立体性、知识综合性、难于理解的特征，是学生难以掌握的概念，易产生误概念。教师通常运用语言文字描述概念表征的形式进行概念转变，然而这样的概念转变通常会让学生对反应机理的理解停留在一知半解的状态。因此在化学反应机理的概念转变过程中，教师要注意将反应机理表征形象化、具体化、动态化、立体化，从而让学生深入透彻地理解与掌握反应机理。

四、结论

学生大脑中存在前概念，在有机化学反应类型、化学反应物质性质和化学反应机理上存在误概念。概念转变的核心内涵是对学生的思维进行可视化培养和概念网状化建构。可以通过图表、网络结构、模型和表象等教学方法实现，如图 12–3。

在有机化学反应类型、化学反应物质性质和化学反应机理的概念转变中，可以灵活运用以下概念表征的策略。

（1）图表、图式等网络结构的表征方法是有机化学反应类型概念转变的一种策略。取代反应、加成反应、消去反应等化学反应的类型可以运用图表和网络结构概念表征的方法进行概念转变，让学生科学地理解先前知识与后续知识的差异，深入地掌握新概念的本质内涵。

（2）模型表征的方法是化学反应物质性质概念转变的一种策略。利用模型表征的方法对取代反应、加成反应、消去反应等化学反应物质性质进行概念转变，有利

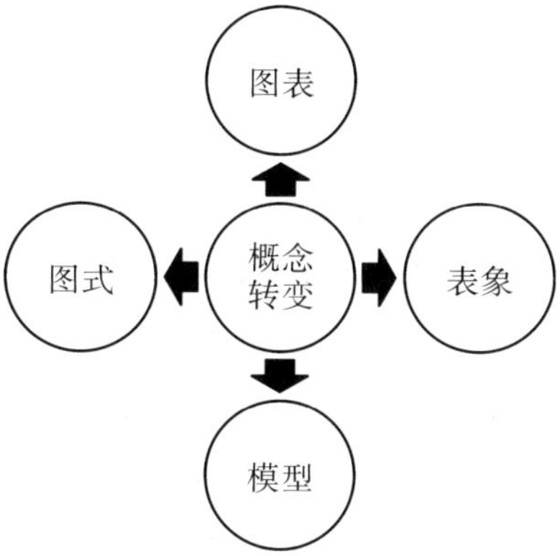

图 12–3　概念转变策略

于学生在大脑中建构概念的网状结构，同时解决学生认知中存在先前知识对后续知识的学习产生负影响的问题。

（3）表象表征的方法是化学反应的机理概念转变的一种策略。可以运用表象表征的方法对取代反应、加成反应、消去反应等化学反应的机理进行概念转变，将具有抽象性、立体性、复杂性、难于理解的化学反应机理概念进行形象化、具体化、动态化表征，把本来看不见的思维可视化。

主要参考文献

[1] 丁伟，王祖浩. 高中化学概念学习的认知研究[J]. 上海教育科研，2007（4）：88–90.

[2] 丁伟，李秀滋，王祖浩. 氧化还原反应误概念研究[J]. 化学教学，2006（10）：16–19.

[3] 丁伟. 氧化还原反应相关概念内部表征的研究[D]. 上海：华东师范大学，2008.

[4] 罗秀玲，钱扬义. 国内“化学概念教学”研究新进展[J]. 化学教育，2004（11）：60–64.

[5] 张建伟. 概念转变模型及其发展[J]. 心理学动态，1998，6（3）：33–37.

[6] 黄菲菲，钱扬义. 国内对于化学概念“物质的量”认知建构探究的进展[J]. 化学教育，2010（10）：30–32.

[7] 魏冰，贾玉江，潘海鸿，等. 关于中学生的原子、分子心智模型的研究[J]. 化学教育，2001，22（3）：6–10.

[8] 王磊，黄燕宁. 针对高中生有关物质结构的前科学概念的探查研究[J]. 化学教育，2002，23（5）：12–14.

[9] 王甦，汪安圣. 认知心理学[M]. 北京：北京大学出版社，1992.

[10] 王和金. 酸碱理论的发展[J]. 四川教育学院学报，2000，16（5）：56–58.

[11] 高文. 教学模式论[M]. 上海：上海教育出版社，2002.

[12] 郭睿. 我国化学概念教学二十五年[J]. 教育科学研究，2006（4）：47–51.

[13] 毕华林. 初中化学概念教学的几点思考[J]. 化学教育，1996（9）：23–25.

[14] 陈琦，刘儒德. 当代教育心理学[M]. 北京：北京师范大学出版社，1997.

［15］钟启泉，黄志成．美国教学论流派［M］．西安：陕西人民教育出版社，1993.

［16］姜言霞，王磊，支瑶，等．基于模型建构促进学生“化学反应速率”认识发展的教学研究［J］．化学教育，2013（3）：20–26.

［17］皮亚杰．发生认识论原理［M］．王宪钿，等，译．北京：商务印书馆，1981.

［18］王磊等．国外中小学教育面面观：科学学习心理学［M］．海口：海南出版社，2000.

［19］POSNER G J，STRIKE K A，HEWSON P W，et al. Accommodation of a scientific conception：Toward a theory of conceptual change［J］. Science Education，1982，66（2）：211–227.

［20］SLOTTA J D，CHI M T H，JORAM E. Assessing students' misclassifications of physics concepts：An ontological basis for conceptual change［J］. Cognition and Instruction，1995，13（3）：373–400.

［21］NELSON P G. What is the mole？［J］. Foundations of Chemistry，2013，15（1）：3–11.

［22］BIÈVRE P D. Second opportunity for chemists to re–think the mole［J］. Accreditation and Quality Assurance，2013，18（6）：537–540.

［23］BECKER P，SCHIEL D. The avogadro constant and a new definition of the kilogram［J］. International Journal of Mass Spectrometry，2013，349–350（1）：219–226.

［24］HORTON C. Student alternative conceptions in chemistry［J］. California Journal of Science Education，2007，7（2）：43–59.

［25］NOVAK J D，GOWIN D B. Learning how to learn［M］. Cambridge：Cambridge University Press，1984.

［26］ÖZMEN H. Some student misconceptions in chemistry：A literature review of chemical bonding［J］. Journal of Science Education and Technology，2004，13（2）：147–159.

［27］ODOM A L. Secondary & college biology students' misconceptions about diffusion & osmosis［J］. American Biology Teacher，1995，57（7）：409–415.

［28］VOSNIADOU S，BREWER W F. Mental models of the earth：A study of conceptual change in childhood［J］. Cognitive psychology，1992，24（4）：535–585.

[29] LUMPE A T, STAVER J R. Peer collaboration and concept development : Learning about photosynthesis [J]. Journal of Research in Science Teaching, 1995, 32 (1): 71–98.

[30] ACAMPO J. Teaching electrochemical cells : A study of teachers' conceptions and teaching problems in secondary education [M]. Utrecht : CDB–Press, 1997.

[31] GARNETT P J, TREAGUST D F. Conceptual difficulties experienced by senior high school students of electrochemistry : Electric circuits and oxidation–reduction equations [J]. Journal of Reasearch in Science Teaching, 1992, 29 (2): 121–142.

[32] IHED A J. The development of moder chemistry [M]. New York : Dover Publications, 1984.

[33] YÜRÜK N. The effect of supplementing instruction with conceptual change texts on students' conceptions of electrochemical cells [J]. Journal of Science Education and Technology, 2007, 16 (6): 515–523.

[34] ÖZKAYA A R, ÜCE M, SARICAYIR H, et al. Effectiveness of a conceptual change–oriented teaching strategy to improve students' understanding of galvanic cells [J]. Journal of Chemical Education, 2006, 83 (11): 1719–1723.

[35] SANGER M J, GREENBOWE T J. Common student misconception in electrochemistry : Galvanic, electrolytic, and concentration cells [J]. Journal of Research in Science Teaching, 1997, 34 (4): 377–398.

[36] SANGER M J, GREENBOWE T J. An analysis of college chemistry textbooks as sources of misconceptions and errors in electrochemistry [J]. Journal of Chemical Education, 1999, 76 (6): 853–860.

[37] SCHMIDT H J, MAROHN A, HARRISON A G. Factors that prevent learning in electrochemistry [J]. Journal of Research in Science Teaching, 2007, 44 (2): 258–283.

[38] ÖZMEN H. The influence of computer–assisted instruction on students' conceptual understanding of chemical bonding and attitude toward chemistry : A case for Turkey [J]. Computers & Education, 2008, 51 (1): 423–438.

[39] TARHAN L, AYAR–KAYALI H, UREK R O, et al. Problem–based learning in 9th grade chemistry class : "Intermolecular forces" [J]. Research in Science Education, 2008, 38 (3): 285–300.

[40] PABUCCU A, GEBAN O. Remediating misconceptions concerning chemical

bonding through conceptual change text [J]. Hacettepe University Journal of Education, 2006, 30 : 184–192.

[41] ÖZMEN H, DEMIRCIOĞLU H, DRMIRCIOĞLU G. The effects of conceptual change texts accompanied with animations on overcoming 11th grade students' alternative conceptions of chemical bonding [J]. Computers & Education, 2009, 52 (3): 681–695.

[42] NAHUM T L, MAMLOK–NAAMAN R, HOFSTEIN A, et al. Developing a new teaching approach for the chemical bonding concept aligned with current scientific and pedagogical knowledge [J]. Science Education, 2007, 91 (4): 579–603.

[43] NAHUM T L, MAMLOK–NAAMAN R, HOFSTEIN A, et al. A new "bottom–up" framework for teaching chemical bonding [J]. Journal of Chemical Education, 2008, 85(12): 1680–1685.

[44] BOO H K. Students' understanding of chemical bonds and the energetics of chemical reactions [J]. Journal of Research in Science Teaching, 1998, 35 (5): 569–581.

[45] COLL R K. Learners' mental models for chemical bonding : a cross–age study [D]. Perth : Curtin University of Technology, 2000.

[46] COLL R K, TAYLOR N. Mental models in chemistry : Senior chemistry students' mental models of chemical bonding [J]. Chemistry Education : Research and Practice in Europe, 2002, 3 (2): 175–184.

[47] COLL R K, TREAGUST D F. Learners' use of analogy and alternative conceptions for chemical bonding[J]. Australian Science Teachers Journal, 2002, 48(1): 24–32.

[48] COLL R K, TREAGUST D F. Learners' mental models of chemical bonding [J]. Research in Science Education, 2001, 31 (3): 357–382.

[49] COLL R K, TREAGUST D F. Investigation of secondary school, undergraduate and graduate learners' mental models of ionic bonding [J]. Journal of Research in Science Teaching, 2003, 40 (5): 464–486.

[50] DRIVER R. Pupils' alternative frameworks in science [J]. European Journal of Science Education, 1981, 3 (1): 93–101.

[51] DRIVER R, ERICKSON G. Theories in action : Some theoretical and empirical issues in the study of students' conceptual frameworks in science [J]. Studies in

Science Education, 1983, 10 (1): 37–60.

[52] GOH N K, KHOO L E, CHIA L S. Some misconceptions in chemistry : a cross–cultural comparison, and implications for teaching [J]. Australian Science Teachers Journal, 1993, 39 (3): 65–68.

[53] HAIDAR A H, ABRAHAM M R. A comparison of applied and theoretical knowledge of concepts based on the particulate nature of matter [J]. Journal of Research in Science Teaching, 1991, 28 (10): 919–938.

[54] HARRISON A G, TREAGUST D F. Secondary students' mental models of atoms and molecules : Implications for teaching chemistry [J]. Science Education, 1996, 80 (5): 509–534.

[55] KHALID T. Pre–service high school teachers' perceptions of three environmental phenomena [J]. Environmental Education Research, 2003, 9 (1): 35–50.

[56] PETERSON R F, TREAGUST D F. Grade–12 students' misconceptions of covalent bonding and structure [J]. Journal of Chemical Education, 1989, 66 (6): 459–460.

[57] PETERSON R, TREAGUST D F, GARNETT P. (1986), Identification of secondary students' misconceptions of covalent bonding and the structure concepts using a diagnostic instrument [J]. Research in Science Education, 1986, 16 (1): 40–48.

[58] PETERSON R F, TREAGUST D F, GARNETT P. Development and application of a diagnostic instrument to evaluate grade–11 and grade–12 students' concepts of covalent bonding and structure following a course of instruction [J]. Journal of Research in Science Teaching, 1989, 26 (4): 301–314.

[59] TABER K S. Misunderstanding the ionic bond [J]. Education in Chemistry, 1994, 31 (4): 100–102.

[60] TABER K S. Development of student understanding : A case study of stability and lability in cognitive structure [J]. Research in Science and Technological Education, 1995, 13 (1): 89–99.

[61] TABER K S. Understanding chemical bonding—the development of A level students' understanding of the concept of chemical bonding [D]. Surrey : University of Surrey, 1997.

[62] TABER K S. Student understanding of ionic bonding : Molecular versus

electrostatic framework？［J］. School Science Review，1997，78（285）：85–95.

［63］THOMAS P L，SCHWENZ R W. College physical chemistry students' conceptions of equilibrium and fundamental thermodynamics［J］. Journal of Research in Science Teaching，1998，35（10）：1151–1160.

［64］COBERN W W. Worldview theory and conceptual change in science education［J］. Science Education，1996，80（5）：579–610.

图书在版编目（C I P）数据

化学概念的认知研究 / 王祖浩主编. -- 南宁 : 广西教育出版社, 2015.12（2023.1 重印）
（中国化学教育研究丛书）
ISBN 978-7-5435-8052-7

Ⅰ. ①化… Ⅱ. ①王… Ⅲ. ①化学教学-教学研究 Ⅳ. ①06

中国版本图书馆 CIP 数据核字(2015)第 300215 号

出 版 人：石立民
出版发行：广西教育出版社
地　　址：广西南宁市鲤湾路 8 号　　邮政编码：530022
电　　话：0771-5865797
本社网址：http://www.gxeph.com
电子信箱：gxeph@vip. 163. com
印　　刷：广西桂川民族印刷有限公司
开　　本：787mm×1092mm　1/16
印　　张：23
字　　数：415 千字
版　　次：2015 年 12 月第 1 版
印　　次：2023 年 1 月第 2 次印刷
书　　号：ISBN 978-7-5435-8052-7
定　　价：43.00 元